Fischer-Kochems/Beck

Die biologischen und biologienahen
staatlichen Forschungsstätten
in der Bundesrepublik Deutschland

Die biologischen und biologienahen staatlichen Forschungsstätten in der Bundesrepublik Deutschland

von Dr. Nora Fischer-Kochems, Köln
und Prof. Dr. Erwin Beck, Bayreuth

Wissenschaftliche Verlagsgesellschaft mbH Stuttgart 1989

Ein Markenzeichen kann warenzeichenrechtlich geschützt sein, auch wenn ein Hinweis auf etwa bestehende Schutzrechte fehlt.

CIP-Kurztitelaufnahme der Deutschen Bibliothek:

ochems, Nora:
gischen und biologienahen staatlichen Forschungsstätten in der Bundesrepublik d / von Nora Fischer-Kochems u. Erwin Beck. - Stuttgart : Wiss. Verl.-Ges.,

/ Verband Deutscher Biologen)
7-1016-6
in:

des Werkes außerhalb der Grenzen des Urheberrechtsgesetzes ist unzu-
. Dies gilt insbesondere für Übersetzung, Nachdruck, Mikroverfilmung
Verfahren sowie für die Speicherung in Datenverarbeitungsanlagen.
tliche Verlagsgesellschaft mbH, Birkenwaldstraße 44, 7000 Stuttgart 10

nersche Buchdruckerei, Speyer

Inhaltsverzeichnis

Vorwort 7

Hinweise für die Benutzung des Katalogs 11

A) Universitäten 13

B) Institute der Arbeitsgemeinschaft Großforschungsanlagen 176

C) Institute der Max-Planck-Gesellschaft 183

D) Institute der Fraunhofer Gesellschaft, Forschungsstätten in priv. Rechtsform und sonstige Einzelinstitute 196

E) Forschungsstätten des Bundes 199

F) Forschungsstätten der Länder 210

Register 1: Forschungseinrichtungen 224

Register 2: Wissenschaftler 227

Register 3: Schlagwortverzeichnis 243

Vorwort

Im Zusammenhang mit der Studie „Berufsfelder für Biologen an wissenschaftlichen Einrichtungen des Bundes und der Länder" (Paperback VDBiol Band 2, Wissenschaftliche Verlagsgesellschaft mbH Stuttgart 1987) legt der Verband Deutscher Biologen (VDBiol e. V.) einen Katalog der biologischen und biologienahen staatlichen Forschungsstätten in der Bundesrepublik Deutschland vor. Mit dieser Broschüre will und kann der Verband mit dem vom Stifterverband für die Deutsche Wissenschaft herausgegebenen, die gesamten bundesrepublikanischen Forschungsstätten umfassenden Werk „Stätten der Forschung" (8. Auflage, Verlag Dr. J. Raabe KG, Stuttgart 1985) keineswegs konkurrieren. Er ist jedoch der Auffassung, daß das im Zusammenhang mit der genannten Berufsfeldstudie erhobene Material so informativ ist, daß er es nach einer 2., ergänzenden Umfrage (Stichtag: 31. Mai 1987) möglichst schnell der Öffentlichkeit zugänglich machen sollte. Die 1985 und 1987 durchgeführten Befragungen sind weitgehend äußerst positiv aufgenommen worden: Rund 71% der im Bundesgebiet versandten Fragebögen wurden beantwortet. Die Ta-

Tab. 1. Übersicht über die Zahl der an die einzelnen Einrichtungen versandten Fragebögen sowie den jeweiligen Rücklauf

Einrichtungen	Zahl der versandten Erhebungsbögen	Rücklauf in % der Anfragen
Universitäten	1208	80
Großforschungsanlagen (z. B. Ges. f. Biotechnol. Forsch.)	71	63
Max-Planck-Institute	160	67
Private Forschungsinstitute und sonstige Forschungsstätten (z. B. Fraunhofer-Institute)	20	45
Bundesforschungsanstalten	80	77
Forschungs- und Untersuchungsanstalten der Länder	69	92
Gesamtzahl der versandten Erhebungsbögen	1608	Durchschnittl. Rücklauf 71

belle 1 dokumentiert Umfang und Rücklauf der Aktion und ermöglicht so eine Bewertung der vorgelegten Ergebnisse hinsichtlich der Vollständigkeit. Der Verband Deutscher Biologen möchte es nicht versäumen, an dieser Stelle allen Wissenschaftlern herzlich zu danken, die diese Zusammenstellung durch ihre Mitarbeit ermöglicht haben.

Es liegt in der Natur einer Aktion auf freiwilliger Basis, daß die eine oder andere Institution aus verschiedensten Gründen keine Angaben zur Verfügung gestellt hat. Da die Auflistung der Arbeitsgruppen, -themen und -techniken immer nur eine Momentaufnahme eines dynamischen Geschehens darstellen kann, hat der Herausgeber das Aktualitätsgebot über den Vollständigkeitsanspruch gestellt und auf eine weitere Um- und Nachfrage nunmehr verzichtet. Die deshalb in dieser Zusammenstellung nicht aufgeführten Institute und Arbeitsgruppen mögen dem VDBiol dieses Vorgehen nachsehen. Immerhin enthält der Katalog auch in solchen – defizitären – Fällen zumeist entsprechende Kontaktadressen, über die der Zugang zu einer bestimmten Teilinstitution ermöglicht wird.

Abgefragt wurden neben den postalischen und Organisationsdaten vor allem die Forschungsgebiete und Arbeitsthemen. Die darauf eingegangenen Antworten sind unterschiedlich ausführlich: So wurden einerseits ganze Institute zusammengefaßt, während sich anderswo jede einzelne Arbeitsgruppe vorstellte. Um nicht Gefahr zu laufen, durch Vereinheitlichung im Einzelfall die Akzente zu verschieben, wurden die Antworten möglichst wortgetreu in die Broschüre übernommen. Unterschiedliche Detaillierung sollte aber dem Katalog keineswegs abträglich sein. Fatal wäre es allerdings, wenn der Leser aus dem Umfang der jeweiligen Darstellung irgendwelche Qualitätskriterien herleiten wollte. Ein wie auch immer gearteter derartiger Zusammenhang existiert schlechthin nicht.

Kritisierbar ist natürlich die mehr oder weniger völlig subjektiv gezogene Grenze zwischen biologisch oder biologienahe arbeitenden Institutionen und solchen, die nicht mehr in diesem Bereich vermutet wurden. Da der Katalog auch Anfragemöglichkeiten für evtl. Dissertationsplätze aufzeigen soll, wurde die Grenze dort gezogen, wo der für Biologen in der Regel zutreffende „Dr. rer. nat." nicht mehr erworben werden kann. In dieser Hinsicht muß der Herausgeber allerdings um Verständnis für evtl. Unschärfen bitten.

Eine gewisse Abstraktion war bei der Erstellung insbesondere des Sachregisters unumgänglich: Hier mußte gelegentlich stark verkürzt oder ein allgemeinerer Begriff verwendet werden, um den Registerteil in vertretbarem Umfang zu halten.

Mit dem nun vorgelegten „Forschungsstättenkatalog" verfolgt der VDBiol mehrere Ziele. Einerseits möchte er ihn als eine Serviceleistung an die Studenten der Biologie verstanden wissen. Nach der allmählich wieder Platz greifenden Vorstellung der Hochschullehrer, die auch vom Wissenschaftsrat und anderen maßgeblichen Organisationen getragen wird, sollen die Hochschulen wieder stärker Profil zeigen, d.h. Akzente hinsichtlich des Ausbaus einzelner Fächer und Fachrichtungen setzen. Der VDBiol möchte die Studenten der Biologie auf solche Schwerpunkte hinweisen und ihnen damit helfen, sich bereits während des Hauptstudiums, spätestens aber für die Anfertigung einer Dissertation, an einer ihren Neigungen und Interessen entsprechenden Hochschule zu bewerben. Zusammen mit einer verbesserten Wegweisung soll damit die Mobilitätsbereitschaft der Studenten gestärkt werden. In diesem Sinne sollte sich der Katalog als ein wichtiges Hilfsmittel der Studienberatung erweisen. Da im Hinblick auf Hauptstudium bzw. Studienabschlußarbeit den jeweils verwendeten Arbeitsmethoden und -techniken eine besondere Bedeutung zukommt, wurden diese bei den Universitätsinstituten gesondert abgefragt. Von den übrigen Forschungsstätten wurden die wichtigsten Techniken vielfach direkt im Zusammenhang mit den Arbeitsgebieten genannt.

Ein weiteres Ziel ist die Verbesserung des Informationsflusses zwischen den einzelnen Institutionen sowie an die Industrie, die an den Erhebungen teils im Sinne des Know-How-Transfers, teils im Zusammenhang mit der Nachwuchsrekrutierung Interesse haben dürfte.

Nicht zuletzt sollte der Katalog wertvolle Informationen an die Organe des Wissenschaftsmanagements und der Forschungsförderung vermitteln, wenn nach den Grundlagen für die oben erwähnte Schwerpunktsetzung im Hochschulbereich gefragt wird.

Die in der biologischen Forschungslandschaft der Bundesrepublik Deutschland herrschende beträchtliche Dynamik wird eine Fortschreibung des „Forschungsstättenkatalogs" bereits in wenigen Jahren erforderlich machen. Der VDBiol begrüßt deshalb jede Kritik und Anregung, die zur Verbesserung des vorgelegten Textes beiträgt. Vielleicht kann aber bereits die jetzt vorliegende Fassung diejenigen Kollegen, die sich dieser Aktion des VDBiol bisher nicht angeschlossen haben, bewegen, einer zukünftigen Beteiligung näher zu treten.

Bayreuth, im Sommer 1988
Prof. Dr. Erwin Beck
Präsident des VDBiol

Hinweise für die Benutzung des Katalogs

Die Information ist hauptsächlich im Telegrammstil abgefaßt. Nur in schwierigeren Fällen wurden kurze Textpassagen aufgenommen.
Im Hauptteil folgt die Anordnung der einzelnen Angaben dem Schema:
1. Name der Institution
2. Adresse und Telefon-Nr.
3. Teilinstitutionen und Arbeitsgruppen mit jeweiliger Angabe der
   3a) Arbeitsgebiete (A.:) und ggf.
   3b) Wichtigsten Techniken (T.:).

Die Teilinstitutionen und Arbeitsgruppen wurden in alphabetischer Reihenfolge und nicht nach der Rangordnung im Stellenplan aufgeführt; in der Regel wird nur der Arbeitsgruppenleiter genannt und, wo vorhanden, auch der Institutsleiter.
Am Ende des Textteils findet sich ein Orts-, Personen- und Schlagwortregister, in denen auf die jeweils betreffenden Nummern verwiesen ist.

Tab. 2: Liste derjenigen Universitäten der BRD, an denen die Biologie vertreten ist.

	D	M	LGr	LP	LGrH	LH	LHR	LR	LS I	LG	LS II	LB
TH Aachen	+									+		
U Bayreuth	+		+	+	+		+					
FU Berlin	+		+			+			+			+
TU Berlin			+			+			+			+
U Bielefeld	+							+		+		
U Bochum	+									+		
U Bonn	+									+		
TU Braunschweig	+			+								
U Bremen	+		+					+		+		
TH Darmstadt	+							+				
U Dortmund								+				
UGH Duisburg								+				
U Düsseldorf	+									+		
U Erlangen-Nbg.	+	+			+	+	+					

Tab. 2: Fortsetzung

	D	M	LGr	LP	LGrH	LH	LHR	LR	LS I	LG	LS II	LB
UGH Essen									+	+		
PH Flensburg					+		+					
U Frankfurt	+	+				+				+		
U Freiburg	+	+								+		
U Giessen	+	+				+				+		
U Göttingen	+									+		
U Hamburg	+								+	+		+
U Hannover	+					+		+		+		
U Heidelberg	+									+		
H Hildesheim					+							
U Hohenheim	+									+		
U Kaiserslautern	+							+		+		
U Karlsruhe	+									+		
GH Kassel	+									+	+	
PH Kiel		+			+			+				
U Kiel	+								+	+		
U Köln	+									+	+	
U Konstanz	+									+		
H Lüneburg					+							
U Mainz	+									+		
U Marburg	+									+		
TU München	+											+
U München	+	+				+		+	+			
U Münster	+									+	+	
U Oldenburg	+					+		+	+			
U Osnabrück	+	+				+		+	+			+
U Regensburg	+	+					+	+	+			
EWH Rheinl.-Pfalz						+		+				
U Saarbrücken	+					+		+	+			+
UGH Siegen									+			
U Stuttgart	+											
U Tübingen	+									+		
U Ulm	+									+		
U Würzburg	+	+				+		+	+			
UHG Wuppertal									+			

Abkürzungen: D = Diplom, M = Magister, LGr = Lehramt an Grundschulen, LP = Lehramt in der Primarstufe, LGrH = Lehramt an Grund- u. Hauptschulen, LH = Lehramt an Hauptschulen, LHR = Lehramt an Haupt- und Realschulen, LR = Lehramt an Realschulen, LS I = Lehramt in der Sekundarstufe 1, LG = Lehramt an Gymnasien, LS II = Lehramt in der Sekundarstufe 2, LB = Lehramt in berufsbildenden Schulen.

A Universitäten

A.1. Rheinisch-Westfälische Technische Universität Aachen

Templergraben 55
5100 Aachen
Tel. 0241-801

Institut f. Biologie I (Botanik)
Worringerweg
5100 Aachen
Lehr- u. Forschungsgebiet Morphologie der Pflanzen
A.1.1. Prof. Dr. H. A. Fröbe
A.: Strukturanalyse; Entwicklungsdynamik komplexer Systeme.
T.: Klassische Mikroskopie, REM, EDV.

Institut f. Biologie II (Zoologie)
Kopernikusstr. 16
5100 Aachen
Lehr- u. Forschungsgebiet Morphologie u. Entwicklungsphysiologie der Tiere
A.1.2. Prof. Dr. M. Scriba / Dr. K. H. Skrzipek
A.: Vergleichende Embryologie der Wirbellosen; Erkennen geschlechtsspezifischer Auslösermerkmale beim Menschen; experimentelle humanethologische Untersuchung mit Kindern und Erwachsenen.
T.: Histologische Techniken, Mikroskopie, Gaschromatographie, Massenspektroskopie, Mikroanalytik, Mikrosektionen.

Lehr- u. Forschungsgebiet Allgemeine Biologie u. Allgemeine Zoologie
A.1.3. Prof. Dr. P. Schmidt
A.: Systematik und Ökologie von Tetraceen; Steuerung der Embryonalentwicklung bei Heuschrecken.
T.: Mikroskopie, EDV.

Institut f. Biologie III (Pflanzenphysiologie)
Worringerweg
5100 Aachen
Lehrstuhl f. Pflanzenphysiologie
A.1.4. Prof. Dr. H.J. Grambow
A.: Biochemie von Phytohormonen, Sekundärstoffen und Membranlipiden im Zusammenhang mit Pflanzenerkrankungen und Streß-Reaktionen.
T.: Analytik, Chromatographie, Isotopentechnik.

A.1.5. Prof. Dr. H. J. Reisener
A.: Biochemie, Physiologie und Molekularbiologie der Resistenzreaktionen von Nutzpflanzen bei Befall mit Pathogenen und Streß-Situationen.
T.: Physiologische und biochemische Methoden incl. Chromatographie, Isotopentechniken, Polysaccharid-, Protein- und Nukleinsäuretechniken.
A.1.6. Dr. E. Ziegler
A.: Physiologische und biochemische Untersuchungen von Wirt-Pathogen-Wechselwirkungen bei Krankheiten von Nutzpflanzen.
T.: Chromatographie (Säulen-, TLC, GLC, HPLC) Isotopentechnik, Elektrophysiologie.
A.1.7. Dr. S. Hippe
A.: Intrazelluläre Lokalisation systemischer Fungizide. Vergleichende cytologische Studien zur Membranstrukturanalyse.
T.: LM, EM, Fluoreszenzmikroskopie, Tieftemperaturpräparationstechniken (Gefriersubstitution, Schockgefrieren, Tieftemperatureinbettung, Gefrierätztechnik), Isotopentechnik (Autoradiographie).

Institut f. Biologie IV
(Mikrobiologie)
Worringerweg
5100 Aachen

Lehrstuhl f. Mikrobiologie
A.1.8. Prof. Dr. C.-C. Emeis
A.: Hefegenetik; Protoplastenfusion; Gewinnung von Enzymen f. d. Lebensmittelindustrie; Gentechnik.
T.: Protoplastenfusionstechniken, Chromatographie, Elektrophorese, Plasmid-Übertragungen, Fermentationen.

Lehr- und Forschungsgebiet Angewandte Mikrobiologie
A.1.9. Prof. Dr. W. Hartmeier / Dr. W. Röcken
A.: Enzymtechnologie; Immobilisation von Enzymen und Zellen; Fermentation mit Bakterien und Pilzen; Fermentation mit Hefen; Gentechnik; alkoholische Gärung.
T.: Chromatographie, Elektrophorese, Fermentationstechnik, enzymatische Analysentechnik.

Institut f. Biologie V (Ökologie)
Kopernikusstr. 16
5100 Aachen

Lehrstuhl f. Ökologie
A.1.10. Dr. E. Glück
A.: Untersuchung der Wechselwirkung von Tieren in Abhängigkeit von Heckenstrukturen und Struktur des Umlandes u. dessen Bewirtschaftung (Biotop- u. Artenschutz); Soziale Nahrungssuche bei körnerfressenden Fringilliden (Kosten-Nutzen-Analyse des Schwarmverhaltens)
T.: Analytik, Optik, EDV.
A.1.11. Dr. H. T. Ratte
A.: Auswirkungen von Schadstoffbelastungen auf die Populationsdynamik von Wassertieren.
T.: EDV (Simulationen), AAS, Wasseranalytik, Spektrophotometrie, Ionensensitive Elektroden.

Medizinische Fakultät

Abteilung Pharmakologie
Schneebergweg
5100 Aachen

Lehr- u. Forschungsgebiet Pharmakologie u. Toxikologie
A.1.12. Prof. Dr. W. Schmutzler
A.: Immunpharmakologie; Studium von Pharmaka und Giften mit Wirkung auf das Immunsystem bzw. auf pathogene Immunreaktionen.
T.: Biologische, speziell pharmakologische und immunologische Techniken.

Lehrstuhl f. Anatomie
u. Reproduktionsbiologie
Melatenerstr. 211
5100 Aachen

Abt. Anatomie III u. Reproduktionsbiologie
A.1.13. Prof. Dr. Dr. H. M. Beier
A.: Hormonelle Steuerung der Frühgravidität und Implantation; Wirkung von Umweltschadstoffen auf die junge Embryonalentwicklung.
T.: EM, In-Vitro-Kultur, Isotopentechniken, Protein-Chromatographie.

Lehr- u. Forschungsgebiet Anatomie u. Reproduktionsbiologie
A.1.14. Prof. Dr. Dr. H.-W. Denker
A.: Untersuchungen der stadienspezifischen morphologischen und biochemischen Veränderungen in der Präimplantationsphase und während der Embryoimplantation; Grundlagen und molekulare Basis der Embryoimplantation.
T.: Histologische u. histochemische Techniken, Immunhistochemie, Mikroskopie, Zell- u. Organkultur.

Lehrstuhl f. Physiologie
Pauwelsstr.
5100 Aachen

Lehr- u. Forschungsgebiet Physiologie
A.1.15. Prof. Dr. H. Kammermeier
A.: Beziehungen zwischen Herzstoffwechsel (Transportprozesse, Energiestoffwechsel etc.) und Herzfunktion.
T.: HPLC, Isotopentechniken, EDV, Zellisolierungsverfahren.

Lehrstuhl f. Physiologische Chemie
Pauwelsstr.
5100 Aachen

Lehr- u. Forschungsgebiet Molekulare Biologie der Proteine
A.1.16. Prof. Dr. G. Buse
A.: Strukturaufklärung u. proteinchemische Untersuchungen an dem Enzym Cytochromoxidase.
T.: Aminosäurenanalyse, Aminosäuresequenzanalyse, HPLC, Enzympräparation, Isotopen-Tracer-Methoden.

Lehr- u. Forschungsgebiet Struktur und Funktion der Proteine
A.1.17. Prof. Dr. A. Wollmer
A.: Untersuchung des Struktur-Funktionszusammenhangs bei Proteinen in Lösung.
T.: Elektronenspektroskopie (CD, Fluoreszenz), Chromatographie, EDV, Computergraphik.

A.2. Universität Bayreuth

Postfach 10 12 51
8580 Bayreuth
Tel. 09 21-60 81

Fachbereich f. Biologie, Chemie u. Geowissenschaften

Abteilung f. Elektronenmikroskopie

A.2.1. Prof. Dr. Georg Acker
A.: Immuncytochemische Lokalisation von Oberflächenantigenen gramnegativer Bakterien: Biosyntheseorte und Anordnung in der äußeren Membran (Zellwand). Wechselbeziehungen zwischen Parasit und Wirtsorganismus am Beispiel von Lophodermium piceae und Fichtennadel.
T.: Unter Verwendung von mono- und polyklonalen Antikörpern wird die Immungold-Technik, in Kombination mit „pre- and post-embedding"-Techniken wie konventionelle Ultramikrotomie, Lowicryl K4M-Tieftemperatureinbettung, Kryosubstitution, Kryoultramikrotomie u. a., eingesetzt.

Lehrstuhl f. Pflanzenphysiologie

A.2.2. Prof. Dr. E. Beck
A.: Frostresistenz der Pflanzen; Stärkemetabolismus in Chloroplasten; Regulation des N-Metabolismus der höheren Pflanzen; Translokation von Assimilaten; Forstschadensforschung.
T.: Isotopentechnik, Zell- u. Gewebekultur, Immunologische Techniken, Enzymatik, Analytik v. Lipiden, Gaswechselmessungen

A.2.3. Prof. Dr. E. Komor
A.: Aktiver Transport von Zuckern und Aminosäuren an pflanzlichen Zellmembranen; Energetisierung von pflanzlichen Zellmembranen; Regulation der Zuckerspeicherung in Zuckerrohr-Zellkulturen.
T.: Isotopentechniken, Zellkultur, Elektrophysiologie, Enzymatik, Fluoreszenzmikroskopie.

A.2.4. Prof. Dr. M. Stitt
A.: Regulation des pflanzlichen Kohlenhydratstoffwechsels, insbes. Regulation der photosynthetischen Saccharosesynthese und der Stärke- bzw. Saccharose-Speicherung.
T.: Doppelwellenlängen-Photometrie, Chlorophyllfluoreszenz, Isotopentechnik.

A.2.5. Dr. R. Scheibe
A.: Biochemie der Licht-Dunkel-Modulation von Chloroplastenenzymen; Lokalisation von Enzymen mit immuncytologischen EM-Techniken; Regulation des Elektronentransports in Chloroplasten.
T.: Enzymatik, Immunologie, EM, Isotopentechnik, Proteinchemie.

Lehrstuhl f. Pflanzenökologie I
Universitätsstr. 30
A.2.6. Prof. Dr. E.-D. Schulze / Dr. A. Reif / Dr. Oren
A.: Wasserhaushalt, Gasaustausch, Stomata-Regulation, Photosynthese, Stickstoffhaushalt, Magnesiumhaushalt, Sproß-Wurzelwachstum, anthropogene Pflanzengesellschaften, Hecken, Säume, Ackerraine.
T.: Gasanalysen, AAS, Mikroklima, Turgormessung.
A.2.7. Prof. Dr. E. Steudle
A.: Wasser- und Stofftransport in Pflanzen: Ökologische und biophysikalische Aspekte: Wachstum und osmotische Prozesse. Wassertransport im Wurzel/Boden-System.
T.: Drucksondentechniken zur Bestimmung von Wassertransportparametern auf der Ebene von Zellen, Geweben und Organen höherer Pflanzen. Osmometer als Sensoren und zur Simulation von Transportprozessen. Atomabsorptionsspektrometrie. Ionenchromatographie.

Lehrstuhl f. Pflanzenökologie u. Systematik
A.2.8. Prof. Dr. U. Jensen
A.: Systematik der Pflanzen; Protein-Chemotaxonomie.
T.: Chromatographie, Mikroskopie, EDV, Elektrophorese, Immunologie.
A.2.10. Prof. Dr. P. Blanz
A.: Untersuchungen zur Phylogenie der Basidiomyceten mit Hilfe von Nucleinsäuren.
T.: Gelelektrophorese, Isotopentechnik, EDV.

Ökologisch Botanischer Garten
A.2.9. Ltd. Akad. Direktor Dr. G. Rossmann / Dr. Kramer
A.: Vergleichende und Experimentelle Ökologie, Vegetationskunde, Cytogenetik und Evolutionsforschung, Nutzpflanzen und ihre Entstehung, Palaeobiologie von Triaspflanzen.
T.: Großgewächshäuser, Versuchsstationen, Gesteinsfluren, Lysimeteranlage und Grundwasserversuchsbecken (im Bau), Mikroskopie, Dünnschlifftechnik, Herbar, EDV.

Lehrstuhl f. Tierökologie I
A.2.11. Prof. Dr. Th. Bauer
A.: Funktionsmorphologische und verhaltensphysiologische Untersuchungen an Räuber-Beutebeziehungen unter Bodentieren.
T.: Mikroskopie, REM, Histologische Techniken, Video, Film.
A.2.12. Prof. Dr. H. Zwölfer
A.: Populationsökologische und evolutionsökologische Untersuchungen an Insekten-Pflanzen-Systemen; Untersuchungen zur ökologischen Struktur und Funktion von Feldhecken; Untersuchungen an entomophagen Insekten; Untersuchungen im Rahmen des zoologischen Artenschutzes.
T.: Biometrische Verfahren, ökogische Modellsimulationen, Mikrokalorimetrie, Gelelektrophorese, Histologische Techniken.

Lehrstuhl f. Tierökologie II
A.2.13. Prof. Dr. K. Dettner
A.: Insektenabwehrstoffe und Pheromone: ökologische Bedeutung solcher Naturstoffe (chemische Ökologie), Evolutionstrends auf molekularer und drüsenmorphologischer Ebene.
T.: Spurenanalytik niedermolekularer Naturstoffe, Kapillargaschromatographie, Massenspektrometrie, Rasterelektronenmikroskopie.

Lehrstuhl f. Genetik
A.2.14. Prof. Dr. W. Klingmüller
A.: Gentechnische Untersuchungen an Bodenbakterien; N_2-Fixierung; Beimpfungsversuche an Nutzpflanzen.
T.: Gentechnologie.

Lehrstuhl f. Mikrobiologie
A.2.15. Prof. Dr. D. Kleiner
A.: Primärschritte der Assimilation anorganischer N-Verbindungen in N_2-fixierenden Bakterien; NH_4^+-Transport.
T.: Gentechnologie.

Lehrstuhl f. Biochemie
A.2.16. Prof. Dr. G. Krauss
A.: Erforschung von Initiationssequenzen der DNA-Replikation in Eukaryonten; Fehlerproduktion während der eukaryontischen DNA-Replikation; Fehlcodierung mutagener Nukleotide während der DNA-Replikation.
T.: DNA-Analytik.
A.2.17. Prof. Dr. M. Sprinzl
A.: Struktur und Funktion der RNA, tRNA, ribosomalen RNA, snRNA; Mechanismus d. Translation; G-Proteine; Thermostabilität der Proteine.
T.: Nukleinsäurechemie, Proteinchemie, Isotopentechnik, Trennverfahren, NMR-Spektroskopie, DNA-Rekombination, gerichtete Mutagenese der Proteine.

Lehrstuhl f. Didaktik der Biologie
A.2.18. Prof. Dr. S. Klautke
A.: Optimierung biolog. Experimente bez. der didaktischen Umsetzung; Bioindikation der Wassergüte durch Wasserpflanzen u. -tiere einschl. didaktischer Reduktion; Lernen und Orientierung von Kleinsäugern (mit Schulversuchen); Spiralcurriculum Mikrobiologie f. berufl. Schulen; Lärmkartierung (Verkehrslärm) in Bayreuth einschl. didaktischer Konsequenzen.
T.: Mikroskopie, Mikrofotografie, Fotolabor, PC.

Lehrstuhl f. Biogeographie
A.2.19. Prof. Dr. K. Müller-Hohenstein
A.: Pflanzensoziologie Nordafrika-Arabien; Weidewirtschaft altweltlicher Trockenräume; Wildkrautgesellschaften im Mittelmeerraum und in Mitteleuropa; Vegetationskunde von Feuchtgebieten.
T.: Futterwertanalytik, EDV.

Lehrstuhl f. Tierphysiologie
A.2.20. Prof. Dr. D. von Holst
A.: Sozialverhalten und sozialer Streß bei Säugetieren; Sozial-

verhalten und chemische Kommunikation; Endokrinologische Untersuchungen der Steuerung von Verhaltensweisen; Populationsbiologische Untersuchungen an den Tierarten Tupajas, Gerbils, Haus- und Wildmeerschweinchen, Wildkaninchen.

T.: Hormonbestimmungen (RIA, GC, radioenzymatische Verfahren), Herzrate u. Körpertemperaturerfassung telemetrisch mit Miniatursender, Duftstoffanalyse mit GC und MS, Verhaltensanalyse mit EDV.

A.3. Freie Universität Berlin
Altensteinstr. 40
1000 Berlin 33
Tel. 030-8381

Fachbereich Biologie

Institut f. Systematische Botanik u. Pflanzengeographie
Altensteinstr. 6
1000 Berlin 33

Systematische Botanik u. Pflanzengeographie
A.3.1. Prof. Dr. W. Frey
A.: Vegetation u. Flora des vorderen Orients; Vegetation des Werra-Meißner-Gebietes; Biologie der Bryophyten.
T.: Vegetationsanalytik, LM, EM, EDV.

Botanischer Garten und Botanisches Museum
A.3.2. Prof. Dr. W. Greuter
A.: Taxonomische Bearbeitung ausgewählter Pflanzengruppen; Studium der Mittelmeerflora (u.a. Checklisten-Projekt); Erforschung der Flora Guyanas und des Tropischen Westafrika.

T.: DC, Mikroskopie, REM, Gefriermikrotom, EDV (in Vorbereit.).

Algen- u. Hydrobiologie
A.3.3. Prof. Dr. U. Geißler
A.: Untersuchungen zur Algenflora und -vegetation unterschiedlicher Gewässer und Feuchtstandorte; Untersuchung von Diatomeen in Gewässersedimenten; Taxonomie von Diatomeen.

Flechten u. Chemotaxonomie
A.3.4. Prof. Dr. C. Leuckert
A.: Floristisch-ökologische und chemosystematische Untersuchungen von Flechten u. Verteilung von Chemophyten im europäischen Raum; Stofflokalisation im Flechtenthallus.

Mykologie
A.3.5. Prof. Dr. G. Lysek
A.: Wuchs- und Fruktifikationsrhythmen bei Pilzen; Blattflä-

chenpilze; Nematoden-zerstörende Pilze.
T.: Mikroskopie, Pilzkulturen.

Institut f. Pflanzenphysiologie, Zellbiologie u. Mikrobiologie
Königin-Luise-Str. 12-16a
1000 Berlin 33

Feinstrukturforschung u. Elektronenmikroskopie
A.3.6. Prof. Dr. G. Werz
A.: Molekulare Mechanismen der Morphogenese, Informationstransfer Kern/Cytoplasma; invitro-Synthese von Cellulose.
T.: Mikrospektralphotometrie, Mikrofluorometrie, TEM, REM, Gefrierbruchtechnik, HPLC.

Stoffwechselphysiologie der Pflanzen
A.3.7. Prof. Dr. C. Schnarrenberger
A.: Cytosol- und Plastiden-spezifische Isoenzyme des Zuckerphosphat-Stoffwechsels in Pflanzen; Proteinchemie; Immunchemie; Regulation der Genexpression bei Pflanzen.
T.: Chromatographie, Ultrazentrifugation, Elektrophoresen, Immunchemie, molekularbiologische Methoden.

Mikrobiologie
A.3.8. Prof. Dr. B. Friedrich
A.: Genetik des lithoautotrophen Stoffwechsels; Genetik der Denitrifikation; Bakterielle Schwermetallresistenz.
T.: Gentechnologie, enzymatische und immunologische Analysen, Fermentation.

Physiologische Cytogenetik
A.3.9. Prof. Dr. H. Ristow
A.: Untersuchung der Synthese von Peptidantibiotika, die für die Initiation des Differenzierungsprozesses von Bedeutung sind, an Bacillus brevis vor Beginn der Sporulationsphase.
T.: Gentechnologie, Isotopentechnik, HPLC, EM.

Entwicklungsphysiologie der Algen
A.: Biochemische Untersuchungen der Kausalkette blaulichtabhängiger Vorgänge.

Institut f. Allgemeine Zoologie
Königin-Luise-Str. 1-3
1000 Berlin 33

Bienenforschung
A.3.10. Prof. Dr. B. Schricker
A.: Bienenpathologie; Orientierung, Verhalten, Nestbau, Brutpflege und Brutaufzucht solitärer Bienen, der Honigbiene, Hummeln u. Hornissen; Stammesgeschichte und Thermoregulation bei Hymenopteren.

Entwicklungsphysiologie
A.3.11. Prof. Dr. H.-D. Pfannenstiel
A.: Entwicklungsphysiologische Untersuchungen an Polychaeten.

Evolutionsbiologie
A.3.12. Prof. Dr. W. Sudhaus
A.: Systematik von Nematoden; biozönotische Untersuchung kurzfristig existierender Biochorien.

Parasitologie
A.3.13. Prof. Dr. P. Götz
A.: Immunreaktionen bei Wirbellosen, insb. Insekten; Rolle der

Phenoloxidase bei Phagocytose und Einkapselung; Synthese antibakterieller Substanzen; Immunisierbarkeit; Immun-Inhibitoren; Insektenkrankheiten.
T.: Mikrobiologische Arbeitsmethoden, Biochemische Charakterisierung (Elektrophoresen, Chromatographie), Enzymbestimmungen, Mikromanipulation, histolog. Techniken, EM.

Morphologie der Articulaten
A.3.14. Prof. Dr. E. Wachmann
A.: Untersuchung der optischen Sinnesorgane von Insekten.

Vergleichende Entwicklungsgeschichte
A.3.15. Prof. Dr. W. Dohle
A.: Entwicklungsgeschichtliche und phylogenetische Untersuchungen der Differenzierung und Musterbildung in der Ontogenese von Krebsen u. Anneliden; limnologische und autökologische Untersuchungen des Zooplanktons des Pelagials.

Protozoologie
A.3.16. Prof. Dr. K. Hausmann
A.: Biologie von Protisten (Lebenskreisläufe etc.); Nahrungserwerb, -aufnahme, -verdauung bei Protisten; Morphogenese/Metamorphosen.
T.: LM, EM.

Verhaltensbiologie
A.3.17. Prof. Dr. D. Todt / Dr. H. Hultsch
A.: Biologie des Verhaltens hochentwickelter Wirbeltiere (speziell Vögel, Säuger u. Menschen); Sozialverhalten und Kommunikation; Entwicklung, Einsatz und Steuerung akustischer Signale.
T.: EDV, akustische Signalanalyse.

Institut f. Tierphysiologie u. Angewandte Zoologie
Grunewaldstr. 34
1000 Berlin 41

Tierphysiologie
A.3.18. Prof. Dr. R. Achazi
A.: Physiologie von Molluskenmuskeln, speziell Sperrmuskeln; Stoffwechselphysiologie von Fischen und Invertebraten, Biotransformationssystem.
T.: Enzymatische Analysen, Chromatographie, Elektrophorese, Photometrie, Isotopentechnik.

A.3.19. Prof. Dr. K. Graszynski
A.: Vergleichende Tierphysiologie (Stoffwechselphysiologie); Biochemie u. Physiologie von ionentransportierenden Epithelien; Enzymologie.
T.: Enzymologische Techniken, Isotopentechniken, Messung von Transportpotentialen.

A.3.20. Prof. Dr. I. Zerbst
A.: Vergleichende Tierphysiologie; Vegetative Physiologie; Kreislauf; Exkretion; Salz- u. Wasserhaushalt; Transepithelialer Ionentransport und seine hormonale und nervöse Steuerung.
T.: Ultramikroanalysen von anorganischen Ionen u. von osmotischen Konzentrationen, Fluoreszenzmikroskopie.

Neurobiologie
Königin-Luise-Str. 28-30
1000 Berlin 33

A.3.21. Prof. Dr. R. Menzel
A.: Neurobiologie von Invertebraten.
T.: Elektrophysiologie, Computerunterstützte Verhaltensanalyse, Lichtmikroskopie, EM, Histologische Techniken, EDV.

Angewandte Zoologie
Haderslebener Str. 9
1000 Berlin 41

A.3.22. Prof. Dr. W. Knülle
A.: Physiologische Ökologie: Luftfeuchtebeziehungen und Dormanzphänomene bei Arthropoden, Ökophysiologie von Zekken.
T.: Registrierende Ultramikrowaagen, Umweltsimulatoren, Luftfeuchteelektronik.

A.3.23. Prof. Dr. G. Weigmann
A.: Ökologie und Faunistik von Bodentieren; Stadtökologie, Schwerpunkt Wirbellose; Ökotoxikologie, Chemikalienwirkung auf Bodentiere; Immissionswirkung (Luft- u. Verkehrsschadstoffe) auf bodenbiologische Prozesse.
T.: Isotopentechniken mit Schadstoffen, Atomabsorption mit Schwermetallen.

Institut f. Allgemeine Genetik
Arminallee 5-7
1000 Berlin 33

Anthropologie u. Humanbiologie
A.3.24. Prof. Dr. C. Niemitz
A.: Spontanmimik des Menschen mit Computer und Zeitlupenanalyse. Biomechanik (Forceplate und EMG springender Halbaffen). Freilandverhalten von Affen in Indonesien und Franz. Guayana mit systematischen, ökologischen und phylogenetischen Fragestellungen. EKG bei Herztransplantationen. Freilandforschung am Warzenschwein in Kenia. Anatomie und Histologie der Kopfkapsel des Hammerkopfhuhns Macrocephalon maleo.
T.: Zeitlupenbildanalyse, Computergestützte Bildauswertung, Histologie.

Experimentelle Cytogenetik
A.3.25. Prof. Dr. G. Obe
A.: Induktion chromosomaler Aberrationen in Säugetierzellen und menschlichen Lymphozyten; Mechanismen der Entstehung chromosomaler Aberrationen; Induktion von Chromosomenaberrationen durch Umweltchemikalien; Mutagene Wirkung von Alkohol und Zigarettenrauch beim Menschen.
T.: Mikroskopie, Gewebekultur, Cytochemische Färbetechniken.

Strahlen- u. Populationsgenetik
A.3.26. Prof. Dr. H. Nöthel
A.: Untersuchungen von Drosophila melanogaster-Populatio-

nen nach Bestrahlung und unter Einwirkung von Chemomutagenen.

Strahlenbiologie u. Genetik
A.3.27. Prof. Dr. W. Laskowski
A.: Untersuchungen über Reparaturprozesse zur Beseitigung von zellulären Strahlenschäden.

Entwicklungsgenetik
A.3.28. Prof. Dr. G. Korge
A.: Molekulare Analyse d. Genexpression bei Eukaryonten (Drosophila); Untersuchung von Onkogenen und ihrer Funktion bei Drosophila.
T.: Gentechnologie, Mikroskopie, Histologie.

Institut f. Biophysik
Thielallee 63
1000 Berlin 33

Biophysik u. Strahlenbiologie
A.3.29. Prof. Dr. I. Lamprecht
A.: Kalorimetrische, manometrische und polarographische Untersuchungen zum Energiestoffwechsel von Mikroorganismen und Geweben; Kalorimetrische Analysen von oszillierenden Reaktionen; Einfluß elektromagnetischer und statischer Felder auf biologische Systeme; Dielektrophorese und Mikrodielektrophorese an Zellen; Elektrofusion und Elektrorotation.
T.: Kalorimetrie (isotherm, adiabatisch, DSC), Elektrorotation, Elektrofusion, Kopplung mit Rechnerauswertung.

Institut f. Angewandte Genetik
Albrecht-Thaer-Weg 6
1000 Berlin 33

Unkonventionelle Pflanzenzüchtung
A.3.30. Prof. Dr. O. Schieder
A.: Pflanzliche Zellfusion und somatische Hybridisierung; Zelltransformation.
T.: Zellfusionstechniken (elektr. u. chem.), Elektroporation, DNA-Präparation, Elektrophoresen, Reine Werkbänke.

Cytogenetik u. Genetik von Polyploiden
A.3.31. Prof. Dr. K.-D. Krolow
A.: Verbesserung der Kulturpflanze Triticale; cytogenetische Untersuchungen an Neukombinationen.

Cytogenetik pflanzlicher Objekte
A.3.32. Prof. Dr. G. Linnert
A.: Cytogenetische Untersuchungen (Chromosomenpaarung, Chiasmabildung, Hybridisierung usw.) an verschiedenen Kulturpflanzen.

Züchtungsmethodik
A.3.33. Prof. Dr. W. Odenbach
A.: Genetik der Speicherproteine in Samen von Weizen und Triticale; Probleme der Körnererbsenzüchtung, insbes. Ertragsstabilität; Selbstinkompatibilität bei Raps, ihre Nutzung für die Hybridzüchtung; Samen- und Blattglucosinolate bei Brassica napus; Allozympolymorphismus bei Gerste, Vicia und Brassicaceen.

T.: HPLC, PAGE, PAGIF, Elektrophorese, Fluoreszenzmikroskopie, PC.

Institut f. Biochemie u. Molekularbiologie
Ehrenbergstr. 26–28
1000 Berlin 33

A.3.34. Prof. Dr. E.-R. Lochmann / Dr. N. Käufer / Dr. K. Stadtlander
A.: Untersuchung d. Wirkung von Umweltchemikalien (Cd, Pb, Hg, Se, chlorierte Phenole, Acrylnitril, Trichloräthylen u. a.) auf den Stoffwechsel (DNA-, RNA-, Protein- u. Ribosomensynthese) von Eukaryontenzellen (Hefe- u. Säugerzellen); Herstellung reiner Membranfraktionen aus Hefezellen (spez. ER); Untersuchungen zur Synthese, Processing u. Transport von Carboxypeptidase Y am ER; Struktur, Funktion u. Regulation ribosomaler Proteingene in Schizosaccharomyces pombe; Splicing in Hefezellen; Umweltchemikalien u. Biomembran; Struktur u. Funktionsuntersuchungen an biologischen Membranen; gerichtete Membranprozesse.
T.: Ultrazentrifugation, Chromatographie, Elektrophorese, Radioaktivitätsmessungen, Mikroskopie, Fluoreszenzspektrometrie, Photometrie.

Fachbereich Natur- u. Sozialwissenschaftl. Grundlagenmedizin u. medizinische Ökologie

Institut f. Molekularbiologie u. Biochemie
Arnimallee 22
1000 Berlin 33

A.3.35. Prof. Dr. A. Gräßmann
A.: Virale Carcinogenese: Transformationskapazität von DNA Tumorviren in Kulturzellen und in transgenischen Mäusen; Regulationsmechanismen der Genexpression; Biologische Funktion von Antiseren RNA und DNA; Gentransfer in vitro und in vivo.
T.: Gentransfer-Techniken.

A.3.36. Prof. Dr. Dr. W. Knöchel
A.: Regulation der Genexpression während der Embryonalentwicklung und Isolierung von Genen, die eine Steuerungsfunktion in der Kaskade embryonaler Genaktivität während der frühen Determinations- und Differenzierungsschritte aufweisen.
T.: Ultrazentrifugation, Gelelektrophoresen, Klonierungstechniken, Nukleinsäuresequenzierung, Gewebekultur.

A.3.37. Prof. Dr. Dr. H. Tiedemann
A.: Isolierung von Induktionsfaktoren der frühen Embryonalentwicklung (Amphibien), Klonierung der entsprechenden Gene bzw. c-DNA's; Untersuchungen zum Wirkungsmechanismus der Faktoren (Signalinduktion).

T.: Methoden der präparativen Proteinchemie (einschl. isoelektrische Fokussierung, HPLC), Proteinanalytik, Methoden der experimentellen Embryologie.

A.3.38. Prof. Dr. B. Wittig
A.: Regulation der Genexpression auf der Ebene der Chromatinstruktur; Ausbildung von Genexpressionsmustern während der embryonalen Entwicklung; Chromatinstruktur transferierter Gene und zellulärer Proto-Onkogene.
T.: DNA-Sequenzanalyse, genomische Sequenzierung, monoklonale Antikörper, Software-Entwicklung.

Fachbereich Universitätsklinikum

Institut f. Klinische Chemie u. Klin. Biochemie
Hindenburgerdamm 30
1000 Berlin 45

A.3.39. Prof. Dr. H.-J. Dulce
A.: Mineralstoffwechsel u. Säurebasenhaushalt; Pathologie d. Kristallisationen; Löslichkeitsstudien in Anwendung auf biologische Verhältnisse beim Menschen.
T.: Isotopentechniken, biochemische Analytik.

Institut f. Toxikologie u. Embryonalpharmakologie
Garystr. 5
1000 Berlin 33

A.3.40. Prof. Dr. S. Berking
A.: Entwicklungsbiologie, Embryonalpharmakologie.
T.: Chromatographie, Mikroskopie.

A.4. Technische Universität Berlin
Straße des 17. Juni 135
1000 Berlin 12
Tel. 030-3141

Fachbereich f. Physikalische u. Angewandte Chemie

Institut f. Biochemie u. Molekulare Biologie
Franklinstr. 29
1000 Berlin 10

Abt. Botanik u. mikrobielle Chemie
A.4.1. Prof. Dr. G. Kraepelin
A.: Ökophysiologische Untersuchungen zum terrestrischen und aquatischen Abbau von Lignin (Lignocellulose), Ligninrückständen u. -Derivaten; Stickstoff-Regulation in Organis-

men; Primär- u. Sekundärmetabolismus; Regulation d. Differenzierungswegs zur Bildung sexueller Sporen bei Zygomyceten; Clonierung von Genen aus Basidia glauca; Entwicklung von Vektoren zur Transformation von Protoplasten.
T.: Analytik, Chromatographie, Optik, Mikroskopie, Isotopentechnik, EDV.

Abt. f. Biochemie
A.4.2. Prof. Dr. H. Kleinkauf / Prof. Dr. J. Salnikow
A.: Enzymatische Biosynthese von Peptid-Antibiotika, Peptidolactonen und Depsipeptiden; Strukturuntersuchungen der entsprechenden Enzyme und Multienzyme; Biosynthetische Mechanismen; Gentechnologische Arbeiten an Peptidsynthetasen; Biotechnologische Bearbeitung biologisch aktiver Peptide; Genetik der Mikroorganismen; Degradation von Peptidhormonen; Proteinchemie; Photosyntheseproteine; chemische Peptidsynthese.
T.: Molekularbiologische Techniken, Enzymologie, proteinchemische Techniken.

Fachbereich Landschaftsentwicklung

Institut f. Ökologie
Rothenburgstr. 12
1000 Berlin 41

Fachgebiet Bodenkunde
A.4.3. Prof. Dr. M. Renger

A.: Bodenphysik, -chemie, -ökologie

Fachgebiet Botanik
A.4.4. Prof. Dr. R. Bornkamm
A.: Experimentelle Pflanzenökologie; Immissionsökologie; Populationsbiologie der Pflanzen; Vegetation der Ost-Sahara.
T.: Mikroskopie, Analytik.

Fachgebiet Freilandpflanzenkunde
A.4.5. Prof. Dr. W. Heinze
A.: Untersuchungen zu Dachbegrünungen; Untersuchungen über Trockenresistenz von Gehölzen.

Fachgebiet Bioklimatologie
A.4.6. Prof. Dr. M. Horbert
A.: Klimatische und lufthygienische Aspekte der Stadt- und Landschaftsplanung; Erfassung klimatischer Randbedingungen zur Analyse von Ökosystemen.
T.: Klimastationen, Meßwagen, EDV.

Fachgebiet Limnologie
A.4.7. Prof. Dr. W. Ripl
A.: Gewässermonitoring und Management; Gewässersanierung; Technologieentwicklung für Gewässerschutz.
T.: Analytik, Mikroskopie, EDV.

Fachgebiet Regionale Bodenkunde
A.4.8. Prof. Dr. K. Stahr
A.: Bodenentwicklung insbes. Bodenmineralogie von Wüsten und Halbwüstengebieten; Standortsuntersuchungen und ökologische Planung in Trockengebieten; Bodenökologie (Stadtböden, Bodenschutz, Naturschutz).
T.: Röntgenbeugung, Röntgenfluoreszenz, Polarisationsmikrosko-

pie, AAS, Feldversuche u. Gewächshausexperimente, Satellitenbildinterpretation, ökologische Feldmeßstationen, EDV.

Fachgebiet Ökosystemforschung u. Vegetationskunde
A.4.9. Prof. Dr. H. Sukopp
A.: Ökosystemforschung und Vegetationskunde; Stadtökologie; floristisch-vegetationskundliche Grundlagenuntersuchungen; Biotopkartierungen; Vegetationskunde; historische Ökologie.
T.: EDV, Mikroskopie.

Institut f. Biologie
Franklinstr. 28/29
1000 Berlin 10

Fachgebiet Botanik
A.4.10. Prof. Dr. D. Müller-Doblies
A.: Lebendsammlung von seltenen und gefährdeten Zwiebelgewächsen; Untersuchung der Morphologie, des Blührhythmus, der Ökologie, Chorologie und Systematik.
T.: Mikroskopie, Mikrotomtechniken, Chromatographie, REM, EDV.

Fachgebiet Zoologie
A.4.11. Prof. Dr. D. Barndt
A.: Ökologische Untersuchungen der Arthropodenfauna von Berlin.

Fachgebiet Zoologie/Physiologie
A.4.12. Prof. Dr. J. Erber
A.: Neuroethologie, Elektrophysiologie.
T.: Elektrophysiologische Techniken, Immunhistologie, Autoradiographie.

Fachgebiet Waldforschung
A.4.13. Prof. Dr. D. Böhlmann
A.: Funktionelle Morphologie von Gehölzen. Immissionsschäden an der Begleitflora im Ökosystem Wald.
T.: Mikroskopie, Phytohormon-Analytik.

Fachbereich Lebensmitteltechnologie u. Biotechnologie

Institut f. Fermentation u. Brauwesen
Seestr. 13
1000 Berlin 65

Abt. Mikrobiologie
A.4.14. Prof. Dr. U. Stahl
A.: Molekulare Analyse u. biologische Funktion des „Alterungs"-Plasmids bei dem Hyphenpilz Podospora anserina. Stammoptimierung von Hefe (Saccharomyces cerevisiae) durch homologe und heterologe Klonierung und Expression. Etablierung von Vektor-/Wirt-Systemen bei Hyphenpilzen.
T.: Isolierung u. Charakterisierung von DNA, Transkriptionsanalyse, Erfassung von mitochondrialen Spleiß-Produkten, Konstruktion von Expressionsvektoren, Isolierung von mRNA, Umschreibung in c-DNA, Hybridisierungstechniken, Protoplastenherstellung u. Regeneration, Ausarbeitung von Screening-Systemen.

A.5. Universität Bielefeld
Universitätsstr.
4800 Bielefeld
Tel. 0521-1061

Fakultät f. Biologie

Abteilung Morphologie d. Pflanzen u. Feinbau d. Zellen
A.5.1. Prof. Dr. H.-G. Ruppel
A.: Biogenese pflanzlicher Zellorganellen; Biogenese der Chloroplasten; Beeinflussung von Euglena gracilis durch Human- und Rattenseren; Bewegung von Zellorganellen; Wechselwirkungen von Bakterien und höheren Pflanzen.

Abteilung Zellphysiologie
A.5.2. Prof. Dr. G. H. Schmid
A.: Struktur und Funktion der photosynthetischen Membran in Höheren Pflanzen und Blaualgen.
T.: Massenspektrometrie, Amperometrie, Immunologie, Proteintrennungen.

Abteilung Stoffwechselphysiologie
A.5.3. Prof. Dr. W. Kowallik
A.: Wirkungen verschiedener Spektralbereiche des sichtbaren Lichtes auf den Kohlenhydrat- und Proteinstoffwechsel von Pflanzenzellen: Beeinflussung der Aktivität verschiedener Enzyme.
T.: Chromatographie, Analytik, Isotopentechnik, Enzymatik, Bestrahlungstechnik, Manometrie, Polarographie.

Abteilung Ökologie
A.5.4. Prof. Dr. S.-W. Breckle
A.: Global-Ökologie und Geobotanik; Halophytenökologie; Ökologie der Schwermetalle; Angewandte Ökologie und Pflanzensoziologie; Dendroökologie und Dendroanalytik.
T.: Zeeman-AAS, GC, autökolog. und freilandökolog. Messungen (z. T. EDV).

Abteilung Zoologie
Biologische Kybernetik
A.5.5. Prof. Dr. H. Cruse
A.: Kontrolle d. Motorik bei Arthropoden (Insekten u. Krebsen); elektro- und verhaltensphysiologische Untersuchungen.
T.: Elektrophysiologische Techniken, EDV.

Abteilung Morphologie u. Systematik d. Tiere
A.5.6. Prof. Dr. C. Naumann
A.: Funktionelle Morphologie, Phylogenie und Evolutionsökologie an ausgewählten Insektengruppen (z. B. Wehrbiologie, Reproduktionsbiologie, Biomineralisation).
T.: Chromatographie, Spektrometrie, EDV, Lichtmikroskopie, EM, Histologische Techniken.

Abteilung Ethologie

A.5.7. Prof. Dr. K. Immelmann
A.: Verhaltensentwicklung bei Tieren: Sexuelle und andere soziale Prägungsvorgänge bei Vögeln (Zebrafink, Kleinpapageien d. Gattung Agapornis) und Fischen (Cichliden); Einfluß von Früherfahrung auf die Sozialisationsfähigkeit von Krallenaffen (Callitrichidae); Gesangsentwicklung bei Vögeln; Verhalten von Zootieren (Primaten, Caniden).
T.: Video-Anlagen, Klangspektrographen (Sonographen), rechnergestützte Lautanalyse (PA-CAP u. VAMP: Vocalisation Analysis Main Program, eine eigene Entwicklung).

A.5.8. Prof. Dr. E. Pröve
A.: Wechselbeziehungen von Hormonen und Verhaltensweisen; physiologische Grundlagen der Verhaltensentwicklung.
T.: Isotopentechniken, quantitative Bestimmung von Steroidhormonen.

A.5.9. Dr. H.-J. Bischof
A.: Physiologie und Anatomie des visuellen Systems von Vögeln; Einflüsse von Außenreizen auf die Entwicklung des visuellen Systems; physiologische Mechanismen der Prägung.
T.: Elektrophysiologie, Histologische Techniken, EM, EDV.

A.5.10. Dr. Dr. H. Hendrichs
A.: Soziale Strukturen und Prozesse bei Säugetieren (Sozialverhalten in Wechselbeziehung mit den Motivationszuständen der einzelnen Tiere u. mit der sozialen Situation).
T.: Telemetriesysteme (Temperatur, Herzschlag) mit EDV.

A.5.11. Dr. R. Sossinka
A.: Verhalten bei Menschen: empirische Analyse von Verhaltensweisen und Reizbeantwortungen, bes. mit Hinblick auf Variabilität und Geschlechtsdimorphismen; Ökoethologie einheimischer u. anderer Vogelarten: bes. Nahrungs- und Brutbiologie, Biotopansprüche, Bestandsschwankungen und Artenschutz.
T.: Audiovisuelle Techniken, psychophysiologische Techniken, EDV, freilandbiologische Techniken (z. B. Radiotelemetrie).

Abteilung Neurophysiologie, Sinnesphysiologie

A.5.12. Prof. Dr. P. Görner
A.: Neurobiologie des akusticolateralen Systems von niederen Wirbeltieren (Anatomie, Neurophysiologie, Verhalten); Das LHRH-System und der Nervus terminalis der Fische; Regressive Veränderungen im ZNS während der Ontogenese und Phylogenese bei Fischen und Amphibien; Neurobiologie und Raumorientierung bei Spinnen.
T.: Neurophysiologische Reiz- und Registriermethoden, histologische und neuroanatomische Anfärbe- und Auswerteverfahren, Immuncytochemie, Mikrophotographie, EDV.

Abteilung Neuroanatomie
A.5.13. Prof. Dr. G. Teuchert
A.: Neuronale Korrelate von Verhaltensweisen bei Wirbeltieren.

Abteilung Genetik
A.5.14. Prof. Dr. A. Pühler
A.: Molekulargenetische Untersuchungen zur Genetik der Aminosäureproduktion und -ausscheidung bei coryneformen Bakterien; Entwicklung von Wirts-Vektorsystemen für diese Bakterien; Identifizierung und Charakterisierung der an der N_2-Fixierung und Knöllchenbildung beteiligten Gene (Funktion, Regulation) von Rhizobium meliloti; Molekulargenetische Analyse des pflanzenspezifischen Anteils von Leguminosen an der Rhizobium-Leguminosen-Symbiose.
T.: Molekulare DNA- u. Proteintechniken (DNA-Klonierung, DNA-Sequenzierung, DNA-Synthese), Isotopentechnik, EDV, Feinstrukturuntersuchungen (EM).

A.5.15. Prof. Dr. F. Schöffl
A.: Molekulargenetische Untersuchungen von Streßphänomenen bei Pflanzen: Struktur und Funktion von Hitzeschockgenen und Hitzeschockproteinen; Regulation der Hitzeschockgenexpression in transgenen Pflanzen; Entwicklung von Thermotoleranz.
T.: Molekulare DNA- u. Proteintechniken.

A.5.16. Dr. W. Klipp
A.: Vergleichende Analyse der Gene für N_2-Fixierung aus Rhodobacter capsulatus, Klebsiella pneumoniae, Rhizobium meliloti und Rhizobium leguminosarum mit Schwerpunkt Transkriptionskontrolle und Gene der Molybdän-Cofaktorsynthese.
T.: Molekulare DNA- u. Proteintechniken (DNA-Klonierung, DNA-Sequenzierung, Proteinanalyse, Hybridisierungsexperimente).

A.5.17. Dr. U. Priefer
A.: Untersuchung der symbiontischen Eigenschaften von Rhizobium leguminosarum; Identifizierung und Charakterisierung von N_2-Fixierungsgenen; Analyse von Oberflächenpolysaccharid-Mutationen und deren Einfluß auf eine effektive Symbiose.
T.: Molekulare DNA- u. Proteintechniken (DNA-Klonierung, DNA-Sequenzierung, Elektrophorese), Feinstrukturuntersuchungen (LM, EM), Isotopentechnik, EDV.

A.5.18. Dr. R. Simon
A.: Vektorsysteme für genetische Untersuchungen gram-negativer Bakterien.
T.: Ultrazentrifugation, DNA-Analysen, Isotopentechnik.

A.5.19. Dr. W. Wohlleben
A.: Molekulargenetische Untersuchung zur Antibiotikabiosynthese bei Streptomyceten; Entwicklung von Wirts-Vektorsystemen für Streptomyceten und

deren Anwendung zur Analyse von Biosynthesewegen.
T.: Molekulare DNA- u. Proteintechniken.

Abteilung Molekularbiologie u. Didaktik d. Biologie
A.5.20. Prof. Dr. G. Michaelis
A.: Molekularbiologische Untersuchungen zur Biogenese der Mitochondrien.

Abteilung Evolutionsforschung
A.5.21. Prof. Dr. K. P. Sauer
A.: Untersuchungen zur Evolution von Anpassungen an rhythmisch wechselnde Umweltbedingungen; Bedeutung der Konkurrenz als Selektionsfaktor; Rekonstruktion stammesgeschichtlicher Abläufe bei Invertebraten.

Abteilung Entwicklungsbiologie
A.5.22. Prof. Dr. H. Jokusch
A.: Entwicklung des Nerv-Muskelsystems: genetische, zellbiologische und biochemische Untersuchungen; Struktur, Organisation und Funktion des Zytoskeletts: immunbiologische, zellbiologische und biochemische Untersuchungen.

Didaktik der Biologie
A.5.23. Prof. Dr. R. Mannesmann
A.: Pathogenese des Zwischenwirtes von Schistosoma mansoni, Biomphalaria glabrata unter verschiedenen Infektionsbedingungen; Parasitismus und Hygiene: Epidemiologische Untersuchungen zur Verbreitung von Parasiten und pathogenen Bakterien in verschiedenen Umweltbereichen (insbes. aquatischen).
T.: Histologie, mikrobiol. Arbeitstechniken, Parasitendiagnostik.

Didaktik der Biologie
A.5.24. Prof. Dr. A. Gerhardt
A.: Freilandökologie: Flechten als Bioindikatoren; Ökologie von Trichopteren; Limnologische, saprobiologische Untersuchungen an Fließgewässern; Untersuchung von Fischbeständen in Ost-Westfalen.

Fachbereich Chemie

Abteilung Physikalische u. Biophysikalische Chemie
A.5.25. Prof. Dr. E. Neumann
A.: Physikalische Chemie elektrischer Feldeffekte an Makromolekülen und Membranen (Biologische Elektrizität); elektrischer Gentransfer und Zellfusion.
T.: Chemische Relaxationskinetik in hohen elektrischen Feldern.

Abt. Biochemie
A.5.26. Prof. Dr. H. Tschesche
A.: Proteinase-Inhibitoren; Menschliche Leukozyten-Enzyme.

A.6. Ruhr-Universität Bochum

Universitätsstr. 150
Postfach 10 21 48
4630 Bochum 1
Tel. 02 34-70 01

Fakultät XIX: Biologie

Allgemeine Botanik
A.6.1. Prof. Dr. Dr. K. Esser
A.: Molekularbiologie der Alterung bei Hyphenpilzen; Entwicklung von Wirt/Vektor-Systemen bei Eukaryonten; konzertierte Züchtung bei biotechnologisch relevanten Mikroorganismen; Vektor/Wirt-Entwicklung bei Prokaryonten; Fruchtkörperbildung bei höheren Basidiomyceten.
T.: Molekularbiologische Techniken: DNA/RNA Isolation, DNA-Sequenzierung, in-vitro-Mutagenese mittels selbstsynthetisierter u. aufgereinigter Oligonukleotide, Hybridisierungstechniken.

Pflanzliche Zellphysiologie
A.6.2. Prof. Dr. G. Link
A.: Entwicklungs- und Stoffwechselphysiologie der Pflanzen mit Schwerpunkt auf molekularer und zellulärer Ebene: Untersuchungen von Steuermechanismen der pflanzlichen Genexpression (Transkription, RNA-Prozessierung, Protein-Biosynthese) unter Einsatz spezieller Gen-Techniken.
T.: Protein- und Nucleinsäure-Analytik, Gen-Techniken, EDV, Mikroskopie.

Biochemie der Pflanzen
A.6.3. Prof. Dr. R. J. Berzborn
A.: Biochemie der Photosynthese, Topographie der Thylakoidmembran, Struktur der photosynthetischen ATP-Synthase.
T.: Immunchemische Techniken, Chromatographie, Isotopentechnik, Mikroskopie, Proteinsequenzierung.
A.6.4. Prof. Dr. A. Trebst
A.: Mechanismus des photosynthetischen Elektronentransports; Struktur der Thylakoidmembran; Herbizide in der Photosynthese.
T.: Organische Synthesetechniken, Oligonucleotidsynthesen, Proteinsequenzierung, immunochemische Techniken, Isotopentechnik, Spektralphotometrie, Chromatographie.

Zellmorphologie
A.6.5. Prof. Dr. M. Hauser
A.: Proteine des Cytoskeletts und Dynamik der Chromosomen in der Mitosespindel.
T.: Fluoreszenzmikroskopie, Immunmarkierung, EM, Mikrokinematographik, Elektrophorese, Mikroinjektionstechnik.

A.6.6. Prof. Dr. A. Ruthmann
A.: Cytoskelett bei Protozoen und niederen Vielzellern.
T.: REM, TEM.

A.6.7. Prof. Dr. W. Scheuermann
A.: Untersuchungen des Nucleolus; spezielle Funktion des vakuolären Raums.
T.: Mikroskopie, Mikroradioautographie.

A.6.8. Dr. J. Rosenkranz
A.: Untersuchungen der Ultrastruktur von Koniferennadeln mit Blick auf die Ursache – Wirkungsbeziehung beim Waldsterben.
T.: Röntgenmikroanalyse (wellenlängen- u. energiedispersiv), LM, REM, TEM (konventionell u. dreidimensional).

Spezielle Botanik

A.6.9. Prof. Dr. H. Haeupler
A.: Floren- und Vegetationskunde ausgewählter Gebiete Europas; Stadtökologie; Analyse von Fließgewässern auf Verunreinigung anhand der Ufervegetation; Inselbiogeographie; Populationsökologie.
T.: Klassische geobotanische Arbeitsmethoden, EDV.

A.6.10. Prof. Dr. U. Hamann
A.: Embryologie, Morphologie und Evolution der Angiospermen; Morphologie und Systematik und Ökologie der Farnpflanzen; Populationsbiologie gefährdeter Pflanzenarten; Ökologie mitteleuropäischer Laubwaldgesellschaften.
T.: Mikroskopie, REM, Mikrotomtechnik.

Allgemeine Zoologie

A.6.11. Prof. Dr. Machemer
A.: Membranphysiologie; Rezeptorphysiologie; Bewegungsphysiologie des ciliaren Axonems; elektromotorische Kopplung ciliärer Organelle; physiologische Grundlagen des Verhaltens bei Einzellern.
T.: zelluläre Elektrophysiologie (Voltage-Clamp, Konstantstrom), Hochfrequenzmikrokinematographie, Hochfrequenzvideomikroskopie, EDV.

A.6.12. Prof. Dr. M. Abs
A.: Ornithologie; Pubertät bei Vögeln; Vokalisation.
T.: Enzymhistochemie, Histologie, RIA, Operation, Verhaltensmessung, freilandökologische Untersuchungstechniken, Chromatographie.

A.6.13. Dr. H. Römer
A.: Akustische Kommunikation bei Insekten und Amphibien.
T.: Intrazelluläre Registrierung und Anfärbung, quantitative Verhaltensanalyse.

A.6.14. Dr. R. Rübsamen / Dr. G. J. Dörrscheidt
A.: Elektrophysiologische und neuroanatomische Analyse höherer auditorischer Zellen bei Vögeln.
T.: Elektrophysiologische u. neuroanatomische, rechnergestützte (Echtzeit) Versuchssteuerung u. statistische Analyse.

A.6.14a. Prof. Dr. K. P. Hoffmann
A.: Untersuchungen des Sehsystems von Wirbeltieren (Phylogenie, Ontogenie, Neurologie, Funktion, Morphologie etc.).

Spezielle Zoologie u. Parasitologie
A.6.15. Prof. Dr. D. K. Hofmann
A.: Entwicklungsphysiologie der Tiere: Kontrolle der Polypenmorphogenese und Induktion der Medusenbildung durch stoffliche Induktoren bei Cassiopea andromeda (Scyphozoa); Aufzucht und Entwicklungsleistungen axenischer Scyphozoa; Untersuchungen über die Zusammenhänge zwischen Segmentregeneration, Geschlechtsentwicklung und neuroendokrinem System bei Platynereis dumerilii; Entwicklungs- und zellbiologische Untersuchungen an Ascidien.
T.: LM, EM, zellbiologische Methoden, Chromatographie, allg. und spez. embryologische u. entwicklungsphysiologische Verfahren, Zucht mariner Wirbelloser.
A.6.16. Prof. Dr. K. Märkel
A.: funktionelle Morphologie: mechanische Eigenschaften der Kalkskelette von Echinodermen; vergleichende Histologie und Ultrastruktur kalzifizierter Gewebe von Echinodermen; Ultrastruktur und Regeneration der Prosobranchier-Radula; Regeneration und vergleichende Histologie der Pulmonaten-Radula.
T.: Ultramikroskopie, Polarisations- u. Fluoreszenzmikroskopie, Isotopentechnik.
A.6.17. Prof. Dr. H. Mehlhorn
A.: Parasitologische Fragestellungen, Lebenszyklen, Chemotherapie.
T.: LM, TEM, REM, Fluoreszenzmikroskopie, in-vitro-Kultur.

Verhaltensforschung
A.6.18. Prof. Dr. E. Curio
A.: Öko-Ethologie; Soziobiologie von Wirbeltieren, insbes. Grenzgebietsforschung von Ethologie/Lebensgeschichte (Life-History-Theory).
T.: EDV, Computer.

Tierphysiologie
A.6.19. Prof. Dr. V. Blüm
A.: Vergleichende Endokrinologie; Reproduktionsphysiologie niederer Wirbeltiere; Reproduktionsethologie.
T.: Isotopentechnik, Biochem. Analytik, Histologie, Histochemie, Immuncytochemie, Ethologie, Anatom. Untersuchungstechniken, EDV.
A.6.20. Prof. Dr. K. Hamdorf
A.: Primär- und Adaptionsprozesse der Photorezeptoren; Analyse der Infrarotrezeptoren; visuell gesteuerte Verhaltensreaktionen.
T.: Mikrospektralphotometrie, Mikrospektralfluorimetrie, elektrophysiologische Techniken, Densitometrie u.a. optische Meßverfahren.
A.6.21. Prof. Dr. H. Langer
A.: Physiologie und Biochemie von Augen der Arthropoden: Physikochemie u. Biosynthese von Sehfarbstoffen; Funktionsmorphologie von Arthropoden-Photorezeptoren; lichtabhängiger Energiestoffwechsel der Retina; Ökophysiologie von Boden-Arthropoden.

T.: Biochemische Mikroanalytik, Isotopentechnik, Mikrospektralphotometrie, Mikroradioautographie, EM, Chromatographie, Enzymatische Analytik (Photonen-Counter).

A.6.22. Prof. Dr. W. Rautenberg
A.: Temperatur-, Atmungs- und Kreislaufregulation sowie Somatosensorik der Vögel.
T.: Blutgas- u. Stoffwechselanalysen, Elektrophysiologie.

Zellphysiologie
A.6.23. Prof. Dr. H.-C. Lüttgau / Prof. Dr. H. Glitsch / Prof. Dr. G. Boheim
A.: Membranphysiologie der Herzzelle; Untersuchungen zur Entwicklung von muscarinergen ACH-Rezeptoren an Herzmuskelzellen in Zellkultur; Herstellung planarer Lipidmembranen kleiner Fläche auf der Spitze von Glaspipetten.
T.: Elektrophysiologische Untersuchungstechniken, EDV.

Biologie der Mikroorganismen
A.6.24. Prof. Dr. W. Hengstenberg
A.: Struktur und Funktion der Proteinkomponenten des bakteriellen PEP abhängigen Phosphotransferasesystems; Regulation der Kohlenhydrataufnahme in Bakterien.

A.6.25. Prof. Dr. W. Rüger
A.: Transcriptionsregulation beim Bakteriophagen T4; Immunitätsphänomene bei Bakterienviren; Virus-kodierte Endonukleasen.
T.: Mikrobiologische Suchverfahren, Genübertragung auf Mikroorganismen, DNA-Analyseverfahren, DNA-Sequenzierung, Enzymisolierung, -stabilisierung, DNA-Doppelstrangsequenzierung, EDV.

A.6.26. Prof. Dr. U. Winkler
A.: Bakterielle Exoprodukte, insbes. Lipasen und Alginat (Physiologie, Biochemie, Molekulargenetik); Bakterielle Biolumineszenz: Grundlagen und Angewandte Forschung.
T.: Chromatographie, Enzymologie, Isotopentechnik, Molekulargenetische Techniken, Fermenter- (100 L) Anzucht.

Fakultät XVIII: Chemie

Biochemie
A.6.27. Arb.gruppe Prof. Dr. P. Schäfer
A.: RNA-Processing, Calmodulin-Genexpression.
T.: Isotopentechniken, Ultrazentrifugation.

Institut f. Biophysik
A.6.28. Prof. Dr. A. Redhardt
A.: Struktur-Funktionsbeziehungen von biologischen Makromolekülen.
T.: Elektronenresonanz, Kernresonanz, Temperatursprung, Dielektrische Messungen.

Fakultät XX: Medizin

Institut f. Physiologische Chemie
Lehrstuhl f. Physiologische Chemie I
A.6.29. Prof. Dr. L. Heilmeyer
A.: Molekulare Grundlagen der Signaltransduktion in Phosphorylasekinase; Ca^{2+}-Calmodulinabhängige Proteinkinasen.
T.: Isotopentechnik, Chromatographie, Ultrazentrifugation (analytische), Photometrie, Immunologische Techniken (ELISA, Transblot), Enzymkinetik.
A.6.30. Dr. M. Kiliman / Prof. Dr. L. Heilmeyer
A.: Molekularbiologie des Synapsius, Klonierung der α- und β-Untereinheiten der Phosphorylasekinase; Molekulare Genetik von Phosphoproteinen.
T.: Klonierungs- u. Hybridisierungstechniken v. Nucleinsäuren.
A.6.31. Dr. H. E. Meyer / Prof. Dr. L. Heilmeyer
A.: Erarbeitung von Methoden zur Bestimmung modifizierter Aminosäuren wie Phosphoserin, -tyrosin, -threonin; Lokalisation modifizierter Aminosäuren in der Primärstruktur von Peptiden; Sequenzanalyse von Phosphoproteinen.
T.: HPLC, Aminosäureanalyse, Gas-Phasen-Sequenzierung, EDV.
A.6.32. Prof. Dr. W. G. Hanstein
A.: ATP-Synthase aus Mitochondrien und Mikroorganismen; P-450-Isoenzyme.
T.: 2-Wellenlängenspektroskopie, HPLC, FPLC, immunologische Techniken.
A.6.33. Dr. M. Varsanyi / Prof. Dr. L. Heilmeyer
A.: Isolierung der membrangebundenen Phosphatidylinositolkinase, -phosphatkinase und Phospholipase; Regulation der Ca^{2+}-Aufnahme und Freisetzung aus dem sarkoplasmatischen Retikulum.
T.: Isotopentechnik, Chromatographie, Ultrazentrifugation, Photometrie.
A.6.34. Dr. G. Mayr / Prof. Dr. L. Heilmeyer
A.: Biochemie eukaryontischer zellulärer Regulatoren:
a) Struktur-Funktionsuntersuchungen zur Wechselwirkung von Ca^{2+}-Bindungsproteinen (Calmodulin) mit ihren zellulären Zielproteinen.
b) Isolierung physiologisch relevanter Inositpolyphosphate und Untersuchung ihrer zellulären Botenfunktionen u. ihrer Struktur.
T.: Peptidbiochemie, Spektroskopie (UV, CD, Fluoreszenz, NMR), Lichtstreuungsmessungen, Analytische u. präparative Ultrazentrifugation, Chromatographie (DC, LC), Isotopentechnik, Lipidologie.
A.6.35. Dr. A. Wegner
A.: Isolierung, biochemische und physikalisch-chemische Charakterisierung von Proteinen.

A.6. Ruhr-Universität Bochum

T.: Reaktionskinetik, Chromatographie.

A.6.36. Prof. Dr. W.-H. Kunau
A.: Chemie und Biochemie der Lipide; Biogenese von Zellorganellen.
T.: Chromatographie, Photometrie, Isotopentechnik, EDV, Mikroorganismenzüchtung.

Lehrstuhl II
A.6.37. Prof. Dr. A. W. Holldorf / Prof. Dr. W. Duntze
A.: Enzymologie halophiler Proteine; Stoffwechsel von Archaebakterien; Chemie u. Biologie d. Paarungshormone von Saccharomyces cerevisiae; Biochemie u. Kontrolle d. Zellteilungszyklus in eukaryontischen Zellen.
T.: Fermentertechnik, Chromatographie (HPLC, Gaschromatographie, Ionenaustauscher u. Molekularsiebe), alle Arten von Elektrophorese; analytische Ultrazentrifugation, Isotopentechniken, Protein- u. Peptidanalytik, Aminosäureanalyse.

Institut f. Hygiene

Lehrstuhl f. Allgemeine u. Umwelthygiene
A.6.38. Prof. Dr. F. Selenka
A.: Umweltanalytik, Mikrobiologie, Krankenhaushygiene.
T.: Gaschromatographie, Gelchromatographie, Massenspektrometrie, Atomabsorptionsspektrometrie.

Institut f. Medizinische Mikrobiologie u. Immunologie

A.6.39. Prof. Dr. W. Opferkuch
A.: Pathogenitätsfaktoren von Bakterien, Abwehrmechanismen.
T.: Analytik, Chromatographie, Optik, Mikroskopie, Isotopentechnik.

Institut f. Pharmakologie u. Toxikologie

A.6.40. Prof. Dr. B. A. Peskar / Prof. Dr. F. Lauterbach
A.: Mediatoren des Arachidonsäurestoffwechsels, Nachweis (qualitativ, quantitativ) sowie pharmakologische Beeinflussung und klinische Studien; enterale Transportmechanismen, insbesondere von Pharmaka; enterale Metabolisierung von Arznei- und Fremdstoffen.
T.: DC, DLC, HPLC, Radioimmunassay, diverse Bioassays, Präparation verschiedener Gewebe, Organe (Tierversuche), Isotopentechnik.

Fakultät XII: Bauingenieurwesen

Lehrstuhl f. Wasserwirtschaft u. Umwelttechnik II
A.6.41. Prof. Dr.-Ing. U. Möller
A.: Untersuchung über die Eigenschaften von Schlämmen aus der Wasseraufbereitung in Wasserwerken und Möglichkeiten ihrer schadlosen Beseitigung; Untersuchungen zur Reini-

gungsleistung, zum Schlammanfall u. Energiehaushalt einer zweistufigen biologischen Kläranlage auf der Basis des Adsorptions-Belebungsverfahrens; Untersuchungen zur Abwasserreinigung durch Nitrifikation u. Denitrifikation sowie durch Elimination von Phosphaten; Untersuchungen von Stoffumsetzungen in zweistufigen Belebungsanlagen mit Hilfe von Summen- und Einzelparametern; Auftreten und Bestimmung von fadenförmigen Mikroorganismen beim Belebungsverfahren; Untersuchungen über Vorbehandlung von Klärschlämmen zur schadlosen Beseitigung; Untersuchungen über das Langzeitverhalten von Klärschlämmen bei der Ablagerung auf Mono- bzw. Mischdeponien.

T.: Verfahrenstechnische Problemlösungen auf den Gebieten der Abwasserreinigung, Klärschlammbehandlung, Abfallwirtschaft, Analytik nach DEV, PC-/N/C-Mikroskopie, Sapromat, EDV.

A.7. Rheinische Friedrich-Wilhelms-Universität Bonn
Regina-Pacis-Weg 3
5300 Bonn 1
Tel. 02 28-7 31

Math.-Nat. Fakultät

Botanisches Institut u. Botanischer Garten
Kirschallee 1
5300 Bonn 1

Abt. f. Bioregulation
A.7.1. Prof. Dr. A. Schwartz / Dr. W. Hachtel / Dr. K. Kreuzberg
A.: Untersuchung d. Struktur u. Expression des Genoms von Zellorganellen (Chloroplasten, Mitochondrien) durch Restriktionskartierung, cDNA-Hybridisierung, Sequenzierung sowie in-vitro-Transkription und Translation; Untersuchung der Anpassung autotropher Pflanzenzellen, insbes. einzelliger Grünalgen, an Streßbedingungen; Regulation des Stärkeabbaus, insbes. Zusammenwirken der hieran beteiligten Zellorganellen und molekularer Mechanismus zur Induktion spezifischer Streßenzyme. Eigenschaften und Regulation von Enzymen (Aldehydhydrogenasen u. Phosphorylasen); Elektronentransportsysteme von Bakterien.

T.: Algen- u. Pflanzenzellkultur, Elektrophorese, Chromatographie (HPLC, GC), Isotopentechnik, Polarographie, Fermentertechnik, Enzymreinigungstechniken, immunologische Arbeitstechniken.

Abt. f. Bioenergetik
A.7.2. Prof. Dr. M. Höfer
A.: Energetik und Kinetik des Ionen- und Stofftransports durch biologische Membranen, mikrobielle Genetik in bezug auf Membrantransport und Biotechnologie.
T.: Membranfraktionierung, enzymologische Meßtechniken, Isotopentechnik, physikalische Meßmethoden, elektrophysiologische Meßtechniken, AAS, Spektrophotometrie, Gentechnologie, EDV.

Abt. f. Cytologie
A.7.3. Prof. Dr. A. Sievers
A.: Zellbiologie von Schwerkraft perzipierenden Einzellen sowie Geweben; Analyse von Reiz-Reaktions-Ketten; Elektrophysiologische Untersuchungen; Mathematische Analysen von Wachstumsprozessen; Biochemische und strukturelle Charakterisierung von Membranen, Membrandifferenzierung.
T.: LM, EM, Gefrierbruchverfahren, Elektrophysiologie, Membranfraktionierung, Immuncytologie.

Abt. f. experimentelle Ökologie
A.7.4. Prof. Dr. K. Brinkmann
A.: Kompartimentierung des Stoffwechsels von Algen; Mechanismus und Systemeigenschaften der oszillierenden Glycolyse und der circadianen Rhythmik; Schwermetallanpassung von Algen und höheren Pflanzen.
T.: Organellisolierung, Biochemische Analytik (opt. Methoden, Isotopentechnik), Systemsimulation (PC, Großrechner).

Abt. f. Molekularbiologie
A.7.5. Prof. Dr. D. Klämbt
A.: Isolierung u. Klonierung des Auxin-Rezeptor-Gens; Charakterisierung der Auxin-Bindung und der Funktion des Auxin-Rezeptors und seine zelluläre Verteilung; Auxin-Rezeptor-Gehalte in verschiedenen Organen der gleichen Pflanze und in unterschiedlichen Pflanzenarten; Pflanzenhormone und Waldsterben; Physiologie, Biochemie und Genetik des Hefe-Pheromons alpha-Faktor.
T.: Immunologische Methoden, Gentechnik, Isotopentechnik, Affinitätschromatographie, Hormonanalytik, monoclonale Antikörper.

Abt. f. Morphologie u. Systematik
A.7.6. Prof. Dr. W. Bathlott
A.: REM pflanzlicher Oberflächen unter systematisch-evolutionären und funktionell-ökologischen Gesichtspunkten; Pflanzengeographische Studien in den Tropen Westafrikas und Südamerikas.
T.: Lichtmikroskopie, REM.

Zoologisches u. Vergleichend-
Anatomisches Institut
Poppelsdorfer Schloß
5300 Bonn 1

Abt. f. Entwicklungsgeschichte
A.7.7. Prof. Dr. N. Weissenfels
A.: Untersuchungen zur Histologie, Cytologie, Physiologie, Entwicklungsbiologie und Systematik von Süßwasser- und Meeresschwämmen (Porifera).
T.: REM, TEM, Phasenkontrastmikroskopie.

Abt. f. Physiologie
A.7.8. Prof. Dr. E. Wendt
A.: Biochemische und histologische Untersuchungen über die Mitwirkung der extraembryonalen Organe des Vogelembryos an der Synthese und Ausscheidung der N-haltigen Endprodukte des Stoffwechsels; Untersuchungen von Strahlenwirkungen auf Embryonen.
T.: Spektralphotometrie, Mikroskopie, Röntgentechnik.

Abt. f. Bioakustik u. Verhaltensphysiologie
A.7.9. Prof. Dr. H. Schneider
A.: Rufverhalten der Froschlurche, Analyse der Rufe, Morphologie und Physiologie der Rufmechanismen; Taxonomie der Froschlurche, basierend auf den Rufen; Leistung der Gehörorgane.
T.: Elektrophysiologie, EM.
A.7.10. Prof. Dr. U. Schmidt
A.: Orientierung bei Fledermäusen; Olfaktorisches System bei Nagetieren.
T.: Elektrophysiologie, GC, EDV.

Institut f. Angewandte Zoologie
An der Immenburg 1
5300 Bonn 1
A.: keine Angaben

Institut f. Cytologie u. Mikromorphologie
Ulrich-Haberland-Str. 61a
5300 Bonn 1
A.7.11. Prof. Dr. K. E. Wohlfarth-Bottermann / Prof. Dr. W. Stockem / Prof. Dr. H. Komnick
A.: Zellbiologie, insbesondere Zellmotilität; Morphologie u. Physiologie des Zytoskeletts; Molekulare Cytochemie; Funktion des Cytoskeletts tierischer Zellen und seine Interaktion mit der Zellmembran; Ultrastruktur tierischer Zellen; Ionentransport; Lipidtransport; Cytochemie.
T.: Alle Arten von Mikroskopie, Tensiometrie, Gel-Elektrophorese.

Institut f. Zoophysiologie
Endenicher Allee 11–13
5300 Bonn 1

A.7.12. Prof. Dr. R. Keller
A.: Endokrinologie von Invertebraten, spez. Crustaceen: Neuroendokrinologie (Neuropeptide) und hormonale Regulation der Häutung; Abwehrmechanismen bei Crustaceen.
T.: HPLC, Aminosäureanalyse, Mikrosequenzierungstechniken, Isotopentechnik, Immuncytochemie (LM, EM).

A.7. Rheinische Friedrich-Wilhelms-Universität Bonn

Institut f. Mikrobiologie
Meckenheimer Allee 168
5300 Bonn 1

Abt. f. Mikrobenphysiologie
A.7.13. Prof. Dr. H. G. Trüper
A.: Schwefelstoffwechsel bei Mikroorganismen; Osmoregulation bei Bakterien; Biotechnologie von Salzwassersystemen; Abbau von Steinkohlefraktionen; Chemotaxonomie phototropher Bakterien und Halobakterien.
T.: Reinkultur, Enzym-Biochemie, Elektrophorese, Säulenchromatographie, GC, HPLC, TLC, Fermentertechniken.

Abt. f. Angewandte Mikrobiologie
A.7.14. Prof. Dr. J.-H. Klemme
A.: Bakterieller N-Stoffwechsel (Nitratreduktion, Ammoniumassimilation, Aminosäurenstoffwechsel); Exoenzyme thermophiler Actinomyceten.
T.: Enzymkinetik (Spektrophotometrie), Chromatographie, Fermentertechnik, kontinuierliche Kultur, Mutantenisolierung.

Institut f. Genetik
Kirschallee 1
5300 Bonn 1

Abt. f. Molekulargenetik
A.7.15. Prof. Dr. K. Willecke
A.: Molekulargenetik und Zellbiologie im Rahmen der Tumorforschung: Proliferationskontrolle von Zellen; Molekulare Genetik der Tumorbildung; Zell-Zell-Kommunikation.
T.: Gentechnologie, Molekulare Zellbiologie, biochemische Analytik.

Institut f. Organische Chemie u. Biochemie
Gerhard-Domagk-Str. 1
5300 Bonn 1

Lehrstuhl f. Biochemie
A.7.16. Prof. Dr. K. Sandhoff
A.: Glykosphingolipide: Synthesen, Stoffwechsel in kultivierten Zellen, Enzymologie (Grundlagen d. Pathogenese u. Entwicklung zuverlässiger Diagnosen von Lipidspeicherkrankheiten); Zelluläre Membranen: Funktionen von Glykolipiden, Stoffwechsel, Enzymatik, Wirkungsweise von Anästhetika.
T.: Isotopentechniken, Zellkulturen, Proteinfraktionierung, Clonierung.

Institut f. Pharmazeutische Biologie
Nußallee 6
5300 Bonn 1

A.7.17. Prof. Dr. K.-W. Glombitza / Dr. H. Heltmann
A.: Naturstoffisolierung; Standardisierung von Arzneipflanzen; Isolierung von Wirkstoffen aus Meeresalgen; Arzneipflanzenanbau und -züchtung; Phytochemische Untersuchungen an Alkaloidpflanzen; Floristisch-vegetationskundliche Untersuchungen.
T.: Chromatographie, HPLC, GC, Isotopentechnik, Kernresonanzspektroskopie, Massenspektroskopie.

A.7.18. Prof. Dr. E. Leistner
A.: Stoffwechseluntersuchungen an Mikroorganismen und pflanzlichen Zellkulturen mit besonderer Berücksichtigung der Biochemie und Physiologie der Pflanzen.
T.: Isotopentechniken, Analytik, pflanzliche Zellkulturen, Enzymologie.

Medizinische Fakultät

Institut f. Strahlenbiologie
Sigmund-Freud-Str. 15
5300 Bonn 1

A.7.19. Prof. Dr. H. Rink / Dr. Chr. Baumstark-Khan
A.: in-vitro-Bestrahlung von Säugerzellen; Hyperthermie, Rolle der „heat-shock proteins"; Biochemie der Kataraktentwicklung (Grauer Star), Proteinveränderungen in der Linse; Schwerionenbestrahlung von Säugerzellen (DNA-Veränderungen, DNA-Reparatur); Reparaturdefizienzen verschiedener Mutanten; Strahlenwirkung auf Hefezellen; strahlenbedingte Veränderungen im Zellzyklus.
T.: Isotopentechnik, Zellkultur von Säuger- u. Hefezellen, Monoklonale Antikörper, Immunfluoreszenz, Proteinanalytik, DNA-Analytik, Säulenchromatographie, Dünnschichtchromatographie.

Institut f. Humangenetik
Wilhelmstr. 31
5300 Bonn 1

A.7.20. Prof. Dr. P. Propping / Prof. Dr. G. Schwanitz / Dr. A. Gal
A.: Genetik zentralnervöser Rezeptoren; Genetische Speicherkrankheiten als Ursache psychiatrischer Krankheiten; Klinische Cytogenetik; Experimentelle Cytogenetik, insbes. Mutageneseforschung; Nachweismethoden cytotoxischer Zellveränderungen; Analyse von Anomalien, Dermatoglyphen und ihre diagnostische Bedeutung; Evolution des Säugerkaryotyps; Molekulare Humangenetik; Anwendung molekularbiologischer Methoden in der Diagnose von x-chromosomalen Erbkrankheiten.
T.: Isotopentechnik, elektrophoretische Techniken, Zellkultur, Mikroskopie, Mikrophotographie, Gentechnologie.

Hygiene-Institut
Sigmund-Freud-Str.
5300 Bonn 1

A.7.21. Dr. G. J. Tuschewitzki
A.: Entwicklung eines Tests zur Feststellung nitrifikationshemmender Substanzen; Charakterisierung der mikrobiellen Besiedlung auf Oberflächen im aquatischen Bereich.
T.: REM, miniaturisierte Testsysteme f. d. physiolog. Leistungsfähigkeit v. Bakterien.

Landwirtschaftliche Fakultät

Institut f. Landwirtschaftliche
Botanik
Meckenheimer Allee 176
5300 Bonn 1

A.7.22. Prof. Dr. H. Schnabl
A.: Stomaphysiologie: Biochemie der Volumenregulation von Schließzellprotoplasten (Protonenfluxe, Energiehaushalt); Früherkennung von Schadstoffbelastungen in Gewässern (Biosonden); Regeneration von Protoplasten verschiedener Nutzpflanzen: Fusionierung, Zellwandbildung, Organdifferenzierung.
T.: Kompartimentierungsanalysen, biochemische Techniken, Sterilpräparation, Elektrofusionierung, GC, HPLC, EDV.

Institut f. Landwirtschaftl. Zoologie
u. Bienenkunde
Melbweg 42
5300 Bonn 1

A.7.23. Prof. Dr. H. Bick / Prof. Dr. W. Drescher
A.: Limnologie: Faunistik und Ökologie von Fließgewässern und anthropogenen stehenden Gewässern; Agrarökologie: Einfluß von verschiedenen Formen der Landbewirtschaftung auf Bodentierwelt; Gesamtbereich Bienenforschung mit Schwerpunkten Genetik, Pflanzenschutzmitteleinwirkung; Varroatoseforschung; Auswirkungen von Pflanzenschutzmaßnahmen auf Bestäuberinsektengruppen.
T.: Limnologische u. bodenbiologische Standardmethoden, GC, Gelelektrophorese, Mikroskopie, EDV.

Institut f. Pflanzenkrankheiten
Nußallee 9
5300 Bonn 1

Abt. Entomologie u. Pflanzenschutz
A.7.24. Prof. Dr. C. Sengonca
A.: Phytomedizin (Entomologie u. Pflanzenschutz); biologische Schädlingsbekämpfung.
T.: Mikroskopie.

Abt. Virologie
A.7.27. Prof. Dr. F. Nienhaus
A.: Virologische Untersuchungen an Forstgehölzen, Nachweis von Viren und Mykoplasmen, Rickettsien in tropischen/subtropischen Pflanzen.
T.: EM, Elektrophoresen, Serologie, Gewebekultur, Virusübertragungen, Protein- u. Nukleinsäure-Bestimmungen.

Institut f. Bodenkunde
Nußallee 13
5300 Bonn 1

A.7.25. Prof. Dr. G. W. Brümmer / Prof. Dr. H. Zakosek / Dr. U. Leßmann-Schoch / Dr. G. Welp
A.: Pollenanalytische Untersuchungen von Mooren und mineralischen Böden zur Klärung der Vegetationsgeschichte und der Genese der Böden. Mikrobiologische Untersuchung zur Auswirkung von Bewirtschaftungs-

u. Rekultivierungsmaßnahmen auf den Boden: Untersuchung des potentiellen N-Kreislaufs durch Keimzählung in der ungesättigten Zone; Einfluß von Schwermetallen und organischen Chemikalien auf die mikrobielle Aktivität des Bodens.
T.: Enzymtests, Aktivitätsmessungen, Keimzahlbestimmung, Bodenmikrobiologische Untersuchungsverfahren, Spurenanalytik (Schwermetalle, org. Chemikalien).

Institut f. Pflanzenbau
Katzenburgweg 5
5300 Bonn 1
Lehrstuhl f. speziellen Pflanzenbau u. Pflanzenzüchtung
A.7.26. Prof. Dr. K. U. Heyland
A.: Landwirtschaftliche Pflanzenzüchtung; physiologische u. ökologische Grundlagen der Ertragsbildung; Entwicklung von Modellen der Ertragsbildung unter Einschluß des Ökosystems.
T.: Chromatographie, Analytik, Isotopentechnik, Optik, Mikroskopie, Elektrophorese, EDV.
A.7.27 siehe S. 43

A.8. Technische Universität Carolo-Wilhelmina zu Braunschweig
Pockelsstr. 14
Postfach 33 29
3300 Braunschweig
Tel. 0531-3910

Fachbereich f. Chemie, Pharmazie u. Biowissenschaften

Botanisches Institut
Humboldtstr. 1 u. Mendelssohnstr. 4
3300 Braunschweig

Schwerpunkt Pflanzenphysiologie
A.8.1. Prof. Dr. B. Biehl / Prof. Dr. R. Lieberei
A.: Untersuchungen zur Entwicklung des Photosyntheseapparates tropischer Pflanzen; Analytik zur Aromavorstufenbildung in fermentierenden Kakaobohnen; Keimungsphysiologie der Kakaosamen; Physiologie tropischer Nutzpflanzen, insbes. sekundäre Pflanzenstoffe; Wirt-Pathogen-Beziehungen; Physiologische Studien zur pflanzlichen Resistenzausprägung.
T.: Fluoreszenzphotometrie (in Kopplung mit Blitzlicht), Niedermolekularenanalytik mit chromatographischen Techniken, HPLC, Proteinanalytik, immunologische Techniken.

Schwerpunkt Zellbiologie
A.8.2. Prof. Dr. G. Galling
A.: Differenzierung des Chloroplasten; Molekularbiologie der Regulation; Biotechnologische Nutzung von Algen; ökologische Untersuchung der Schwermetallbelastung von Süßwasseralgen; Membrandynamik; Ribosomenbiosynthese.
T.: Biophysikal. und biochemische Trennmethoden und Analytik, Ultrazentrifugation, EM, Polarographie, Isotopentechnik.

Zoologisches Institut
Pockelsstr. 10a
3300 Braunschweig

Schwerpunkt Ethologie
A.8.3. Prof. Dr. H. Klingel
A.: Etho-Ökologie der Vögel und Säuger; Tropenökologie; soziale Organisation.
T.: Optik, Mikroskopie, EDV, Telemetrie.

Schwerpunkt Entwicklungsbiologie
A.8.4. Prof. Dr. O. Larink
A.: Postembryonale Entwicklung von Insekten; Feinstrukturen an Insekten und anderen Wirbellosen; Freilandökologie im Agrarbereich.
T.: Lichtmikroskopie, EM.

Schwerpunkt Tierphysiologie
A.8.5. Prof. Dr. H. G. Wolff
A.: Schwereorientierung bei Mollusken; Neuromotorische Erregungsmuster bei Gastropoden; Rezeptorphysiologie (Auge, Mechanorezeptoren) bei Gastropoden und Insekten; Neuroethologie bei Grillen, Mantiden und Schnecken.
T.: Licht- u. Elektronenmikroskopie, Elektrophysiologie, Film- u. Videoanalyse.

Institut f. Mikrobiologie
Gauss-Str. 7
3300 Braunschweig
A.8.6. Prof. Dr. H. J. Aust
A.: Epidemiologie phytopathogener Pilze; Schwermetallanreicherung in Algen.
T.: Mikroskopie, EDV.
A.8.7. Prof. Dr. H. Hanert
A.: Bakterieller Energiestoffwechsel; Vergleichende Stoffwechselphysiologie der Bakterien; Angewandte bakterielle Ökophysiologie; Technische Mikrobiologie; Trinkwasseraufbereitung; Grundwasserreinigung; Abwasserreinigung; Bodenreinigung (-sanierung).
T.: GC, HPLC, Photometrie, REM, TEM, Tracertechniken, CKW/KW/Schwermetall-Analytik.
A.8.8. Prof. Dr. R. Näveke
A.: Ökologisch-technische Mikrobiologie; Erdöl-Mikrobiologie; Mikrobielle Erzlaugung; Trinkwasser-Mikrobiologie.
T.: Chromatographie, Mikroskopie, Kultur obligat anaerober Mikroorganismen

Institut f. Genetik
Spielmannstr. 8
3300 Braunschweig
A.8.9. Prof. Dr. H. Gutz
A.: Genetik von Hefen, insbes. Paarungstyp-switching; DNA-Re-

paratur; Mechanismen der genetischen Rekombination; Vektorentwicklung.
T.: Mikromanipulator, Gentechnologie.

Institut f. Pharmazeutische Biologie
Mendelssohnstr. 1

A.8.10. Prof. Dr. R. T. Hartmann
A.: Biochemie und Physiologie der Alkaloide (vor allem Pyrrolizidine, Tropane); Sekundärstoffwechsel.
T.: Chromatographie (GC, HPLC); pflanzliche Zellkultur, Isotopentechnik, Enzymologie.

A.8.12. Prof. Dr. D. Strack
A.: Strukturanalytische und biochemisch-physiologische Untersuchungen an phenolischen Naturstoffen (Hydroxyzimtsäurekonjugate, Flavonoide, Betalaine); Regulation des Sekundärstoffwechsels.

T.: Phytochemie (Chromatographie, Spektroskopie); Enzymologie.

Institut f. Biochemie u. Biotechnologie
Bültenweg 17
3300 Braunschweig

A.8.11. Prof. Dr. F. Wagner
A.: Darstellung, Charakterisierung und Anwendung von Biotensiden; Gewinnung von mikrobiellen Exopolysacchariden; Regio- und stereospezifische Biotransformation; Mikrobieller Abbau von Schadstoffen in Luft und Boden.
T.: Diskontinuierliche und kontinuierliche Bioreaktortechnik, Immobilisierungstechniken, Zellaufschlußverfahren, Chromatographie: GC, HPLC, FPLC; Rheologie, Grenzflächenspannungsmessungen, EDV.

A.9. Universität Bremen
Postfach 33 04 40
2800 Bremen 33
Tel. 02 41-21 81

Fachbereich Biologie/Chemie
Leobener Straße
2800 Bremen 33

Allgemeine Botanik/Pflanzenphysiologie
A.9.1. Prof. Dr. K. Schauz
A.: Wirt-Parasit-Interaktionen an Modellsystemen (z. B. Weizen/Brandpilze); Biozidresistenz; Molekulare Grundlagen der Morphogenese/Photomorphogenese bei Pilzen.
T.: Lichtmikroskopie, EM, GC, Spektralphotometrie, Elektrophorese; Isotopentechnik, EDV.

Physiologische Pflanzenanatomie
A.9.2. Prof. Dr. W. Heyser
A.: Struktur und Funktion der Stoffleitbahnen in höheren Pflanzen; Struktur und Funktion der ektotrophen Mykorrhiza bei Wald- und Parkbäumen.
T.: LM, TEM, REM, anal. EM, Tiefsttemperaturgefriertrocknung, Gefriersubstitution u. -mikrotomie, Ultramikrotomie, AAS, Phytotron- u. Rhizotronexperimente, Isotopentechnik, Radioautographie.

Stoffwechselphysiologie u. Biochemie der Pflanzen
A.9.3. Prof. Dr. L. H. Grimme
A.: Biochemie und Physiologie der Pflanzen (Photosynthese u. N-Stoffwechsel); Phytopharmakologie der Herbizide.
T.: rp-HPLC, Synchron-Kulturtechnik, Biotest-Systeme, Spektralphoto- u. Fluorimetrie, Elektrophoresen, Gaswechselmessungen.

Algenphysiologie
A.9.4. Prof. Dr. G. O. Kirst
A.: Ökophysiologie mariner und Brackwasseralgen; Turgor-Regulation; Ionenhaushalt und Stoffwechsel von Zuckern/Zuckeralkoholen (Polyole) unter Salzbelastung.
T.: Analytik, GC, AAS, Tachophorese.

Vegetationskunde und Naturschutz
A.9.5. Prof. Dr. H. Cordes
A.: Floristik; Vegetationskunde; Vegetationsdynamik; Naturschutz; Stadtökologie.
T.: Analytik, EDV, Mikroskopie.

Pflanzenökologie
A.9.6. Prof. Dr. K. H. Kreeb
A.: Wirkungen von natürlichen und anthropogenen Faktoren auf höhere und niedere Pflanzen; Kombinationseffekte.
T.: Fluoreszenzmikroskopie, Infrarot-Gasanlage, EDV (Statistik, Textverarbeitung, Simulation, Prozeßrechner).

Zellbiologie
A.9.7. Prof. Dr. L. Rensing
A.: Analyse des molekularen Mechanismus der circadianen Rhythmik bei Neurospora und Gonyaulax (Proteinphosphorylierung, Genexpression, Pigmentprotein); Analyse der Induktion von Hitzeschockproteinen bei Hefe und Neurospora mit Hilfe geklonter HS-Gene und in-vitro-Translation.
T.: Klonierung, Hybridisierung (Blotting), EM, HPLC, Isotopentechnik.

Zoologie/Zoologie der Wirbellosen
A.9.8. Prof. Dr. H. Witte
A.: Stammesgeschichtliche Anpassung von Arthropoden (Fortpflanzungsbiologie, Wasser- u. Ionenhaushalt).
T.: Histochemie, EM.

Verhaltensphysiologie
A.9.9. Prof. Dr. Dr. G. Roth
A.: Neuro-ethologische Untersuchungen zur Plastizität der sensorischen Verhaltenssteuerung bei Amphibien.

Entwicklungsbiologie der Tiere
A.9.10. Prof. Dr. A. Hildebrandt
A.: Stabilität der Wachstums- u. Differenzierungsphase des Schleimpilzes Physarum polycephalum; Transkriptionskontrolle während der Sporulation des Schleimpilzes Physarum polycephalum.

Neurobiologie
A.9.11. Prof. Dr. H. Flohr
A.: Kompensatorische Reorganisation defekter Neuronenverbände.

Ökologie
A.9.12. Prof. Dr. G. Weidemann
A.: Ökosystemforschung mit besonderer Berücksichtigung der Bodenökologie; Sukzessionsforschung; ökologische Aspekte von Rekultivierungsmaßnahmen; Ökotoxikologie; Sukzession; Struktur und Leistung der Bodenfauna in Aufforstungen mit exotischen Baumarten (Pinus radiata) im Baskenland.
T.: Div. Extraktionsverfahren f. Bodenfauna, bodenphysikal. u. -chemische Analytik, Mikroklimatologie, Mikroskopie, EDV, Computersimulation.

Evolutionsbiologie
A.9.13. Prof. Dr. D. Mossakowski
A.: Evolution: Artbildungsprozesse bei Carabiden, Fröschen u. Eidechsen; Interferenzfarben bei Insekten; Ökophysiologie von Carabiden; Moorfauna; Moorrekultivierung; Kartierung der Fauna.
T.: Spezialtechniken für Reflexionsmessungen, Elektrophorese, IEF, EDV.

Mikrobiologie
A.9.14. Prof. Dr. A. Nehrkorn
A.: Struktur (Morphologie u. Zusammensetzung) von Belebtschlamm aus biologischen Kläranlagen; Struktur (Besiedlungsmuster, Zusammensetzung) und biochemische Funktion mikrobieller Biozönosen im Grundwasser.
T.: Lichtmikroskopie, TEM, REM, miniaturisierte Anreicherungs-, Kultur- u. Differenzierungsverfahren, EDV.

A.9.15. Dr. Schultz-Vollmer
A.: Mikrobielle Ökologie von Ruderal- und Rekultivierungsböden.
T.: Analytik, Anreicherungs- u. Kulturverfahren, Mikroskopie, EDV.

Genetik/Humangenetik
A.9.16. Prof. Dr. W. Schloot
A.: Experimentelle und angewandte Humangenetik.
T.: Zellkulturtechnik, DNA-Analytik.

Anthropologie/Humanbiologie
A.9.17. Prof. Dr. H. Walter
A.: Populationsgenetik von Indien u. Italien; Genetik der Serumproteine; Wachstumsforschung (Auxologie).
T.: Isoelektrofokussierung.

Fachbereich Physik

Biophysik
A.9.18. Prof. Dr. H. Diehl
A.: Modelluntersuchungen zur kombinierten Einwirkung von Lösungsmitteldämpfen unterschiedlich komplexer Zusammensetzung an Ratten; Biorhythmus; Analytik von Urinmetaboliten; membrangebundener Mechanismus des Monooxygenasesystems; Charakterisierung Cytochrom P-450 abhängiger Reaktionen.
T.: GC, HPLC, Spektrometrie, Zellfraktionierung, rapid micing, photochemische Wirkungsspektren.

A.10. Technische Hochschule Darmstadt
Karolinenplatz 5
6100 Darmstadt
Tel. 0651-161

Fachbereich Biologie

Institut f. Botanik
Schnittspahnstr. 3 u. 4
6100 Darmstadt

A.10.1. Prof. Dr. M. Fekete / Dr. G. H. Vieweg
A.: Untersuchung des Zucker-Stoffwechsels insbes. Saccharose-Stärke-Umwandlung; Isolierung, Charakterisierung und Lokalisation der beteiligten Enzyme.
T.: Analytik, Elektrophorese, Chromatographie, Mikroskopie, EM.

A.10.2. Prof. Dr. Große-Brauckmann
A.: Allgemeine Vegetationskunde, angewandte Pflanzensoziologie und Ökologie (hinsichtl. Naturschutz- u. Flurbereinigungsplanungen, sowie ingenieurbiol. Fragen), Naturschutz; Vegetationsgeschichte, Mooruntersuchungen (pollen- u. makrofossil-analytisch, soziologisch).
T.: EDV.

A.10.3. Prof. Dr. M. Kluge
A.: Biochemische Grundlagen ökologischer Anpassungen bei Pflanzen: Kohlenstoff- und Wasserhaushalt. Regulation des Stoffwechsels.
T.: Biochemische Analytik (Säulenchromatographie, HPLC, Elektrophorese, Immunologie), Isotopentechnik.

A.10.4. Prof. Dr. U. E. Lüttge
A.: Pflanzliche Membranphysiologie: Membranbiophysik, Wasserhaushalt; ökophysiologische Fragestellungen (feuchte und aride Tropen u. Subtropen); Phytopathologische Fragestellungen zu Wasserhaushalt, Gaswechsel und Membranphysiolo-

gie. Spektralphotometrie (Membranvesikelaktivität), Membranisolierung, Zellfraktionierung, Protein-Analytik, Chromatographie, Gaswechselmessungen, pflanzliche Elektrophysiologie, EM, Isotopentechnik.

A.10.5. Prof. Dr. W. Ullrich
A.: Aufnahme und Assimilation anorganischer N-Verbindungen, Mechanismen und Regulation; Rolle des Ammoniums bei bakteriellen Pflanzenkrankheiten; Ökophysiologie der Massenentwicklung von Planktonalgen in Seen.
T.: Klassische Analytik, Elektrophysiologie, Elektrophorese, Algen- und Zellkulturen.

A.10.6. Dr. E. Wollenweber
A.: Chemische Konstitution und Verteilung lipophiler Exkrete, insbes. von Flavonoid-Aglykonen und Terpenoiden in Höheren Pflanzen und Farnen (Analytik u. Chemotaxonomie); Flavonoid-Aglyka in pflanzlichen Drogen.
T.: GC, DC (anal. u. präp.), UV-Spektroskopie, Massenspektroskopie, NMR.

Institut f. Zoologie
Schnittspahnstr. 3
6100 Darmstadt

A.10.7. Prof. Dr. A. Buschinger
A.: Biosystematik und Öko-Ethologie von Formiciden, bes. sozialparasitische Arten.
T.: Insektenzucht mit speziellen Temperaturprogrammen, Mikroskopie, Makrophotographie.

A.10.8. Prof. Dr. P. Dancker
A.: Biochemie und Physiologie des Zellskeletts und der Zellmotilität.
T.: Chromatographie, Elektrophorese, UV- u. Fluoreszenzspektroskopie.

A.10.9. Prof. Dr. W. Himstedt
A.: Neurale Grundlagen visuell gesteuerter Verhaltensweisen bei Amphibien.
T.: Elektrophysiologie, Histologie, Mikroskopie, EDV.

A.10.10. Prof. Dr. W. Kaiser
A.: Vergleichende Schlafforschung; Neurobiologische Untersuchungen an Honigbienen und anderen Insekten.
T.: Elektrophysiologie, Elektromyographie, Verhaltensanalyse mit Videotechnik, Histologie.

A.10.11. Prof. Dr. R. Kinzelbach
A.: Limno-Ökologie großer Flüsse; Zoogeographie und Hydrobiologie im vorderen Orient und Afrika; Systematische Zoologie (bes. Arthropoden, Mollusken); angewandte Ökologie, Naturschutz (auch Projekte in Entwicklungsländern).
T.: Feldanalytik von Gewässern, klassische und Stereoscan-Mikroskopie.

A.10.12. Prof. Dr. H. Scheich
A.: Physiologie, Neuroanatomie und Histochemie des Hörsystems; akustisch gesteuerte Verhaltensweisen; akustisches Lernen.
T.: EDV, EM, Lichtmikroskopie, Isotopentechnik, biochemische Techniken.

A.10.13. Prof. Dr. U. G. Stewart
A.: Biochemie u. Immunologie kontraktiler Proteine.
T.: Proteinreinigung (Chromatographie), Mikroskopie.

Zellbiologie und Laboratorium f. Mutagenitätsprüfung
A.10.14. Prof. Dr. H. Miltenburger
A.: Analyse von Mechanismen der Zellschädigung durch chemische und physikalische Agenzien mit primären und permanenten Zellkulturen: Zytogenetik, Flow-Zytometrie, Mediumvariationen, Serumersatzstudien, Zytotoxizitätsstudien mit verschiedenen Methoden; Produktoptimierung (Produktion monoklonaler Antikörper in vitro), Fermentertechnik.
T.: Flow-Zytometrie, Fermentertechnik, LM, Bildanalyse, EDV.

Institut f. Mikrobiologie
Schnittspahnstr. 9–10
6100 Darmstadt

A.10.15. Prof. Dr. H. J. Kutzner
A.: Ökologie und Taxonomie thermophiler Actinomyceten; Phagen und Plasmide bei Actinomyceten; Biologie der aeroben und anaeroben Abwasserreinigung.
T.: HPLC, GLC, Elektrophorese, Mikroskopie.

A.10.16. Prof. Dr. H. H. Martin
A.: Ursachen bakterieller Resistenz gegen β-Laktam-Antibiotika; Mechanismus der Induktion bakterieller β-Laktamasen.
T.: Kinetische Messungen von Hemmstoffwirkungen (photometrisch, titrimetrisch, automatisiert), Proteintrennverfahren (präparativ, analytisch), Isotopentechnik, quantitat. Fluorimetrie.

A.10.17. Prof. Dr. K. Nixdorff
A.: Modulation der quantitativen und qualitativen Immunantwort gegen Hauptantigene der äußeren Membran des Gram-negativen Bakteriums Proteus mirabilis.
T.: In-vitro-Kultivierung, in-vivo u. in-vitro Plaque-Test, Immunoblotting, SDS-Gelelektrophorese.

A.10.18. Prof. Dr. F. K. Zimmermann
A.: Genetik der Hefe Saccharomyces cerevisiae; Mutagenitätsforschung; Mikrobiologie der Weinherstellung.
T.: Isotopentechnik, Elektrophorese, HPLC, Gentechnologie.

A.11. Universität Dortmund
August-Schmidt-Str. 4
4600 Dortmund 50
Tel. 0231-7551

Institut f. Umweltschutz
4600 Dortmund

A.11.1. Prof. Dr. H.-J. Karpe
A.: Wechselnde Schwerpunkte; z.Z. folgende Projekte: Klimatologische Beurteilung und Bestimmung vegetationsbestimmter Belastungswerte der Wechselbeziehung schwerbelasteter Siedlungsraum-Freiraum; Wirtschaftliche Überlegungen zur langfristigen Sicherung der öffentlichen Wasserversorgung des Landes NRW unter besonderer Berücksichtigung der industriellen Eigenversorgung; Handlungsspielräume zur besseren Nutzung lokaler und regionaler Wasservorkommen; ökonomische Bewertung von Gesundheitsschäden durch Luftverunreinigungen.

Institut f. Arbeitsphysiologie
Ardeystr. 67
4600 Dortmund 1

Schwerpunkt Sinnes- u. Neurophysiologie
A.11.2. Prof. Dr. C. R. Cavonius
A.: Sinnesphysiologie; Human factors; Informationsverarbeitung in biologischen Systemen.
T.: EDV, evozierte Proteine, neuromagnetische Aufnahmen.

Schwerpunkt Umweltphysiologie
A.11.3. Prof. Dr. H. G. Wenzel
A.: Erholungsverlauf des Menschen nach wiederholter kurzfristiger Arbeit in Umgebungstemperaturen oberhalb von 50°C; Wirkungen von Vibrationsbelastungen auf das Hand-Arm-System des Menschen; Physiologische Reaktionen des Menschen in Klimaten mit Strahlungstemperaturen oberhalb der Lufttemperatur.
T.: Klimasimulationslaboratorium, Vibrationssimulationslaboratorium, Strahlungsklimakammer.

Schwerpunkt Toxikologie u. Arbeitsmedizin
A.11.4. Prof. Dr. Dr. H. M. Bolt
A.: Toxikologie von Arbeitsstoffen; krebserzeugende Wirkungen; analytische Chemie; klinische Arbeitsmedizin.
T.: Isotopentechnik, GC, HPLC, GC-MS, Morphometrie, Pharmakokinetik, Tierexperimentelle Methodik.

A.12. Universität Düsseldorf

Universitätsstr. 1
4000 Düsseldorf 1
Tel. 0221-3111

Math.-Nat. Fakultät

Botanisches Institut
Universitätsstr. 1
4000 Düsseldorf 1

Lehrstuhl I
A.: keine Angaben

Lehrstuhl II
A.12.1. Prof. Dr. H. Strotmann / Prof. Dr. G. H. Krause
A.: Bioenergetik der Photosynthese; Photosynthese: Wirkung von Umweltfaktoren.
T.: Isotopentechnik, Chromatographie, Spektroskopie, EDV, Gaswechselmessungen, spektroskopische Methoden, Fluoreszenzmessungen.

Lehrstuhl III
A.: keine Angaben

Lehrstuhl IV
A.: keine Angaben

Institut f. Zoologie
Universitätsstr. 1
4000 Düsseldorf 1

Lehrstuhl I
A.12.2. Prof. Dr. W.-R. Schlue
A.: Ionenregulation und Stofftransport in Neuronen und Gliazellen.
T.: Technik ionen-sensitiver Mikroelektroden.

Lehrstuhl II
A.12.3. Prof. Dr. H. Greven
A.: Funktionelle Morphologie: Fortpflanzungsbiologie, Zähne und Zahnbildung bei niederen Vertebraten; Biologie der Tardigraden; Immissionsökologie.
T.: (Immun)histochemie, Cytochemie, TEM, REM, AAS, Flammenphotometrie, Isotopentechnik.

A.12.4. Prof. Dr. W. Peters / Dr. D'Haese
A.: Funktionelle Morphologie: peritrophische Membranen, Glykoproteine als Rezeptoren in Zellmembranen von Parasiten. Funktionelle Morphologie und Biochemie der schräggestreiften Muskulatur.
T.: Lichtmikroskopie, TEM, REM, Isotopentechnik, Zellfraktionierung, Elektrophorese, Antikörpergewinnung, parasitologische Methoden.

Lehrstuhl III
A.: keine Angaben

Lehrstuhl IV
A.: keine Angaben

Institut f. Mikrobiologie
Universitätsstr. 1
4000 Düsseldorf 1

A.12.5. Prof. Dr. C. P. Hollenberg / Dr. R. Roggenkamp / Dr. K. Breunig

A.: Genexpression, amylolytische Enzyme und Xylose-Verwertung bei Hefe; Klonierung und molekulare Analyse von Genen aus methanolverwertenden Hefen; Regulation des Stoffwechsels und Transport peroxisomaler Proteine; Sekretion von Fremdproteinen in Saccharomyces cerevisiae; Regulation der Genexpression des β-Galaktosidasegens der Hefe Kluyveromyces lactis.

T.: Molekulargenetische Techniken, DNA-Sequenzierung, Enzymreinigung, HPLC, Isotopentechnik, Elektrophorese, Ultrazentrifugation.

Institut f. Genetik
Universitätsstr. 1
4000 Düsseldorf 1

A.12.6. Prof. Dr. O. Hess
A.: Cyto- und Molekulargenetik bei Drosophila.
T.: Cytologische u. genetische Techniken, einschl. Molekulargenetik u. Gentechnik.

Institut f. Biochemie
Universitätsstr. 1
4000 Düsseldorf 1

A.12.7. Prof. Dr. H. Weiss
A.: Biogenese, Struktur und Funktion von Enzymkomplexen der oxidativen Phosphorylierung in Mitochondrien.
T.: Kultivierung von Mikroorganismen, Klonierung u. Sequenzierung von DNA, Proteinchemie, Chromatographie, Lichtabsorptionsspektroskopie.

Institut f. Physikalische Biologie
Universitätsstr. 1
4000 Düsseldorf 1

A.12.8. Prof. Dr. W. Hillen
A.: Expressionssysteme in Bacillus und Streptomyces; Repressor-Operator-Erkennung; Protein-Engineering; Regulation der Genexpression.
T.: DNA- u. Proteinsequenzierung, Gentechnik, Ultrazentrifugation, Fluoreszenzspektroskopie, Optik.

A.12.9. Prof. Dr. D. Riesner
A.: Struktur und Funktion der Viroide; Molekularbiologische Untersuchungen zu neuartigen Waldschäden; Struktur des Scrapie-Erregers.
T.: Analytische u. präparative Ultrazentrifugation, Thermodynamik, HPLC, Isotopentechnik, DNA- u. Protein-Sequenzierung.

Abt. f. Biokybernetik

A.12.10. Prof. Dr. R. Eckmiller / Dr. M. Kerszberg / Dr. W. J. Daunicht
A.: Biophysik des Nervensystems: Okulomotorik, Auge-Hand Koordination, sensomotorische Koordinatentransformation.

Neuroinformatik: Entwicklung intelligenter Roboter mit neuronaler Netzwerk-Architektur.
T.: EDV, digitale u. klassische Elektronik, Tierkonditionierung, Biomathematik, neurophysiologische Methoden, Computer-Simulation und Hardware-Simulation neuronaler Netze, Entwicklung von Parallelrechnern, Tensor-Theorie.

Medizinische Fakultät

Institute f. Physiologische Chemie
Moorenstr. 5
4000 Düsseldorf 1

Institut f. Physiologische Chemie I
A.12.11. Prof. Dr. H. Sies
A.: Oxidative reaktive Spezies im Hinblick auf biologische Wirkungen (Singulett-Sauerstoff, Wasserstoffperoxyd), Antioxidantien (Glutathion, Vitamin C usw.).
T.: GC, HPLC, Photonenzählung, Organspektrophotometrie, Isotopentechnik.
A.12.12. Dr. Dr. H. de Groot
A.: Hypoxie in Leber- und Tumorzellen; Mechanismus des Zelluntergangs induziert durch Fremdstoffe; Enzymologie (Glucose-6-Phosphatase).
T.: Chromatographie, Isotopentechnik, Mikroskopie, Zellkulturen, EDV.
A.12.13. Dr. S. Soboll
A.: Untersuchung der Bioenergetik auf zellulärer Ebene; Regulation der Muskelkontraktion des Skelettmuskels; Wirkung von Hormonen auf den Energiestoffwechsel der intakten Zelle (T3, Glucagon, Adrenalin).
T.: EDV, Metabolitgehaltbestimmung im nanomolaren Bereich (Zweiwellenlängenphotometer), Elektrophorese, Isotopentechnik, Organpräparation und -perfusion, Zellisolation, Zellkultur, Zellfraktionierung.
A.12.14. Dr. G. Wagner
A.: Biochemische Untersuchungen in den Tumorentwicklungsstufen; Initiation, Promotion, Progression nach Aflatoxin B_1 induzierter Carcinogenese in Rattenleber; Untersuchung enzymatischer Entgiftungsmechanismen in Abhängigkeit von möglichen Antikrebsstoffen wie Glutathion und Selen.
T.: Nukleinsäuren- u. Proteinisolierung, Chromatographie, Isotopentechnik, Elektrophorese.

Lehrstuhl f. Klinische Biochemie
Diabetesforschungsinstitut
Auf'm Hennekamp 65
4000 Düsseldorf 1

A.12.15. Dr. B. Dahlmann
A.: Molekularer Mechanismus des intrazellulären Proteinabbaus; Identifizierung und Charakterisierung proteolytischer Enzyme; Myofibrillärer Protein-Turnover; hormonelle Regulation des Protein-Abbaus; Proteinase-Inhibitoren.

T.: Chromatographie, Elektrophoresen, Isotopentechniken, immunologische Methoden.

A.12.16. Dr. J. Eckel
A.: Mechanismus der Insulinwirkung am Herzmuskel.
T.: Zellisolierung u. -kultur, Isotopentechnik, RIA.

A.12.17. Dr. P. Rösen
A.: Gefäßstoffwechsel: isolierte Endothelzellen, Eicosanoide, Transendothelialer Transport, Molekulare Mechanismen unter physiologischen und pathophysiologischen (Diabetes) Bedingungen.
Herzmuskelstoffwechsel: Herzfunktion und Stoffwechsel bei Diabetes und Ischämie.

T.: Chromatographie, HPLC, FPLC, Isotopentechnik, Zellkulturtechnik, Mikroskopie.

Institut f. Toxikologie
Moorenstr. 5
4000 Düsseldorf 1

A.12.18. Prof. Dr. F. K. Ohnesorge
A.: Toxikologie von Schwermetallen; Bewertung von Xenobiotica.
T.: GC, HPLC, AAS, Elektrophorese, Isolierung subzellulärer Strukturen, enzymatische Methoden.

A.13. Friedrich-Alexander-Universität Erlangen-Nürnberg
Schloßplatz 4
8520 Erlangen
Tel. 09131-851

Naturwissenschaftliche Fakultät

Institut f. Botanik u.
Pharmazeutische Biologie
Staudtstr. 5
8520 Erlangen

Lehrstuhl f. Botanik I
A.13.1. Prof. Dr. K. M. Hartmann / Prof. Dr. W. Haupt / Prof. Dr. K. Seitz / Dr. M. Kraml / Dr. R. Scheuerlein / Dr. J. Tendel
A.: Photobiologie: lichtgesteuerte Zellreaktionen, durch Phytochrom vermittelt; Aktionsspektrometrie von Langzeit- und Ultrakurzzeit-Lichteffekten; Intrazelluläre Bewegungen; Photochemie des Phytochroms; Lichtkontrolle der Sporen- und Samenkeimung; Photochemische und Photophysikalische Charakterisierung des Phytochroms; Forsttoxikologie; Schadstoffanreicherung in Bäumen; Schadbilder.
T.: Strahlungserzeugung, Strahlungsmessung, Biostatistik, Spektralphotometrie, Aktions-

A.13. Friedrich-Alexander-Universität Erlangen-Nürnberg

spektroskopie, Laser, Atomabsorption.

Lehrstuhl f. Botanik II
A.13.2. Prof. Dr. E. Kessler / Prof. Dr. K. Knobloch / Dr. Vittus
A.: Chemotaxonomie einzelliger Grünalgen; Verwandtschaftsforschung (DNA-Hybridisierung, Sequenzierung der 5s rRNA); Untersuchung der Eignung für technische Nutzung; Untersuchungen zum Energiestoffwechsel photosynthetischer Bakterien; Analytik von Naturstoffen; Wirkung spezieller Naturstoffe auf den Energiestoffwechsel.
T.: Chromatographie, Photometrie, Spektralphotometrie, Luminometrie, Spektroskopie, Isotopentechnik, Nukleinsäuren-Sequenzierung.

Lehrstuhl f. Pharmazeutische Biologie
A.13.3. Prof. Dr. G. C. Arnold / Dr. P. Gaffel / Dr. O. Schirmer / Dr. G. Abel
A.: Ultrastukturforschung und Toxikologie; Mutagenese durch pflanzliche Naturstoffe und Arzneimittel; Arzneipflanzenanbau; Endosymbioseforschung.
T.: Mikroskopie, Gewebekulturen.

Arbeitsgruppe Geobotanik
A.13.4. Prof. Dr. A. Hohenester / Dr. W. Nezadal / Dr. P. Titze / Dr. W. Weiß
A.: Veränderungen in Flora und Vegetation Makaronesiens und der westlichen Mediterraneis seit dem Tertiär. Die potentielle natürliche Vegetation Nordostbayerns. Pflanzensoziologie: Erhebung von Vegetationsaufnahmen im Gelände incl. verschiedener ökologisch relevanter Parameter; Verarbeitung und Auswertung der Vegetationsaufnahmen mittels EDV hinsichtl. floristischer Zusammensetzung, Standortansprüche, Verbreitung usw.; Klärung synsystematischer und synsoziologischer Fragen. Vegetation auf Kultur- und Brachflächen in Mittel- und Südwesteuropa.
T.: LM, Analytik, EDV.

Institut f. Zoologie
Staudtstr. 5
8520 Erlangen

Lehrstuhl f. Zoologie I
A.13.5. Prof. Dr. W. Haas
A.: Parasiten-Physiologie und -Ökologie: Wirtsfindung und Wirtserkennung parasitischer Helminthen (Trematoden, Nematoden) und Erarbeitung biologischer und biotechnischer Bekämpfungsverfahren.
T.: Verhaltens- und sinnesphysiologische Methoden, Chromatographie (DC, GC, HPLC).

A.13.6. Prof. Dr. I. Hasenfuß
A.: Vergleichend-morphologische Untersuchungen an Insekten; Faunistisch-ökologische Untersuchungen an Arthropoden.
T.: REM.

A.13.7. Prof. Dr. H. Korn
A.: Histologie, Ultrastruktur, Fauna und Wassergüte von Fließgewässern.
T.: Mikroskopie, TEM, REM.
A.13.8. Prof. Dr. L. T. Wasserthal
A.: Funktions- und Strukturanalyse der Körperfunktionen (Atem- u. Kreislauf, Temperaturhaushalt, Flügellenkung) bei Insekten; Spezialanpassungen von Verhalten und Strukturen bes. bei bedrohten Schmetterlingsarten; Ultrastruktur, Ontogenie und Phylogenie von Insekten und marinen Wirbellosen; Faunistik und Ökologie terrestrischer und limnischer Tiere; Parasitologie, insbes. Wirtsfinde-Mechanismen bei pathogenen Würmern; Verhalten bei Beuteltieren.
T.: Thermistor-Strömungs- und Temperatur-Messungen von der Körperoberfläche aus bei Insekten; LM, TEM, REM, Stroboskop-Kinematographie im Makrobereich, Chromatographie.

Lehrstuhl für Zoologie II
A.13.9. Prof. Dr. O. v. Helversen
A.: Akustische Kommunikation bei Insekten; Verhaltensökologie von Fledermäusen.
T.: Elektrophysiologie, Rechnergestützte Verhaltensforschung.
A.13.10. Prof. Dr. G. Seitz
A.: In-situ-Charakterisierung von Insektensehpigmenten; Elektrophysiologie der Sinneszellen.
T.: Mikrospektroskopie, Fluorimetrie, Elektrophysiologie.

Institut f. Mikrobiologie u. Biochemie
Staudtstr. 5
8520 Erlangen

Lehrstuhl f. Mikrobiologie
A.13.11. Prof. Dr. W. Hillen
A.: Regulationsmechanismen der Genexpression in Prokayonten: Promotorstrukturen, Promotor-RNA-Polymerase Wechselwirkungen, Repressor-Operator-Erkennung; Molekulargenetik von Bakterien.
T.: Mikrobiologische, biochemische, molekularbiologische Techniken, Gentechniken.
A.13.12. Prof. Dr. W. Lotz
A.: Genetische Analyse Plasmidkodierter Determinanten von Erbsen- und Ackerbohnen-nodulierenden, symbiontisch N_2-fixierenden Rhizobium leguminosarum-Stämmen.
T.: GC, Kjeldahl-Bestimmungen, DNA-Basensequenzanalysen, DNA-Hybridisierung, Isotopentechnik.

Lehrstuhl f. Biochemie
A.13.13. Prof. Dr. E. Schweizer
A.: Molekularbiologie, Genetik, Biochemie: Klonierung der Fettsäuresynthetase-Gene aus Hefe; Mitochondrien-Biogenese in Hefe; Kartierung des FAS 2-Genlocus auf dem Saccharomyces cerevisiae Genom; Klonierung u. Strukturaufklärung des multifunktionellen FAS-Genes der Ratte; Kontrolle der Fettsäuresynthetase-Gene in Candida lipolytica u. S. cerevisiae; Isolierung und ver-

gleichende Strukturuntersuchungen der Fettsäuresynthetase u. Methylsalicylsäuresynthase-Gene in Penicillium patulum.

Medizinische Fakultät

Institut f. Physiologie u.
Biokybernetik
Universitätsstr. 17
8520 Erlangen

A.13.14. Prof. Dr. H. O. Handwerker
A.: Neuro- und Sinnesphysiologie, insbes. Physiologie der Schmerzverarbeitung, Physiologie der vegetativen Regulation; allgemeine und spezielle Sinnesphysiologie, Physiologie des Gehörs und des Geschmacks.
T.: Extra- und interzelluläre Mikroelektrodentechniken, lichtmikroskopische Histologie und Histochemie, physiologische Methoden, EDV biologischer Signale auf Mikrocomputern.

Institut f. Physiologische Chemie
Fahrstr. 17
8520 Erlangen

Lehrstuhl I
A.13.15. Prof. Dr. W. Kersten
A.: Mechanismen der Adaptation an veränderte Umweltbedingungen über modifizierte Nucleoside: Biochemische und molekularbiologische Studien.
T.: Gentechnologie, Isotopentechnik, spez. Elektrophoresen, Immunologische Methoden.

Lehrstuhl II
A.13.16. Prof. Dr. K. Brand
A.: Immunobiochemie - molekulare Mechanismen der Lymphocytenproliferation: Membranlipide-, Enzyminduktion und Genexpression, Energiestoffwechsel im Verlauf des Zellzyklus Mitogen-stimulierter Lymphocyten; Isolierung und Charakterisierung der Phosphohexose-Isomerase als Tumormarker in verschiedenen Malignomen.
T.: HPLC, Säulenchromatographie, enzymatische Analyse, Isotopentechnik, Zellkultur, Gentechnologie.

Institut f. Biochemie
Fahrstr. 17
8520 Erlangen

A.13.17. Prof. Dr. A. Ogilvie
A.: Vorkommen und Stoffwechsel von Signalnukleotiden im Extrazellulärraum; Herstellung monoklonaler Antikörper gegen Oberflächenantigene.
T.: HPLC, Zellkulturtechniken, Isotopentechnik.

A.13.18. Dr. T. Dingermann
A.: Studium der entwicklungsspezifischen Regulation von Multicopygenfamilien am Beispiel von tRNA-Genen aus Dictyostelium discoideum; Dictyostelium discoideum als eukaryontisches Expressionssystem; Aktivierung und Amplifikation von Onkogenen bei Rectum-Carcinomen.
T.: Isotopentechnik, EDV.

Institut f. Pharmakologie u.
Toxikologie
Universitätsstr. 22
8520 Erlangen

Lehrstuhl f. Pharmakologie u. Toxikologie
A.13.19. Prof. Dr. K. Brune
A.: Pharmakologie, Neuropharmakologie und Neurophysiologie; Klinische Olfaktometrie, Gustometrie.

Lehrstuhl f. Toxikologie u. Pharmakologie
A.13.20. Prof. Dr. C.-J. Estler
A.: Arzneimitteltoxikologie
T.: Biochemisch-klinische Analytik, Chromatographie, tierexperimentelle Techniken, Isolierung von Zellen u. Zellorganellen.

Institut f. Humangenetik und Anthropologie
Schwabachanlage 10
8520 Erlangen

Experimentelle und Tumor-Cytogenetik
A.13.21. Prof. Dr. E. Gebhart
A.: Experimentelle Cytogenetik: Wirkung von Mutagenen und Antimutagenen auf Mensch- und Säugetier-Chromosomen; Tumor-Cytogenetik: Chromosomenuntersuchungen an menschlichen Tumoren (Brust-, Ovarial-, Rectum-, ZNS-Tumoren) unter Einbeziehung molekulargenetischer Techniken (Oncogen-Analysen) sowie Cytogenetik der experimentellen Zelltransformation.
T.: Zellkulturtechniken, cytogenetische Techniken, Mikroskopie, DNA- und RNA-Analyse-Techniken.

Labor f. Molekulare Genomdiagnostik
A.13.22. Dr. R. Fahsold
A.: Erarbeitung molekulargenetischer Methoden für den Einsatz in der genetischen Familienberatung; Kopplungsanalysen mit RFLP-Markern mit neu entwickelten Gensonden.
T.: Isotopentechnik, Elektrophoresen, Ultrazentrifugation.

A.14. Universität Essen – Gesamthochschule

Universitätsstr. 2
4300 Essen 1
Tel. 0201-1831

Fachbereich Bio- u. Geowissenschaften

Angewandte Botanik
A.14.1. Prof. Dr. R. Guderian
A.: Ermittlung und Bewertung des Einflusses von Luftverunreinigungen auf terrestrische Ökosysteme; Untersuchungen über Dosis-Wirkung-Beziehungen, Kombinationswirkungen, Resistenzverhalten annueller und perennierender Pflanzenarten; Ursachen neuartiger Waldschäden.
T.: Expositionssysteme: Klimakammer-, Kleingewächshaus- u. open top-Anlagen, HPLC, IC, GC, Gaswechselanlagen, EM.

Pflanzensoziologie/Pflanzenökologie
A.14.2. Prof. Dr. M. Jochimsen
A.: Pflanzensoziologische und ökologische Untersuchungen realer Vegetationseinheiten; Pollenanalyse rezenter Proben (Luft, Oberflächen).
T.: Phasenkontrast-, Interferenz-, Fluoreszenzmikroskopie, Computergestützte Vegetationsaufnahme.

Freilandpflanzenkunde
A.14.3. Prof. Dr.-Ing. R. Rümler
A.: Freilandpflanzenkunde; Pflanzenverwendung im Landschaftsbau (Landschaft u. Stadt); Pflanzenverwendung im technischen Pflanzenbau (Ingenieurbiologie), sowie in Garten- und Landschaftsgestaltung.
T.: Luftbildinterpretation.

Pflanzenphysiologie
A.14.4. Prof. Dr. G. B. Feige
A.: Primärprozesse der Photosynthese; Stofftransport in Pflanzen; Phytochemie und Systematik der Flechten.
T.: HPLC, Isotopentechnik, Mikroskopie, Fluoreszenz-Optik, Elektrophorese.

Zoophysiologie
A.14.5. Prof. Dr. H. Grunz
A.: Molekulare Mechanismen der frühembryonalen Entwicklung bei Amphibien (Xenopus laevis); Wirkungsweise morphogenetischer Faktoren und Wachstumsfaktoren (fibroblast growth factors); regionsspezifische Genaktivierung und Genregulation.
T.: EM, Elektrophorese, Ultrazentrifugation, Isotopentechnik, Gentechnik.

Hydrobiologie
A.14.6. Prof. Dr. H. Schuhmacher
A.: Limnologie, bes. Fließwasserökologie im naturnahen sowie im urbanen Bereich; Meeresbiologie, natürliche und künstliche Riffbildung.
T.: Wasseranalytik, Lichtmikroskopie, Fluoreszenzmikroskopie, REM.

Fachbereich Humanmedizin

Institut f. Hygiene u. Arbeitsmedizin
Hufelandstr. 55
4300 Essen 1

A.14.7. Prof. Dr. K. Norpoth / Dr. E. Mohtashamipur
A.: Bestimmung der Mutagenität im Harn von PAH-exponierten Nagern, Rauchern und Passivrauchern.
T.: Chromatographie, bakteriologische Testverfahren.

A.14.8. Prof. Dr. Bruch
A.: Inhalationstoxikologie; Wirkung von Stäuben auf Lunge und Zellen in-vitro.
T.: Histologische Techniken, Zellkultur, Chromatographie, EDV, Mikroskopie.

Institut f. Humangenetik
Hufelandstr. 55
4300 Essen 1

A.14.9. Prof. Dr. E. Passarge
A.: Erforschung der erblichen Grundlagen von Krankheiten einschl. ihrer verbesserten Diagnostik; Analyse von Chromosomenstörungen, erblich bedingte Erkrankungen mit besonderer Neigung zur Krebsentstehung und immunologische Defekte; Molekulare Analyse von Erbkrankheiten.
T.: Cytogenetische Methoden, Zellkulturen, molekulare Genetik.

Institut f. Zellbiologie
(Tumorforschung)
Hufelandstr. 55
4300 Essen 1

A.14.10. Prof. Dr. M. F. Rajewsky
A.: Zelluläre Mechanismen der malignen Transformation (Entwicklungs- und Differenzierungsbiologie: Gehirnentwicklung; Zelloberflächen-Antigene; Monoklonale Antikörper; Transformationsrisiko als Funktion des Zelltyps und Entwicklungs-/Differenzierungs-Stadiums; Mehrstufen-Prozeß der Cancerogenese: Bedeutung des zellulären und humoralen „microenvironments" für die Realisation tumorigener Phänotypen).
Molekulare Mechanismen der malignen Transformation durch chemische Cancerogene (N-Nitroso-Verbindungen; Cancerogen-induzierte DNA-Strukturmodifikationen und deren spezifische Erkennung durch monoklonale Antikörper; Chromatin; DNA-Methylierung; DNA-Reparaturprozesse; Charakterisierung von DNA-Reparaturgenen).

A.14. Universität Essen – Gesamthochschule

Genexpression in Cancerogenese und Tumorprozession (Charakterisierung von Genen u. Genprodukten, die am Prozeß der malignen Transformation in definierten Zellsystemen sowie an der Tumorprogression und an der Proliferationskontrolle beteiligt sind; Zelloberflächenstrukturen; Zell-Zell und Zell-Matrix Interaktionen; Zell-Migration und Tumorzell-Invasivität; Metastasierung; molekulare Tumorcytogenetik). Experimentelle Grundlagen d. Leukämie- und Tumordiagnostik und -therapie (Modulierbarkeit maligner Phänotypen; monoklonale Antikörper gegen Zelloberflächen-Determinanten: Entwicklung von Einsatzmöglichkeiten bei der Diagnostik und Therapie maligner Erkrankungen; Tumorimmunologie: Bedeutung des „major histo-compatibility complex" im Rahmen der immunologischen Erkennung und Elimination maligner Zellen).
T.: Molekular- u. cytobiologische Methoden, Zell- und Gewebekultur, Herstellung u. Charakterisierung monoklonaler Antikörper, Nukleinsäure-Biochemie.

Institut f. Medizinische Strahlenphysik u. Strahlenbiologie
Hufelandstr. 55
4300 Essen 1

Abt. f. Medizinische Strahlenbiologie
A.14.11. Prof. Dr. C. Streffer
A.: Untersuchungen zur experimentellen Tumortherapie: Kombination ionisierender Strahlen mit Hypothermien; Wirkung schneller Neutronen; Tumorzellen in vitro; solide Tumoren, normale Genese, Proliferation, Stoffwechsel, Vaskularisation, cytogenetische Effekte; Sensibilisatoren; Untersuchungen menschlicher Tumoren; Untersuchungen zum Strahlenrisiko für Säuger: Chromosomen-Aberrationen, Mikronucleus-Bildung, Beeinträchtigung der Embryonalentwicklung, Proliferationsstörungen; Beeinflussung des Strahlenrisikos durch Substanzen (Umweltschadstoffe, Therapeutika).
T.: Mikroskopie, Zellkultur-Techniken, isoelektrische Fokussierung, HPLC, Elektrophorese, Photometrie, Fluoreszenzmessungen, Hyperthermie, Bildanalyse, Biolumineszenz, Ultrazentrifugation.

A.15. Johann-Wolfgang-Goethe-Universität Frankfurt

Senckenberganlage 31
6000 Frankfurt a. M. 1
Tel. 069-7981

Fachbereich Biologie

Botanisches Institut
Siesmayerstr. 70
6000 Frankfurt a. M. 1

A.15.1. Prof. Dr. T. Butterfass
A.: Einfluß der Zellform auf die Zellteilung und Abhängigkeit der Chloroplasten-Reproduktion von verschiedenen Faktoren und die Beziehung zur Zellgröße.

A.15.2. Prof. Dr. G. Döhler
A.: CO_2-Fixierung von Anabaena cylindrica; Wirkung von Streßfaktoren auf marines Plankton.

A.15.3. Prof. Dr. J. Feierabend
A.: Molekulare Analyse der Chloroplastenbiogenese und Evolution von Chloroplastenproteinen; Kompartimentierung der Pflanzenzelle; Photooxidation und Schutzmechanismen; Herbizidwirkungen.
T.: Techniken zur Isolierung u. Analyse von Organellen, Proteinen, Nucleinsäuren, Chromatographie, Ultrazentrifugation, Elektrophorese, Immunologie, Isotopentechnik.

A.15.4. Prof. Dr. W. Hilgenberg
A.: Untersuchungen des Indolstoffwechsels (Biosynthese, intrazelluläre Lokalisation d. Vorstufen von IES, endogene Regulation); Biosynthese von Phenolcarbonsäure und Einfluß von Zinkionen auf das Wachstum von Pilzen.

A.15.5. Prof. Dr. G. Kahl
A.: Pflanzliche Molekularbiologie: Struktur und funktionelle Organisation pflanzlicher Strukturgene; Konstruktion von Genchimären; Transformation pflanzlicher Zellen.
T.: Isotopentechnik, Autoradiographie, Zellfraktionierung, Ultrazentrifugation, DNA-Isolierung; Restriktionskartierung, Hybridisierung.

A.15.6. Prof. Dr. W. Kohlenbach
A.: Pflanzliche Gewebekultur von Kaffee; somatische Embryogenese; Kulturen isolierter Mesophyllchloroplasten.

A.15.7. Prof. Dr. A. Kranz
A.: Biologische Wirkung individueller Schwerionen an Beschleunigern und im Weltraum.

A.15.8. Prof. Dr. H. Lange-Bertalot
A.: Diatomeen als Indikatoren für Gewässergüte; Taxonomie von Diatomeen.

A.15.9. Prof. Dr. K. U. Leistikow
A.: Evolution, Stammesgeschichte von Hölzern; terrestrische Paläoklimatologie.

A.15.10. Prof. Dr. A. Ried
A.: Regulation der Verteilung der Anregungsenergie im Photosyntheseapparat.

A.15.11. Prof. Dr. H. Schaub
A.: Einfluß und Kombinationswirkung von Schadstoffen auf Wachstum und Entwicklung von Pflanzen.

A.15.12. Prof. Dr. R. Ziegler
A.: Pigmentanalyse zur Enzymologie des biologischen Chlorophyllabbaus; Untersuchungen zur Diagnose von Immissionsschäden an Waldbäumen.
T.: Chromatographie, HPLC, Photometrie, Elektrophorese, Proteinanalytik.

Zoologisches Institut
Siesmayerstr. 70
6000 Frankfurt a. M. 1

A.15.13. Prof. Dr. F. Barth
A.: Dehnung und Verformung im Arthropodenskelett; Vibrationssinn von Spinnen.

A.15.14. Prof. Dr. J. Bereiter-Hahn
A.: Bewegung von Zellen; Veränderungen des Zytoskeletts im Zusammenhang mit Energiestoffwechsel, Zellzyklus und Kontrolle der Zellproliferation.
T.: Quant. LM, TEM, REM, Akustomikroskopie, Bildverstärkung, Bildanalyse, Zell- und Gewebekulturtechnik, Immunmethoden.

A.15.15. Prof. Dr. K. Brändle
A.: Entwicklung retinotectaler Verbindungen bei Amphibien: Analyse der Entwicklung ortsspezifischer Nervverbindungen zwischen Ganglienzellen der Netzhaut und Neuronen des Mittelhirnes bei Anuren nach Fragmentierung der Augenanlage in frühen Embryonalstadien.
T.: Elektrophysiolog. Kartierung retinotectaler Projektionen, Cobalt- und HRP-Markierungen von optischen Fasern.

A.15.16. Prof. Dr. V. Bruns
A.: Vergleichende und funktionelle Morphologie des Innenohrs der Säugetiere.

A.15.17. Prof. Dr. G. Fleissner
A.: Neuronale Organisation der circadianen Uhr der Arthropoden.

A.15.18. Prof. Dr. U. Maschwitz
A.: Ethoökologie von Ameisen: Nahrungserwerbsstrategien, Rekrutierungssysteme, Nomadismus, Symbiose von Ameisen mit Pflanzen und mit phytophagen Insekten; Chemische Abwehr bei Insekten.
T.: Mikroskopie, EM, Chromatographie, GC, Isotopentechnik.

A.15.19. Prof. Dr. W. Wiltschko
A.: Orientierung und Heimfindevermögen bei Vögeln.
T.: EDV.

A.15.20. Prof. Dr. C. Winter
A.: Hörphysiologie von Nagern, insbes. Gerbillinen.
T.: Mikroskopie, REM, Elektrophysiologie.

Arbeitskreis hormonale u. neurale
Regulation
Theodor-Stern-Kai 7
6000 Frankfurt a. M. 70

A.15.21. Prof. Dr. K. Fiedler

A.: Neuroendokrinologie des Verhaltens von Fischen (Kontrolle von Schlaf-, Schwarm-, Putzverhalten, Nahrungserwerb, Brutpflege); Korrelation zwischen Hirnstrukturen, Verhalten und systematischer Position von Fischen.

T.: Histologische Techniken, LM.

Institut f. Mikrobiologie
Theodor-Stern-Kai 7
6000 Frankfurt a. M. 70

A.15.22. Prof. Dr. M. Brendel / Prof. Dr. A. Kröger / Prof. Dr. H. D. Mennigmann / Prof. Dr. F. W. Pons / Prof. Dr. H. Steiger

A.: Nucleinsäurestoffwechsel in Bäckerhefe; Biochemie und genetische Grundlagen der Mutagenresistenz; Stoffwechsel anaerober Bakterien (Fumarat-, Sulfat-, Nitrat-, Nitrit- u. Schwefel-Atmung), Regulation des anaeroben Stoffwechsels; Biologische Folgen der DNA-Synthese-Hemmung; Mutationsforschung; Extraterrestrische Biologie; Aufklärung von Mutationsmechanismen; Bestimmung von Basen- bzw. Sequenzspezifität von Mutagenen; Untersuchung der Beteiligung von Reparaturprozessen an der Perfektierung von Prämutationen; Genexpression bei Prokaryonten, insbes. temperenten Bakterienviren; Wechselwirkungen zwischen Bakterienviren (Schutzmechanismen, Interferenzen).

T.: Elektrophorese- u. Isotopentechniken für DNA-DNA- u. DNA-RNA-Hybridisierung, Restriktions- u. Rekombinationsversuche, Southern Blotting, Chromatographie, HPLC, präparative Ultrazentrifugation, Heteroduplexanalysen, genetic engineering, Mikroskopie, Proteinisolierung, Spektrophotometrie, DNA-Sequenzierung, Analytik von Stoffwechselausgangs- u. Endprodukten.

Institut f. Anthropologie u. Humangenetik
Siesmayerstr. 70
6000 Frankfurt a. M. 1

A.15.23. Prof. Dr. V. Lange

A.: Genetik der Serumproteine des Menschen unter besonderer Berücksichtigung ihrer Transport-, Regulations- und Immunaufgaben; Humangenetische Aspekte der Neuro- und Psychobiologie.

T.: Elektrophoresen, Elektrofokussierung, Immundiffusion, Biostatistische Methoden, Psychologische Testverfahren.

A.15.24. Prof. Dr. R. Protsch von Zieten

A.: Paläoanthropologische Forschung im Zeitbereich Neanderthaler/frühester anatomisch moderner Mensch; Bestimmung dieses Bereiches durch: Morphologisch/archäologische Ana-

lysen, Ausgrabungen, Laborauswertungen sowie chemisch-physikalische Analysen osteologischen Materials; Paläopathologische Analysen und chemisch-physikalisch-chronometrische Datierung.
T.: Ausgrabungstechniken, Abgußtechniken, Radiocarbon-Datierung, Aminosäure-Datierung, morphologisch-anatomische Skelettmaterial-Analyse, Chromatographie, Mikroskopie, Isotopentechnik.

Institut f. Bienenkunde
Im Rothkopf 5
6370 Oberursel
Tel. 0671-21278

A.15.25. Prof. Dr. N. Koeniger
A.: Untersuchungen an Bienen (Systematik, Physiologie, Genetik, Reproduktion, Pathologie, Verhalten).

Fachbereich Biochemie, Pharmazie u. Lebensmittelchemie

Institut f. Pharmazeutische Biologie
Georg-Voigt-Str. 16
6000 Frankfurt a. M. 1

A.15.26. Prof. Dr. G. Schneider
A.: Analytik, Physiologie und Pharmakologie nichtflüchtiger Sekundärstoffe einheimischer Arznei- und Giftpflanzen.
T.: Phytochemische Analytik im präparativen Maßstab.

Institut f. Biophysikalische Chemie
u. Biochemie
Theodor-Stern-Kai 7
6000 Frankfurt a. M. 70

Abt. f. Biochemie
A.15.27. Prof. Dr. Dr. H. Fasold
A.: Biochemie und Molekulargenetik; Membranständige Proteine.
T.: Analytik, Chromatographie, DNA-Synthese, Peptidsynthese, Molekulare Genetik.

Abt. f. Biophysikalische Chemie
A.15.28. Prof. Dr. H. Rüterjans
A.: Struktur und Funktion biologischer Makromoleküle; Aktive Zentren von Enzymen; Protein-Nucleinsäure-Wechselwirkungen; Protein-Lipid-Wechselwirkungen.
T.: NMR-Spektroskopie, „in-vivo"-NMR, allg. Spektroskopie, DNA-Synthese, Chromatographie, Klonierungstechniken, Raman-Spektroskopie, Kalorimetrie, EDV.

Fachbereich Physik

Institut f. Biophysik
Kennedyallee 70
6000 Frankfurt a. M. 1

A.15.29. Prof. Dr. W. Pohlit
A.: Aerosolbiophysik der Lunge; Deposition und Transport von Teilchen und Gasen in verschiedenen Bereichen der Lunge; Zellkybernetik; Grundlagen der Wirkung von ionisierender Strahlung auf DNS in vivo; Re-

paratur von Schäden an der DNS in vivo; neue Methoden der Tumortherapie.
T.: Lasertechnik, Lungenmeßtechnik, EDV, Zellkultur, monoklonale Antikörper, DNA-Analysen, Stoffwechselanalysen in Zellen.

A.15.30. Prof. Dr. H. Bücher
A.: Wirkung schwerer Ionen auf Bakteriensporen; biologische Wirkung individueller HZE-Teilchen der kosmischen Strahlung.

Fachbereich Humanmedizin

Zentrum der Pharmakologie
Theodor-Stern-Kai 7
6000 Frankfurt a. M. 70

Abt. f. Pharmakologie II
A.15.31. Prof. Dr. N. Rietbrock
A.: Bestimmung von Medikamentenkonzentration in Plasma und Gewebe; Pharmakokinetik; Durchführung von Bioverfügbarkeit.
T.: Chromatographie, HPLC, GC, RIA, EDV.

Gustav-Embden-Zentrum der Biologischen Chemie
Theodor-Stern-Kai 7
6000 Frankfurt a. M. 70

A.15.32. Prof. Dr. Dr. H. J. Hohorst
A.: Biochemische Grundlagen der Krebschemotherapie; Enzymatisch spaltbare N-Lost-Phosphamidester; Drug-Development.
T.: HPLC, UV-, IR-Spektroskopie, Isotopen-Markierung u. -Analytik, Gel-Elektrophorese.

Zentrum der Hygiene
Paul-Ehrlich-Str. 40
6000 Frankfurt a. M. 70

Abt. f. Medizin. Virologie
A.15.33. Prof. Dr. Doerr
A.: HSV (Pathogenese, Neurovirulenz, Latenz); Epidemiologische und diagnostische Verfahrenstechnik bei CMV, HBV, Rotavirus, HTLV-3.
T.: EM, DNA-Rekombinationstechnologie, Analytik von RNA u. DNA, Tracertechnik.

Zentrum der Physiologie
Theodor-Stern-Kai 7
6000 Frankfurt a. M. 70

Abt. f. Angewandte Physiologie
A.15.34. Prof. Dr. E. Frömter
A.: Elektrophysiologie des Ionentransports durch Epithelien.
T.: Klass. Elektrophysiologie, Patch-clamp Technik, Zellkultur, Ionenaktivitätsmessungen, EDV.

Abt. f. Biokybernetik
A.15.35. Prof. Dr. H. Müller
A.: Sinnes- und Kreislaufphysiologie; On-line Datenerfassung; Adaptiv geregelte Infusionssysteme.
T.: Meßwerterfassung, Verstärkertechnik, Mikroskopie, EDV.

Institut f. Humangenetik
Paul-Ehrlich-Str. 41
6000 Frankfurt a. M. 70

A.15.36. Prof. Dr. U. Langenbeck
A.: Biochemische Humangenetik; Molekulare Cytogenetik; Experimentelle Dysmorphologie; Teratogenese.
T.: Analytik, Chromatographie, DNA-Analyse.

A.16. Albert-Ludwigs-Universität Freiburg
Heinrich-von-Stephan-Str. 25
7800 Freiburg i. Breisgau
Tel. 0761-2031

Fakultät f. Biologie

Institut f. Biologie I (Zoologie)
Albertstr. 21a
7800 Freiburg

A.16.1. Prof. Dr. K. G. Collatz / Prof. Dr. R. Hartmann / Prof. Dr. B. Hassenstein / Prof. Dr. K. Lohmann / Prof. Dr. G. Osche / Prof. Dr. H. F. Paulus / Prof. Dr. K. Sander / Prof. Dr. P. Weygoldt / Prof. Dr. P. Wirtz / Prof. Dr. W. Wülker
A.: Physiologie (Altern von Insekten; Hormone und Altern); Ökologie, Evolution, Systematik (Insektenbiologie, Morphologie und Ökologie der Tiere; allgem. und theoretische Phylogenetik; Biologie neotropischer Anuren); Parasitologie (Entwicklung, Bekämpfung schädlicher Insekten; Evolution der Zuckmückengattung Chironomus; Biologie der Flagellaten Blastocrithidia u. Trypanosoma in Raubwanzen); Ethologie (Gesetzmäßigkeiten bei der Evolution von Sozialverhaltensweisen); Entwicklungsbiologie (Oogenese u. embryonale Musterbildung bei Insekten; TEM u. REM von Insektenentwicklungsstadien; Musterkontrolle bei Insekten; Transport und Funktionen von Juvenilhormonen; Fortpflanzungsbiologie von heimischen Wirbellosen; Ribosomale Gene im Amphibiengenom; Teratogenese bei Knochenfischen); Biologiegeschichte (ab Mitte des 19. Jahrhunderts).

Institut f. Biologie II
Schänzlestr. 1
7800 Freiburg

Botanik
A.16.2. Prof. Dr. H. Mohr / Prof. Dr. E. Schäfer / Prof. Dr. P. Schopfer / Prof. Dr. E. Wagner / Prof. Dr. E. Wellmann
A.: Forschungen zur Photomorphogenese; Organellendifferenzie-

rung; theoretische und experimentelle Optik biologischer Objekte; Genexpression bei Plastiden; Analyse des Phytochromsystems; Steuerung der Samenkeimung; Mechanismen biologischer Uhren; Wirkung von UV-Strahlen auf Pflanzen; Morphologie der höheren Pflanzen.
T.: Biochemische Analytik, EM, Isotopentechnik, Chromatographie.

Biochemie der Pflanzen
A.16.3. Prof. Dr. H. Griesebach / Prof. Dr. J. Schröder
A.: Molekulare Mechanismen bei der Interaktion von Agrobacterien mit Pflanzen; Isolierung von Pflanzen-Genen; Enzymologie des Phenylpropanstoffwechsels bei Pflanzen; Biochemie der Abwehrmechanismen von Pflanzen gegen Schadorganismen.
T.: HPLC, Isotopentechnik, Chromatographie, Analytik.

Mikrobiologie
A.16.4. Prof. Dr. G. Drews / Prof. Dr. G. Schön / Prof. Dr. J. Oelze / Prof. Dr. J. Weckesser
A.: Struktur und Funktion von membrangebundenen Funktionskomplexen (Photosynthese, Atmung); Regulation der Membrandifferenzierung auf molekularer Ebene, Genstrukturen; Avirulenz- und Virulenzgene bei Pseudomonas syringae pv. glycinea; Kontrolle der Synthese des bakteriellen Photosyntheseapparates; Stickstoff-Fixierung in Gegenwart von Sauerstoff.
T.: Molekularbiologische Techniken, EM, Spektroskopie, Kulturtechniken, Photometrie, Isotopentechniken, immunologische Techniken.

Zellbiologie
A.16.5. Prof. Dr. P. Sitte / Prof. Dr. H. Kleinig
A.: Feinstruktur, Entwicklung und Evolution der Zelle; Lipidstoffwechsel; Carotinoid-Biosynthese; Kompartimentierung.
T.: Optik, Mikroskopie, EM, Analytik, Chromatographie, Isotopentechnik.

Geobotanik
A.16.6. Prof. Dr. O. Wilmanns / Prof. Dr. Bogenrieder
A.: Aspekte der Pflanzensoziologie mit Schwerpunkten in verschiedenen Gesellschaften und Räumen SW-Deutschlands mit bes. Berücksichtigung naturschutzrelevanter Fragen; Experimentelle Ökologie, insbes. Fragen des Nährstoffhaushalts; UV-Wirkung auf Pflanzen; Ökotypendifferenzierung; Vegetationsdynamik; Wechselbeziehungen zwischen bestimmten Insektengruppen und Pflanzengesellschaften und ihre kausale Anlayse.
T.: Gaswechsel-Messungen, AAS.

Botanischer Garten
A.16.7. Prof. Dr. D. Vogellehner
A.: Struktur, Nomenklatur, Taxonomie, Systematik fossiler Kormophyten; Struktur und Merk-

malsevolution des Leit- und Fertigungssystems mesozoischer Gymnospermen; Merkmalsevolution ausgewählter Strukturen bei Angiospermen (Blütenstruktur, Entstehung der Sukkulenz); Phylogenetik; Kultur und wissenschaftshistorische Bedeutung der Pflanzen seit der Antike; Formen und Zusammenhänge von Pflanzen in der Kunst.

Institut f. Biologie III (Genetik, Molekular- u. Physikalische Biologie)
Schänzlestr. 1
7800 Freiburg

A.16.8. Prof. Dr. G. Feix
A.: Molekulargenetische Analyse von Gensystemen des Mais.
T.: Gentechnologie, biochemische Techniken.

A.16.9. Prof. Dr. C. F. Beck / Prof. Dr. C. Bresch / Prof. Dr. K. F. Fischbach / Prof. Dr. R. Hausmann / Prof. Dr. R. Hertel / Prof. Dr. K. Hilse / Prof. Dr. H. Kössel / Prof. Dr. D. Marmé / Prof. Dr. B. Rak / Prof. Dr. H. C. Spatz
A.: Evolutionsmechanismen bei der Entwicklung vom Tier zum Menschen; Biologie, vergleichende Morphologie und Evolution der Kamptozoen; Promoterspezifität der T7-RNA-Polymerase; Transposon Tn10-codierte Tetracyclinresistenz; Regulation von Genen des bakteriellen Photosyntheseapparats durch Umweltsignale; Lichtgesteuerte Genexpression bei Chlamydomonas; Genetik mobiler DNA-Elemente in Bakterien; rRNA- und tRNA-Gene aus Chloroplasten höherer Pflanzen; Regulation der Globinbiosynthese in erythroiden Zellen; Transportmechanismus des Pflanzenhormons Auxin; NPA-Bindestellen an pflanzlichen Membranen; Rolle von Calcium bei der Signalübertragung; Kommunikation durch gap-junctions in Zellkultur; Neurogenetik des Fliegengehirns; Visuelles Lernen bei Drosophila; Molekulare Mechanismen einfacher Lernprozesse bei Drosophila; Molekulare Untersuchungen an einem Tumorgen in Drosophila.

Fakultät f. Chemie u. Pharmazie

Institut f. Pharmazeutische Biologie
Schänzlestr. 1
7800 Freiburg

A.16.10. Prof. Dr. H. Rimpler
A.: Isolierung und Strukturaufklärung iridoider Pflanzeninhaltsstoffe und von Gerbstoffen; Chemotaxonomie der Lamiaceen.
T.: Chromatographie (HPLC, DCCC, GC, MS).

Medizinische Fakultät

Anatomisches Institut
Albertstr. 17
7800 Freiburg

Abt. Anatomie III
A.16.11. Prof. Dr. R. Putz
A.: Funktionelle Anatomie des Bewegungsapparates (Biomechanik); klinisch angewandte Anatomie; Knorpelforschung.
T.: CT-/NMR-Röntgentechnik, anatomische makroskopische Präparation, LM, REM, Densitometrie.

Physiologisches Institut
Hermann-Herder-Str. 7
7800 Freiburg

Abt. Physiologie I
A.16.12. Prof. Dr. H. Antoni
A.: Elektrophysiologie des Herzens, insb. Grundprozesse der Erregung einzelner Zellen.
T.: Mikroelektrotechnik, EDV.

Institut f. Biophysik und
Strahlenbiologie
Albertstr. 23
7800 Freiburg

A.16.13. Prof. Dr. K. P. Hofmann
A.: Signaltransduktionsvorgänge beim Sehvorgang von Vertebraten.
T.: Kinetische Lichtstreuung, Blitzlichtphotometrie.

Institut f. Humangenetik und
Anthropologie
Albertstr. 11
7800 Freiburg

A.16.14. Prof. Dr. U. Wolf
A.: Cytogenetik: klinische Diagnostik und Forschung an Chromosomen; Immungenetik: Vaterschaftsfeststellung und Genetik klassischer Merkmale; Molekulargenetik: DNA-Marker-Genetik; genetische Beratungsstelle: Dienstaufgaben und klinische Genetik; Entwicklungsgenetik: H-Y-Differenzierungsantigen; Biostatistik: Chromosomenkartierung und Parameterschätzung.
T.: Mikroskopie, Elektrophoresen, Isotopentechnik, Immunologische Verfahren.

A.17. Justus-Liebig-Universität Giessen
Ludwigstr. 23
6300 Gießen
Tel.: 0641-7021

Fachbereich Biologie

Institut f. Allgemeine Botanik
(Botanik I)
Senckenbergstr. 17-21
6300 Gießen

A.17.1. Prof. Dr. F.-W. Bentrup
A.: Biophysik, Biochemie und Physiologie des Membrantransports bei höheren Pflanzen.
T.: Elektrophysiologie, Isotopentechnik, Zellkulturtechniken, Cytospektroskopie, Enzymologie, EDV.

A.17.2. Prof. Dr. G. Gottsberger
A.: Reproduktionsbiologie tropischer Angiospermen und Blütenpflanzen.

A.17.3. Prof. Dr. F. Ringe
A.: Massenvermehrung und Anbau von Erdorchideen; Entwicklungsbiologie.

A.17.4. Prof. Dr. R. Schnetter
A.: Bearbeitung der marinen Algenflora von Kolumbien (Grün-, Braun-, Rotalgen); Entwicklungszyklen von Algen; Umweltabhängigkeit von Algengesellschaften.
T.: Algenkulturen; Mikrospektralphotometrie; Mikroskopie; EDV.

A.17.5. Prof. Dr. G. Wagner
A.: Membran- u. Bewegungsphysiologie bei Mikroorganismen (Bakterien u. Algen).
T.: Biochemische Analytik, Membran- u. Strahlenbiophysik, LM, EM, Isotopentechnik.

Institut f. Pflanzenphysiologie
(Botanik III)
Heinrich-Buff-Ring 54-62
6300 Gießen

A.17.6. Prof. Dr. E. Pahlich
A.: Analyse der Stabilität vernetzter dynamischer Stoffwechselsequenzen, basierend auf kinetischen („Enzymkinetik") und thermodynamischen („Energieprofile") Analysen; Anwendungsbereich: Streß-Akklimatisation höherer Pflanzen; Wasserstreß: Der Einfluß des Wasserstreß-Signals auf die Dynamik von Stoffwechselsequenzen; N-Metabolismus: Akklimatisation von Gemüsepflanzen an variierende N-Versorgung; Untersuchungen über die Auswirkungen atmosphärischer Ammoniakbelastung bei Blütenpflanzen.
T.: Proteinbiochemische u. immunologische Techniken, „Stopped-flow" Kinetik, Dampfdruckosmometrie, Zellsuspensionskultur, EDV.

A.17.7. Prof. Dr. K. Zetsche
A.: Interaktion zwischen den genetischen Kompartimenten der Pflanzenzelle; Einfluß externer Faktoren auf die Entwicklung von Chloroplasten und Mitochondrien; Evolution der Plastiden; Molekulare Grundlage der Pollensterilität.
T.: Chromatographie, HPLC, Elektrophoresen, Isotopentechnik.

Institut f. Pflanzenökologie
(Botanik II)
Heinrich-Buff-Ring 38
6300 Gießen

A.17.8. Prof. Dr. L. Steubing / Prof. Dr. H. O. Schwantes / Prof. Dr. C. Kunze
A.: Immissionsökologie; Belastung von aquatischen und terrestrischen Ökosystemen; ökosoziologische Geländearbeiten; Ökologie der Mikroorganismen; Fruchtkörperbildung bei Pilzen; Recycling von cellulosehaltigen Abfällen; Mykorrhiza; Rotfäule der Fichte durch Fomes u. Armillaria; Wirkung verschiedener äußerer Einflüsse auf die Aktivität von Mikroorganismen im Boden und in Gewässern.
T.: Analytik, Pflanzensoziologische Erhebungen, Immissionsmessungen, Belastungsanalysen, Bioindikation, Kultur von Mikroorganismen, Chromatographie, Mikroskopie, Fermentertechnik, Lebensmittelanalyse.

Institut f. Allgemeine u. Spezielle Zoologie
Stephanstr. 24
6300 Gießen

Cytologie u. Mikromorphologie
A.17.9. Prof. Dr. E. Schulte / Prof. Dr. K.-J. Götting / Prof. Dr. D. Eichelberg
A.: Protozoologie; Wirts-Parasiten-Verhältnis.
T.: Isotopentechnik, Optik, Mikroskopie, Analytik.

A.17.45. Prof. Dr. K.-J. Götting
A.: Ultrastruktur der Mollusca; Ökologie und Phylogenese der Mollusca.
T.: EM.

Cytologie, Mikromorphologie, Physiologie u. Pharmakologie
A.17.10. Prof. Dr. R. Schipp
A.: Untersuchungen zur Pharmakologie und Histochemie des Cephalopodenkreislaufes; Pharmakologische Rezeptor-Analysen an Herzorganen von Anamnia; Cytomorphologische, histochemische und physiologische Untersuchungen zur Exkretion bei Cephalopoda.
T.: TEM, SM, Cytophotometrie, Elektrocardiographie.

Zellulärer Stofftransport, Entwicklungsbiologie
A.17.11. Prof. Dr. D. Eichelberg
A.: Osmoregulation aquatischer Tiere; Harnsäuremetabolismus bei Evertebraten; Ökologie und Faunistik von Tardigrada.
T.: Spektralphotometrie, EM, Mikroosmometrie, Analytik.

A.17.12. Prof. Dr. A. Wessing
A.: Zellulärer Stofftransport, Entwicklungsbiologie, Cytologie und Physiologie transportaktiver Zellen; Probleme der Exkretion und des Ionentransportes bei Evertebraten.
T.: EM, Photometrie, Ionenanalytik.

Spezielle Zoologie
A.17.13. Prof. Dr. G. Seifert
A.: Funktionsmorphologie (v. a. Ultrastruktur) der Arthropoden; Entwicklungsphysiologie von Diplopoden (hormonelle Regulation, Periodomorphose); Ecdysteroide produzierende Organe bei Chilopoden und Diplopoden; Abwehrmechanismen bei Chilopoden und Diplopoden; Insektizide Wirkmechanismen von Azadirachtin und anderen Pflanzeninhaltsstoffen.
T.: LM, EM, Chromatographie, Elektrophorese, Immunologie, Isotopentechnik, Gewebezucht.

Ökologie u. Systematik der Tiere
A.17.14. Prof. Dr. H. Scherf
A.: Ökosystemforschung im Naturpark Hoher Vogelsberg; Adaptationsstrategien von Insekten im montanen Bereich; Tierische Organismen als Bioindikatoren; Biotopmanagement; Wirkungsgradient anthropogener Ökofaktoren; Regionale Tiergeographie und Faunistik.
T.: Präparations- u. Mikroskopiertechniken, experimentell-ökologische Untersuchungsverfahren.

Hydrobiologie u. Ichthyologie
A.17.15. Prof. Dr. A. Holl
A.: Bau chemischer Sinnesorgane und Ökologie der Süßwasserfische; Biochemie (Pigmente) und Ökologie der Spinnen.
T.: LM, Fluoreszenzmikroskopie, Histo- u. Cytochemie, Biochemie.

Institut f. Tierphysiologie
Wartweg 95
6300 Gießen

Zell- u. Stoffwechselphysiologie
A.17.16. Prof. Dr. G. Cleffmann
A.: Biochemie und Physiologie der Zellteilung und des Zellwachstums; Kontrolle des Zellzyklus; Kontrolle der Synthese von Tubulin und Dynein; Organisation des Ciliaten-Makronucleus.
T.: Biochemisch-zellbiologische Techniken, Cytophotometrie, Gewebekultur.

Sinnesphysiologie
A.17.17. Prof. Dr. E. Schwartz
A.: Neurobiologie des Seitenliniensystems von Fischen; Sinnesphysiologie, Verhaltensphysiologie, Neuroanatomie; Orientierung der Tiere.
T.: Elektrophysiologie, Histologie, Neuroanatomie, LM, Konditionierungen, EDV.

Institut f. Mikrobiologie u. Molekularbiologie
Frankfurter Str. 107
6300 Gießen

A.17.18. Prof. Dr. G. Hobom
A.: Genregulation und DNA-Replikation des Bakteriophagen

lambda; Genexpression und Antigenvariation der Influenzaviren; Plasmid-Expressionsvektoren; aviäre Papovaviren.
T.: DNA-Klonierung, DNA-Sequenzierung, DNA-Hybridisierung, Oligonukleotidsynthese, Zellkultur.

Institut f. Genetik
Heinrich-Buff-Ring 58–62
6300 Gießen

A.17.19. Prof. Dr. F. Anders
A.: Onkogene in Entwicklung, Tumorbildung und Evolution.
T.: Klassisch biologische u. moderne molekularbiologische Techniken.

A.17.44. Prof. Dr. E. Jost
A.: Struktur des Eukaryontengenoms, Kernskelett: Struktur und Funktion, Kernmatrixproteine, Monoklonale Antikörper gegen Kernproteine.
T.: Gewebekultur, Isotopentechnik, monoklonale Antikörper.

Fachbereich Humanmedizin

Institut f. Anatomie u. Cytobiologie
Aulweg 123
6300 Gießen

A.17.20. Prof. Dr. Blähser / Prof. Dr. Möller / Prof. Dr. Dr. A. Oksche / Prof. Dr. M. Ueck
A.: Struktur und Funktion diencephaler neuroendokriner Systeme (Hypothalamus, limisches System, Epiphyse); Phylogenese neuropeptiderger Systeme; Endokrine Organe, vergleichende Anatomie; ATP-ase Studien an Retina; Ontogenese diencephaler Strukturen; Struktur und Funktion von Glia; Experimentelle Neurocytologie.
T.: Klassische u. moderne Techniken der makroskopischen u. mikroskopischen Strukturforschung, histochemische Techniken, REM, TEM, Immuncytochemie, Gewebekultur.

Physiologisches Institut
Aulweg 129
6300 Gießen

A.17.21. Prof. Dr. C. Baumann / Prof. Dr. K. Brück / Prof. Dr. E. Heerd / Prof. Dr. C. Jessen / Prof. Dr. W. Vogel / Prof. Dr. E. Zeisberger
A.: Zentralnervöse Grundlagen der Thermoregulation und Adaptation; Zentrale Transmitter; Zentralnervöse Mechanismen des Fiebers; Leistungsphysiologische Untersuchungen am Menschen; Thermische Adaptation beim Menschen; Physiologie der elektrisch und chemisch erregbaren Membranen; Primärprozeß otpischer Signalverarbeitung im Bereich retinaler Zellen; Physiologie des Integuments; Zentrale Überträgerstoffe und Modulatoren bei der Thermoregulation; Zentrale Interaktionen vegetativer Regelkreise beim Fieber.
T.: Stereotaktische Hirnoperationen, Klima-ergonomische Untersuchungen am Menschen,

Patch-clamp Technik, push-pull Technik zur Applikation von Pharmaka u. physiologischen Wirkstoffen in umschriebene Bezirke des Gehirns, EDV.

Biochemisches Institut
Friedrichstr. 24
6300 Gießen

A.17.22. Prof. Dr. Degkwitz
A.: Biochemie der Ascorbinsäure (Transport, Stoffwechsel, Organspiegel, Wirkungen im Intermediärstoffwechsel); Untersuchungen zur hormonellen Regie des Stoffwechsels bei Meerschweinchen nach langfristiger Fütterung von Diäten mit extrem hohen, mittleren und extrem niedrigen Gehalten an Vitamin C.
T.: Ultrazentrifuge, 2-Strahl-Photometer, Radioimmunbestimmung.

A.17.23. Prof. Dr. G. Gundlach
A.: Untersuchung des calciumbindenden Proteins im Knochen (Osteocalcin); Chymotrypsin: Struktur u. Wirkung, Schicksal des Enzyms im Magen-Darm-Trakt; Katalyse u. biologische Bedeutung der prostatischen sauren Phosphatase.
T.: Aminosäureanalysen, HPLC, Elektrophoresen, Chromatographie.

A.17.24. Prof. Dr. Dr. Lumper
A.: Strukturaufklärung und enzymatischer Mechanismus von Proteinen des Häm-Abbaus und des Harnstoffzyklus, Protein-Design.

T.: HPLC, Isotopentechnik, Spektroskopie (UV-Vis, CD).

A.17.25. Prof. Dr. Schulze
A.: Wechselwirkungen zwischen Membranstruktur und enzymatischer Aktivität der mikrosomalen Glucose-6-Phosphatase.

A.17.26. Prof. Dr. Stirm
A.: Struktur- u. Funktionsanalysen von Glykokonjugaten, insbes. von viralen Glykoproteinen; Abbau bakterieller Oberflächen-Kohlenhydrate durch virus-assoziierte Enzyme.
T.: Aminosäure-Analysator und -sequenzer, Chromatographie (GC, HPLC), Massenspektrometrie, Isotopentechnik.

A.17.27. Prof. Dr. Weis
A.: Elektronentransportsysteme tierischer Zellen; Untersuchungen zum Abbau von Metaboliten des Vitamin C; immunchemische Untersuchungen an mikrosomalen Proteinen.

Rudolf-Buchheim-Institut f. Pharmakologie
Frankfurter Str. 107
6300 Gießen

A.17.28. Prof. Dr. K. Aktories / Prof. Dr. F. Dreyer / Prof. Dr. E. R. Habermann / Dr. Tscheschemacher
A.: Biochemie, Pharmakologie und Toxikologie bakterieller und tierischer Gifte; Mechanismen der Zellschädigung; Wirkung von Neurotoxinen auf die Transmitterfreisetzung in zentralen und peripheren Synapsen; Untersuchungen zu Funktion und Wirkungsmechanis-

men von Opioidpeptiden; Hormonelle Regulation der Adenylat-Cyclase; Einfluß von bakteriellen Toxinen auf das System der Adenylat-Cyclase und anderer Systeme der hormonalen Signaltransduktion.
T.: Biochemische Analytik u. Chromatographie, Isotopentechnik, Gentechnologie, elektrophysiologische Meßtechniken, Elektrophoresen.

Hygiene-Institut –
Zentrum f. Ökologie
Friedrichstr. 16
6300 Gießen

A.17.29. Prof. Dr. E. G. Beck / Prof. Dr. P. Schmidt
A.: Umweltmedizinische epidemiologische Kinderuntersuchungen; Gruppendiagnostik.
A.17.30. Prof. Dr. E. G. Beck / Dr. A. B. Fischer
A.: Cytotoxizität und Mutagenität von Umweltschadstoffen (Schwermetalle, faserige Stäube).
T.: Mikroskopie, Isotopentechnik, Photometrie.
A.17.31. Prof. Dr. E. G. Beck / Dr. F. Tilkes
A.: Toxikologie und Canzerogenität von Stäuben.
T.: Mikroskopie, Photometrie, Chemiluminiszenz, Isotopentechnik.
A.17.32 siehe S. 79

Fachbereich Angewandte Biologie u. Umweltsicherung

Institut f. Pflanzenbau u.
Pflanzenzüchtung I
am Tropeninstitut
Schottstr. 2–4
6300 Gießen

Pflanzenbau u. Pflanzenzüchtung in den Tropen u. Subtropen
A.17.40. Prof. Dr. J. Alkämper
A.: Konkurrenz zwischen Kulturpflanzen und Unkräutern, insbes. in den Tropen u. Subtropen; Untersuchungen zur Optimierung der pflanzenbaulichen Erzeugung von Nahrungspflanzen in verschiedenen Entwicklungsländern.
T.: Feldversuche, Analytik.

Institut f. Pflanzenbau u.
Pflanzenzüchtung II
Ludwigstr. 27
6300 Gießen

Obstbau u. Obstzüchtung
A.17.33. Prof. Dr. W. Gruppe
A.: Züchtung interspezifischer Kirschhybriden und Evaluierung auf Unterlagenwirkung und Unterlagenprüfung; Herstellung komplexer Kirschhybriden und Mutanten.
T.: Vegetative Vermehrung (Verklonung, Veredlung), Analytik, Chromatographie, LM, Isotopentechnik, EDV.

A.17. Justus-Liebig-Universität Giessen

Biometrie u. Populationsgenetik
A.17.34. Prof. Dr. W. Köhler
A.: Populations- und verhaltensgenetische Untersuchungen.
T.: Elektrophorese, Videoanalyse, Mikro- und Großcomputer (EDV).

Institut f. Phytopathologie u.
Angewandte Zoologie
Ludwigstr. 23
6300 Gießen

Phytopathologie u. Angewandte Zoologie
A.17.35. Prof. Dr. E. Schlösser
A.: Phytopathologie im Pflanzenbau der gemäßigten und der subtropischen Zonen.
T.: Analytik, Chromatographie, Optik.

A.17.36. Prof. Dr. H. Schmutterer
A.: Erarbeitung umweltschonender Verfahren der Schädlingsbekämfung in Pflanzen der gemäßigten und der subtropischen Zonen.
T.: Chromatographie, Optik, Mikroskopie.

A.17.37. Dr. J. Rössner
A.: Nematologie, Bodenzoologie.
T.: Optik, Mikroskopie, Nematoden-Isolationsverfahren, Steril-Techniken.

Vorratsschutz
(Alter Steinbacher Weg 44)
A.17.38. Prof. Dr. W. Stein
A.: Anthropogene Einflüsse auf Insekten (insbes. Vorratsschädlinge und Lästlinge); Ökologie von Seeufer-Carabiden.

Wissenschaftliches Zentrum
Tropeninstitut
Schottstr. 2
6300 Gießen

Phytopathologie u. angewandte Entomologie in den Tropen u. Subtropen
A.17.39. Prof. Dr. J. Kranz
A.: Krankheiten tropischer Kulturpflanzen (Phytopathologie); Epidemiologie der Pflanzenkrankheiten.
T.: Mikroskopie, meteorologische Meßstation, Computermodell, EDV.

A.17.40 siehe S. 78

Pflanzenbau und Pflanzenzüchtung
A.17.32. Prof. Dr. J. Alkämper
A.: Untersuchungen über die Optimierung der Pflanzenproduktion in tropischen und subtropischen Ländern durch Maßnahmen der Düngung (Gründüngung, Azolla, Mulch), der Anbautechnik (Unkrautbekämpfung, Bodenbearbeitung, Bodenerhaltung, Erosionsforschung) und deren Interaktionen.
T.: Feldversuche, Mitcherlich Gefäßstation, chemische Serienanalysen, ^{15}N-Isotopentechnik.

Fachbereich Veterinärmedizin u. Tierzucht

Institut f. Biochemie u.
Endokrinologie
Frankfurter Str. 100
6300 Gießen
A.17.41. Prof. Dr. W. Schoner
A.: Mechanismus der Natriumpumpe und seine Regulation durch endogenes Digitalis; Reinigung von endogenem Digitalis und seine Charakterisierung.
T.: Dichtegradientenzentrifugation, RIA, ELISA, Chromatographie, HPLC, FPLC, Aminosäuresequenz, Gewebekultur, Synthese von radioaktiven ATP-Analogen, Fluorimetrie, Immunologische Nachweistechniken.

Angewandte Biochemie u. klinische Laboratoriumsdiagnostik
A.17.42. Prof. Dr. M. Sernetz
A.: Vergleichende kinetische und strukturanalytische Untersuchungen in heterogen-katalytischen Systemen (Bioreaktoren-Organismen); Reaktionen und Transport in fraktalen Strukturen (Gefäßsysteme, poröse Systeme, Gele).
T.: Analytische Bioreaktoren, Zellkulturtechniken, Impulsfluorometrie, Lasermeßtechnik, Interferenz- u. Polarisationsmikroskopie, automatische Bildanalyse, EDV, Porositätsmessungen, Rechnersimulation.

Institut f. Virologie
Frankfurter Str. 107
6300 Gießen
A.17.43. Prof. Dr. H. Becht / Prof. Dr. R. Rott / Prof. Dr. C. Scholtissek / Prof. Dr. G. Wengler / Dr. L. Stitz / Dr. M. F. G. Schmidt
A.: Strukturell-funktionelle Charakterisierung viraler Proteine; Struktur-Funktions-Beziehung beim Virus der infektiösen Bursitis; Charakterisierung genetischer Eigenschaften von Influenzaviren; Molekularbiologie der Togaviren; Aufklärung der immunpathologischen Reaktion, die zur Entstehung der Borna'schen Viruskrankheit führt; Posttranslationale Modifikation (hier Fettsäureacylierung) von zellulären und viralen Polypeptiden.
T.: Moderne Methoden der Virologie u. Molekularbiologie, gentechnologische u. biochemische Techniken, immunologische Analyseverfahren, quantitative virologische Nachweisverfahren.
A.17.44 siehe S. 76
A.17.45 siehe S. 74

A.18. Georg-August-Universität Göttingen

Gallusstr. 5–7
3400 Göttingen
Tel. 0551-391

Fachbereich Biologie

Pflanzenphysiologisches Institut u.
Botanischer Garten
Untere Karspüle 2
3400 Göttingen

Abt. f. Pflanzenphysiologie
A.18.1. Prof. Dr. D. Gradmann
A.: Membranphysiologie; Elektrophysiologie.
T.: Elektronik, EDV, Optik, biochemische Analytik.
A.18.2. Prof. Dr. J. E. Graebe
A.: Hormonphysiologie und -biochemie der höheren Pflanzen; Aufklärung des Hormonhaushalts, einschl. der Hormonbiosynthese.
T.: Isotopentechnik, Radiodünnschichtchromatographie, Radiohochleistungsflüssigchromatographie, Gaschromatographie-Massenspektrometrie, Enzymreinigung, einschl. Elektrophorese und Isoelektrofokussierung.
A.18.3. Prof. Dr. H. Lorenzen
A.: Endogene Rhythmik autotropher Einzeller; Stickstoffwechsel; Schwermetall-Wirkung auf Baumwurzeln.
T.: Analytik, Chromatographie, Optik, Mikroskopie, Isotopentechnik, EDV.
A.18.4. Prof. Dr. K. Raschke
A.: Abscisinsäurewirkungen auf Stomatatätigkeit und Photosynthese; Stoffwechsel und Ionentransport in Schließzellen und Wurzelgewebe; Ionenkanäle und -pumpen im Plasmalemma und Tonoplast, Transport in Vacuolen hinein und heraus; Rolle des Fruktose-2,6-Biphosphats bei der Aktivierung der Glykolyse; Auslösung der Biosynthese der Abscisinsäure, Verteilung der Abscisinsäure in der Pflanze.
T.: IR-Gasanalyse, HPLC, GC, Mikroskopie, Elektrophysiologie (insbes. patch-clamp-Technik), gekoppelte Enzymtests mit kleinen Proben, EDV.

Abt. f. Cytologie
A.18.5. Prof. Dr. D. G. Robinson
A.: Sekretionsassoziierter Membranfluß und Membranrecycling; Cellulosebiosynthese.

Abt. f. Experimentelle Phykologie
(Nikolausberger Weg 18/Wilhelm-Weber-Str. 2a)
A.18.6. Prof. Dr. W. Wiessner
A.: Regulation der Photosyntheseleistung von Grünalgen.

Sammlung von Algenkulturen
A.18.7. Prof. Dr. U. G. Schlösser
A.: Fortpflanzungsphysiologie von Algen.

Systematisch-Geobotanisches Institut u. Neuer Botanischer Garten
Untere Karspüle 2
3400 Göttingen

Lehrbereich Geobotanik
A.18.8. Prof. Dr. H. Dierschke / Prof. Dr. M. Runge / Prof. Dr. W. Schmidt
A.: Autökologie der Pflanzen, Abhängigkeit von Bodenfaktoren (Nähr und Schadelemente); Standortkunde, Ökosystemforschung; Pflanzensoziologische Untersuchungen mit Schwerpunkt Mitteleuropa (Vegetationserfassung, Syntaxonomie, Syndynamik, Synphänologie, Synökologie); wissenschaftliche Grundlagen und Anwendungen in der Praxis (z. B. Naturschutz u. ä.); Sukzessionsforschung, insbes. von Brachflächen; Stoffproduktion und Nährstoffhaushalt von Pflanzenbeständen; vegetationskundliche und ökologische Probleme im Naturschutz.
T.: Boden- u. Pflanzenanalysen, AAS, GC, Fluoreszenzmikroskopie, Gaswechselmessungen, EDV.

Lehrbereich Pflanzensystematik
A.18.9. Prof. Dr. F.-G. Schroeder / Prof. Dr. G. Wagenitz
A.: Systematik der höheren Pflanzen; Floristik, Morphologie und Anatomie als Grundlagen zur Systematik; Vergleichende Areal- und Vegetationskunde; Morphologie der Infloreszenzen und Sproßsysteme.
T.: Mikroskopie, Mikrotomtechniken.

Institut f. Biochemie der Pflanze
Untere Karspüle 2
3400 Göttingen

A.18.10. Prof. Dr. H. W. Heldt
A.: Chloroplasten-Stoffwechsel: Ablauf und Regulation der Synthese von Kohlenhydraten, Stickstoffverbindungen und Lipiden; Photosynthetischer Elektronentransport; Rolle der Mitochondrien bei der Photosynthese; Transport von Metaboliten über die Membran von Chloroplasten und Mitochondrien.
T.: Analytik, Chromatographie, Präparation von Zellorganellen, Isotopentechnik.

Zoologisches Institut I
Berliner Str. 28
3400 Göttingen

Abt. f. Zoologie
A.18.11. Prof. Dr. N. Elsner
A.: Neuronale Grundlagen des Insektenverhaltens; Kinematik und Neurophysiologie des Heuschreckenfluges; Mechanismen circadianer und ultradianer Rhythmen; Biochemie und Physiologie biologischer Membranen; Physiologische Mechanismen der Wasserretention

beim Gasaustausch; Heimkehrversuche mit Brieftauben.

Abt. f. Zellbiologie
A.18.12. Prof. Dr. F.-W. Schürmann
A.: Populations-Monitorprogramme an Vögeln; zeitliche Lebensstruktur bei Säugern der gemäßigten Zonen; Topographie und Konnektivität absteigender Hirnverbindungsneuronen bei Grillen, Heuschrecken und Bienen.

Zoologisches Institut II u. Museum
– Zoomorphologie u. Ökologie
Berliner Str. 28
3400 Göttingen

Abt. f. Zoomorphologie und Ökologie
A.18.13. Prof. Dr. P. Ax / Prof. Dr. M. Schaefer
A.: Morphologie, Systematik, Phylogenetik, marine u. limnische Ökologie; Biologie und Ökologie der marinen Bodenfauna der deutschen Nordseeküste; Ultrastruktur von Zellen, Geweben und Organen bei Mikroorganismen des Meeressandes; Untersuchungen an stagnierenden Kleingewässern und Probleme der Abwasserbelastung von Fließgewässern; Ethologie (Fische, Vögel); Terrestrische Ökologie (Untersuchung von Landökosystemen, Wäldern, offene Ökosysteme auf basenreichen und sauren Standorten, Straßenrand), Sammlung ökologischer Daten von Tieren des Waldökosystems.

T.: Methodenspektrum der Populationserfassung: marin, limnisch, terrestrisch; Mikrokosmossysteme für Bodentiere, Bestimmung abiotischer Parameter, Mikroskopie, EM, Histologie, Analytik, Isotopentechnik, EDV.

Zoologisches Institut III –
Entwicklungsbiologie
Berliner Str. 28
3400 Göttingen

A.18.14. Prof. Dr. Grossbach
A.: Organisation der genetischen Information in Chromosomen höherer Organismen.
A.18.15. Prof. Dr. Podufal
A.: Entwicklung spezifischer Organsysteme; Bekämpfung von Schadinsekten; Vorkommen von Insekten auf biologisch bzw. konventionell bewirtschafteten Hackfruchtfeldern.

Institut f. Mikrobiologie
Grisebachstr. 8
3400 Göttingen

Abt. f. Mikrobiologie I
A.18.16. Prof. Dr. H. G. Schlegel
A.: Chemoautotrophe Bakterien (insbes. H_2- und CO-oxydierende); Schlüsselenzyme: Hydrogenasen, RuBP-Carboxylase, PRK, CO-Dehydrogenase; Genlokalisation, m-RNA, Plasmide (für Aut$^+$ und Metallresistenz), anaerobe Derepression von Enzymen; Produktion von PHB; Verwertung von Abfall-Substraten.

T.: Moderne Methoden der Physiologie, Biochemie und d. genetischen Analyse und Synthese (Gentechnologie).

Abt. f. Mikrobiologie II
A.18.17. Prof. Dr. G. Gottschalk
A.: Energiestoffwechsel der Methanbakterien; Gärungsstoffwechsel der Clostridien; Bedeutung von Spurenelementen für die Verwertung N-haltiger Verbindungen durch Bakterien; Plasmidfunktion in phototrophen Bakterien; Genetik und Virulenzmechanismus eines temperenten Rhodobacter Bakteriophagen.
T.: Anaerobentechnik, HPLC, GC, Chromatographie, Isotopentechnik, EM, Elektrophorese.

Abt. f. Mikromorphologie
A.18.18. Prof. Dr. F. Mayer
A.: Cytologische, immunchemische und makromolekular-elektronenmikroskopische Untersuchungen zu Struktur-Funktions-Beziehungen bei Bakterien; Aspekte der Biotechnologie (extrazelluläre polysaccharidabbauende Enzyme).
T.: EM, TEM, Immuncytochemie, Bildanalyse, mikrobiologische Arbeitstechniken.

Institut f. Anthropologie
Bürgerstr. 50
3400 Göttingen

A.18.19. Prof. Dr. Herrmann
A.: Prähistorische und historische Anthropologie (Dekompositionsfragen, Spurenelemente und Isotope des Knochens, Paläopathologie, Skelett- und Leichenbranduntersuchungen), Umweltgeschichte, Industrieanthropologie.
T.: LM, EM, Röntgenverfahren, AAS, Massenspektrometrie.

A.18.20. Prof. Dr. H. Rothe
A.: Soziale Strukturen und Organisationsformen südamerikanischer Krallenaffen (Paarbeziehung, Paarbildung, Reproduktions- und ‚mating'-Strategien, Regulation von Gruppengröße und -zusammensetzung, Peripheralisation der Nachkommen); Haltungsbedingungen für Primaten, Nachzucht bedrohter Arten in Gefangenschaft.
T.: Video, EDV.

A.18.21. Prof. Dr. C. Vogel
A.: Ontogenese des Sozialverhaltens in bezug auf die sozialen Organisationsstrukturen in freilebenden Gruppen der indischen Langurenart Presbytis entellus. Longitudinale Feldstudie; männliche u. weibliche Reproduktionsstrategien; individuelle Lebenshistorien.
T.: EDV (u. a. Programmpaket CLIO).

Institut f. Palynologie u.
Quartärwissenschaften
Wilhelm-Weber-Str. 2
3400 Göttingen

A.18.22. Prof. Dr. H.-J. Beug
A.: Palynologische Untersuchungen an Tiefseesedimenten der letzten Million Jahre im Hinblick auf Zeitreihenanalysen

A.18. Georg-August-Universität Göttingen

und jahreszeitliche Klimasignale; Erforschung der Vegetationsgeschichte, der Geschichte der Windsysteme (Paläowinde) und der Klimageschichte (Paläoklimatologie) in Westafrika im Pleistozän.
T.: Palynologische Techniken, Mikroskopie, EDV.

Fachbereich Humanmedizin

Zentrum Biochemie
Humboldtallee 23
3400 Göttingen

Abt. Biochemie I
A.18.23. Prof. Dr. W. Huth / Prof. Dr. K. Jungermann / Prof. Dr. I. Probst
A.: Metabolische Zonierung des Leberparenchyms; Regulation des Leber-Stoffwechsels durch autonome Lebernerven; Regulation des Glucoseabbaus in kultivierten Hepatocyten; Mechanismus der Aktivierung durch Insulin; Regulation des Ketonkörperstoffwechsels.
T.: Leberperfusion, Neurostimulation, Zellkultur, Mikrodissektion, Histo- u. Immunhistochemie, Chromatographie, Isotopentechnik, Enzymologie, Molekularbiologie.

Abt. Enzymchemie
A.18.24. Prof. Dr. G. F. Domagk
A.: Strukturuntersuchungen von Proteinen (posttranslationale Modifikation gewisser Aminosäurenreste und daraus resultierende spezifisch biologische Eigenschaften); Untersuchung appetithemmender Peptide; Enzymhemmung durch Arzneimittel und Gifte.

Zentrum Hygiene u. Humangenetik
Kreuzbergring 57
3400 Göttingen

Abt. Spezielle Medizin. Mikrobiologie
A.18.25. Prof. Dr. W. H. Büttner
A.: Virus-Isolierung von HIV-Stämmen bei Patienten; Nachweis der Immunantwort gegen die einzelnen Strukturkomponenten des Erregers der erworbenen Immunschwäche; Molekulare Charakterisierung (Nukleotidanalyse) der Isolate.
T.: Züchtung menschlicher Zellen, HIV-Virus-Züchtung, DNA-Analyse.

Abt. Medizin. Mikrobiologie
A.18.26. Prof. Dr. R. Thomssen
A.: Ätiologie, Pathogenese, Diagnostik und Prophylaxe der Virushepatiden; Erprobung eines Hepatitis-Impfstoffes; Etablierung eines IgM-anti-Rötelnvirus-Testes; Epidemiologie und Diagnostik von Brucella-Infektionen; Diagnostik von Infektionen innerer Organe durch Hefepilze der Gattung Candida; Untersuchung der proteolytischen Aktivität diverser Isolate von Candida-Arten; Untersuchungen über tumorassoziierte Antigene, über experimentelle Tumoren und über die Charakterisierung zytostati-

scher Aktivität von Makrophagen; Charakterisierung von Gangliosiden.

Abt. Immunologie
A.18.27. Prof. Dr. O. Götze
A.: Die Rolle von Komplementproteinen bei der Aktivierung von Zellen des Immunsystems; biochemische Charakterisierung von Membran-assoziierten Komplementproteinen; Darstellung, Reinigung, Charakterisierung und Funktionsbeschreibung der akzessorischen Immunzellen; Reinigung dendritischer Zellen aus dem menschlichen Blut; Zellkulturexperimente mit dendritischen Zellen.

Abt. Allgemeine Hygiene u. Tropenhygiene
(Windausweg 2)
A.18.28. Prof. Dr. W. Bommer
A.: Kommunale Hygiene (Schadstoffe in Trink- u. Grundwasser); Krankenhaushygiene; Tropenhygiene, medizinische Parasitologie und Epidemiologie (Malaria-Erreger, Chagas-Krankheit, Bilharziosebekämpfung in Ägypten, Darm- u. Blutparasiten bei bestimmten afrikanischen Volksgruppen, Toxoplasma gondii, Flußblindheit, menschliche Encephalitis durch Limax-Amoeben.

Abt. Humangenetik
(Gosslerstr. 12d)
A.18.29. Prof. Dr. W. Engel
A.: Prä- und Postnatale Diagnosen (biochemisch, zytogenetisch, gentechnologisch); Männliche und weibliche Keimzelldifferenzierung, Mutagenese, Analyse des menschlichen Genoms, Placentadifferenzierung, Embryonaldifferenzierung.
T.: Chromosomenanalyse, Gentechnologie, Mikromanipulation, Proteinreinigung, Genisolierung.

Abt. Immungenetik
(Gosslerstr. 12d)
A.18.30. Prof. Dr. E. Günther
A.: Molekular- und Immungenetik des Haupthistokompatibilitätskomplexes; geschlechts- bzw. gonadenspezifische Zelloberflächenmoleküle.
T.: Molekulargenetische Techniken, Gewebekultur, Immunhistologie, Antikörperbindungstests, monoklonale Antikörper, zellulärimmunologische Tests.

Fachbereich Agrarwissenschaften

Tierärztliches Institut
Groner Landstr. 2
3400 Göttingen

A.18.31. Prof. Dr. F. W. Schmidt
A.: Anatomie und Physiologie der Haustiere; Fortpflanzungsbiologie und Besamung; Tierhygiene; Bakteriologie; Immunologie; Virologie; Blutgruppenserologie; Veterinäruntersuchungsamt; Klinik für Kleintiere; Tiergesundheitsdienst.
T.: ELISA, Serumanalytik (C-Sephadex, Immunelektrophorese), HPLC, Sperma-Analytik (Coulter).

Institut f. Pflanzenbau u.
Pflanzenzüchtung
von-Siebold-Str. 8
3400 Göttingen

AG Raps
A.18.32. Prof. Dr. G. Röbbelen / Prof. Dr. W. Thies / Dr. R. Mathias / Dr. W. J. Schön / R. Knöpfl / M. R. Ahmadi / U. Bellin / R. Buchner / K. Krälin / M. Sandmann / W. Sauermann / W. Paulmann
A.: Isolierung aneuploider und alloplasmatischer Linien aus interspezifischen Kreuzungen; Vergleich verschiedener Sortentypen: Liniensorten, synthetische Sorten, Hybridsorten; Versuch zur Entwicklung von Genpools; Analyse verschiedener Systeme männlicher Sterilität; Nutzung neuer Rapsgenotypen aus Resynthese; Analyse der Alkenyl- und Indol-Glucosinolate in Samen und Blättern durch HPLC; Selektion auf Sinapoylester- und Phytinsäuregehalt; Selektion und Untersuchungen zur Biogenese bei Polyenfettsäure-Mutanten; Charakterisierung der Samenproteine bezüglich Aufbau und physiologischer Bedeutung; Selektion auf Rohfaserarmut durch Gelbsamigkeit.

AG Industrie-Ölpflanzen
A.18.33. Dr. S. von Witzke / R. Vogel
A.: Induktion und Selektion von Cuphea-Mutanten mit verbesserten pflanzenbaulichen Eigenschaften zur Erzeugung von MCT-Ölen; Leistungsvergleich verschiedener Cuphea-Arten und -Herkünfte; Anbauversuche in Mittelmeerländern. Entwicklung von Ölpflanzen mit ungewöhnlichen Fettsäuren: Calendula, Coriander, Euphorbia, Crambe u. a.; Leistungsvergleiche verschiedener Herkünfte; Anbauversuche (Herbizideinsatz) und erste größere Vermehrung.

AG Körnerleguminosen
A.18.34. Dr. E. Ebmeyer / C. B. Masoga / O. Sass / D. Stelling
A.: Ackerbohnen-Fremdbefruchtungsverhalten von Inzuchtlinien, Ertragsstabilität und Leistungsprüfungen; Selektion von Genotypen mit verändertem Wuchstyp; Untersuchungen zur Höhe der Heterosis und zum optimalen Sortentyp; Effizienz der Stickstoffbindung durch Rhizobien; Erbsen-Selektionskriterien in frühen Generationen, Leistungsprüfungen.

AG Futtergräser
A.18.35. Prof. Dr. G. Kobabe / Dr. G. Bugge / H. Al-Sakka / S. El-Shamarka / U. Feuerstein / V. Lein
A.: Lolium multiflorum-Zuchtmethoden und Nutzung heterotischer Effekte; Cytoplasmatisch-genisch bedingte männliche Sterilität: Vererbungsstudien mittels intraspezifischer Kreuzung (Inzuchtlinien); Kreuzungen zwischen L. multiflorum und L. perenne, Möglichkeiten und Grenzen der Kombinierbarkeit beider Arten; Lolium-perenne-Persistenz-Prüfung; Ermittlung geeigneter Streßfaktoren zur

Frühselektion auf Ausdauerungsfähigkeit; Abhängigkeit der Wertmerkmale vom Standraum; Lolium multiflorum ssp. gaudini: Verbesserung der Siliereignung und Herstellung tetraploider Formen; Stylosanthes scabra: Beschreibung von Ökotypen; Prüfung auf Anbau-Eignung für Südamerika; Schätzung der Heritabilität wichtiger Merkmale.

AG Getreide
A.18.36. Dr. T. Lelley / G. Miotke / M. Baum / E.-M. Drögemüller / E. Struß / K. A. Moustafa / Rhen-Zhenglong
A.: Triticale-Wirkung des Roggenchromosoms 1R auf qualitative und quantitative Merkmale des Weizens; Entwicklung eines Einkornramsches aus Triticale-Kreuzungen mit eingeschränkter Rekombination; Valenzkreuzungen bei Triticale (8x × 6x) mit gleichem R-Genom; Allgemeine und spezifische Kombinationseignung des Weizen- und des Roggen-Genoms für Triticale; Kreuzungseignung von Triticale-Genotypen anhand cytologischer Merkmale in frühen Kreuzungsgenerationen; Hybridnekrose-Gene des Roggens in Triticale; Züchterische Bewertung von Triticale in Anbausystemen; Wintergerste-Mutantenanalyse mit partieller Resistenz gegen Gerstenmehltau; Lokalisation einzelner Resistenzbarrieren mittels Trisomen.

AG in-vitro Gewebekultur
A.18.37. Dr. A. Steffen / Dr. R. Mathias / Dr. B. P. Kirti
A.: Raps-Protoplastenfusion, Sproßembryogenese, Selektion auf Herbizidresistenz, Androgenese durch Mikrosporenkultur.
T.: Am gesamten Institut: GLC, HPLC, ASA, LM.

Institut f. Pflanzenpathologie u. Pflanzenschutz
Grisebachstr. 6
3400 Göttingen

Abt. f. Allgemeine Pflanzenpathologie u. Pflanzenschutz
A.18.38. Prof. Dr. R. Heitefuss / Prof. Dr. G. Wolf
A.: Allgemeine Phytopathologie; Mykologie; Entomologie; Physiologie des Krankheitsprozesses; Wirkung u. Nebenwirkung von Pflanzenschutzmitteln; Nützlinge als Begrenzungsfaktoren; wirtschaftliche Fragen des Pflanzenschutzes.

Abt. f. Entomologie
A.18.39. Prof. Dr. H. Wilbert
A.: Populationsdynamik von Nutz- und Schadorganismen; Beziehungen zwischen Insekt und Wirtspflanze; Wirksamkeit von Nützlingen; bodengebundene Nutz- und Schadarthropoden.

Abt. f. Mykologie
A.18.40. Prof. Dr. H. Fehrmann
A.: Wirkung und Anwendung systemischer Fungizide im Getreidebau; Entwicklung einer Warnformel für die Bekämpfung der Halmbruchkrankheit im Weizen

in neu entwickeltem Warngerät; Multipler Ansatz zur Befalls/Verlust-Relation bei Weizenkrankheiten und Blattkrankheiten von Gerste; Mutagenität von Umweltchemikalien, vorzugsweise Pflanzenschutzmitteln, Entwicklung eines Standardtests mit Aspergillus nidulans; Rindennekrosen.

Fachbereich Forstwissenschaften

Institut f. Forstbotanik
Büsgenweg 2
3400 Göttingen

A.18.41. Prof. Dr. A. Hüttermann
A.: Streßphysiologie; Waldschäden; Biotechnologie der Lignocellulose.
T.: HPLC, Ultrazentrifugation, EM, REM, Röntgenmikroanalyse.

A.18.42. Prof. Dr. W. Eschrich
A.: Baumphysiologie, Phloemtransport, Waldschäden.
T.: EM, REM, Isotopentechnik, Mikroradioautographie, Biochem. Analytik.

A.19. Universität Hamburg
Edmund-Siemers-Allee 1
2000 Hamburg 13
Tel. 040-41231

Fachbereich Biologie

Institut f. Allgemeine Botanik u. Botanischer Garten
Ohnhorststr. 18
2000 Hamburg 52

Arbeitsbereich Zellbiologie
A.19.1. Prof. Dr. U. Christen / Prof. Dr. L. Kies / Prof. Dr. D. Mergenhagen / Prof. Dr. M. Mix
A.: Elektronenmikroskopische und biochemische Untersuchungen der Zellwand von Jochalgen und von hochspezialisierten Drüsenzellen bestimmter Blütenpflanzen; karyologische Untersuchungen der lichtbedingten Bewegungsweise von Jochalgen.

Arbeitsbereich Pflanzenphysiologie
A.19.2. Prof. Dr. K. Dörffling
A.: Physiologie und Biochemie pflanzlicher Hormone.
T.: HPLC, GC, Isotopentechnik.

A.19.46. Prof. Dr. A. Weber
A.: Primärproduktion durch marine und Süßwasseralgen und deren

Beeinflussung durch abiotische und biotische Faktoren; Einfluß von Schwermetallen und organischen Schadstoffen auf Algenwachstum und Entwicklung; Mechanismen der Schadstoffakkumulation; Gewässersanierung mit Hilfe von Pflanzen.
T.: AAS, GC, Fluorimetrie, LM, TEM, REM.

Arbeitsbereich Genetik
A.19.3. Prof. Dr. W. O. Abel
A.: Pflanzliche Zellkultur und Regeneration, insbes. Leguminosen; Steuerung der Differenzierung bei Laubmoosen; Untersuchungen zur Vermehrung des Abutilon Mosaik Virus (Geminivirus); Molekulargenetische Grundlagen der Replikation, Transkription und Translation; Ausbau des Virus als genetischer Vektor für höhere Pflanzen.
T.: Clonierungstechniken, EDV, Elektrophorese, Chromatographie, HPLC, Ultrazentrifugation, Zellkultur, Fermenter, Isotopentechnik, DNA-Sequenzierung.

Arbeitsbereich Systematik
A.19.4. Prof. Dr. H.-D. Ihlenfeldt / Prof. Dr. K. Kubitzki / Prof. Dr. A. Schmidt / Dr. F. Feindt / Dr. H. Hartmann
A.: Untersuchung der Flora afrikanischer Wüsten- und südamerikanischer Regenwälder (Verwandtschaftsverhältnisse, Überlebensstrategien); Untersuchung an mitteleuropäischen Schlauchpilzen; Paläobotanische Untersuchungen; Paläoethnobotanik.
T.: Chromatographie, REM.
A.19.5. Prof. Dr. H.-D. Ihlenfeldt
A.: Evolution, Taxonomie, Anatomie und Überlebensstrategien bei Sukkulenten, insbes. Mesembryanthemaceae.
T.: REM.

Abteilung Mikrobiologie
A.19.6. Prof. Dr. E. Bock / Prof. Dr. P. Fortnagel
A.: Zelldifferenzierung bei Bakterien; Auslösung der Sporenbildung; Resistenz gegen Antibiotika; Elektronenmikroskopische u. biochemische Untersuchungen an Nitrobacterzellen; Rolle der nitrifizierenden Bakterien bei der Korrosion von Kalk- und Zementgestein.
T.: Klonierung von Sporulationsgenen, DNA-Sequenzierung, ortsspezifische Mutagenese, Elektrophoresen, GC, HPLC, physiologische und biochemische Analytik, Schadgas- und Klimasimulationsanlagen, EM, EDV.

Institut f. Angewandte Botanik
Marseiller Str. 7
2000 Hamburg 36

A.19.8. Abt. Warenkunde – Prof. Dr. H. Hahn
A.19.9. Abt. Landwirtschaftl. Chemie – Dr. H. Buchholz
A.19.10. Abt. Saatgutprüfung – Dr. R. Rauber
A.19.11. Abt. Pflanzenschutz – Prof. Dr. D. Knösel

A.19.12. Abt. Amtl. Pflanzenbeschau – Dr. E. Lücke
A.19.13. Abt. Kultur- und Versuchstechnik – Dr. B. Schürmann
A.19.14. Abt. Nutzpflanzenbiologie – Prof. Dr. K. von Weihe
A.19.15. Abt. Pharmakognosie – Prof. Dr. E. Sprecher

Schwerpunkte aller Abteilungen: Wertbestimmung von Nutzpflanzen, pflanzlichen Produkten und Futtermitteln; Wertminderung und -verbesserung von Pflanzen u. pflanzlichen Produkten; Entstehung und Entwicklung wertbestimmender Merkmale der Nutzpflanzen.

Zoologisches Institut u.
Zoologisches Museum
Martin-Luther-King-Platz 3
2000 Hamburg 13

A.19.16. Prof. Dr. R. Abraham
A.: Biologie parasitischer Hymenoptera.
T.: EDV.
A.19.17. Prof. Dr. W. Becker
A.: Untersuchungen des Parasit-Wirtsverhältnisses zwischen Schistosoma mansonii und Biomphalaria glabrata.
T.: Mikromethoden der Analytik, Histology, Isotopentechnik.
A.19.18. Prof. Dr. H. Bretting
A.: Chemische und immunchemische Untersuchungen der Polysaccharide von Invertebraten.
A.19.19. Prof. Dr. M. Dzwillo
A.: Systematik, Morphologie, Phylogenese und Autökologie von Everebraten.

A.19.20. Prof. Dr. D. Franck
A.: Biodynamik von Steroidhormonen bei Fischen.
A.19.21. Prof. Dr. M. Gewecke
A.: Neurale Mechanismen des Verhaltens: Bewegungssteuerung, Lokomotionssteuerung, Kontrastverstärkung in sensorischen Systemen, neuronale Schaltkreisanalyse, visuelle Interneuronen.
T.: Techniken der Neuroanatomie, Elektrophysiologie, Verhaltensphysiologie, Biomechanik.
A.19.22. Prof. Dr. O. Giere
A.: Erforschung struktureller und ökophysiologischer Anpassungen an das Leben in sulfidischen/anoxischen Biotopen; Einwirkungen von Schadstoffen auf Ultrastruktur verschiedener Organe von Wirbellosen.
T.: EM, Elektrometrie, Respirometrie, Mikro-Röntgen-Analyse.
A.19.23. Prof. Dr. G. Hartmann
A.: Zoologische Forschungen am Antarktischen Benthos; Schwermetallbelastung bei aquatischen und terrestrischen Tieren.
T.: LM, REM mit Mikroanalyse, TEM, AAS.
A.19.24. Prof. Dr. O. Kraus
A.: Phylogenetische Systematik: Rekonstruktion stammesgeschichtlicher Abläufe, Evolutionsbiologie, Allgemeine Biogeographie insbes. der Arthropoden und Mollusken.
T.: Mikroskopie, spezielle Präparationstechniken an chitinösen Hartteilen, EM.

A.19.25. Prof. Dr. J. Parzefall
A.: Verhaltensvergleich an höhlenlebenden Tieren (Höhlenfische, Grottenolm, Höhlenkrebse) mit ihren oberirdisch lebenden Verwandten und ihren Bastarden; Verhaltensanpassungen und ihre genetische Manifestation.
T.: Infrarotvideotechnik.
A.19.26. Prof. Dr. N. Peters
A.: Veränderungen der Feinstruktur aufgrund von Umweltbelastungen; Simulation von subakuten chronischen Belastungen im toxikologischen Experiment.
T.: EM.
A.19.27. Prof. Dr. L. Renwrantz
A.: Untersuchung immunbiologischer Abwehrmechanismen von Evertebraten; Klassifizierung immunkompetenter Zellen, Isolierung und Analyse der von ihnen sezernierten Moleküle; Untersuchung von immunbiologischen Erkennungsmechanismen für Parasiten und Mikroinvasoren.
T.: Säulen- u. Affinitätschromatographie, Ionenaustauscherchromatographie, Elektrophoresetechniken, Zellkultur, Isotopentechnik, Histochemie: immun- u. enzymhistologische Verfahren, LM, EM.
A.19.28. Prof. Dr. W. Rühm
A.: Biologie und Ökologie der Kriebelmücken (Populationsdynamik, Abundanz, Ökoenergetik, Schadgeschehen, Immunbiologie), Analyse eines Agro-Ökosystems einschl. Fließgewässer; Populationsdynamik von Kleinsäugern u.a. Feld- u. Schermaus; Ökoenergetik der Sturmmöve; Analyse der Hegezonen der Stadt Hamburg (Synökologische Studie).
T.: Membranfilterungstechnik, Mikromethode zur O_2-Messung, Mikroelektrophorese.
A.19.29-19.33 siehe S. 93-94
A.19.34. Prof. Dr. H. Schliemann
A.: Systematik verschied. Säugertaxa; Entwicklung von Chondro- und Osteocranien der Säuger, insbes. der Landraubtiere; Struktur von Hautdrüsen bei Carnivoren; Funktion und chemische Beschaffenheit der Sekrete.
T.: Qualitative und quantitative Methoden der Verwandtschaftsforschung, makroskopische Anatomie, Histologie, EM, GC, Massenspektrometrie.
A.19.35. Prof. Dr. H. Strümpel
A.: Systematik und Biologie von Pflanzensaugern (Homoptera); Systematik und Biologie von Milben.
T.: LM, REM.
A.19.36. Prof. Dr. W. Villwock
A.: Artbildungsphänomene und deren genetische Konstitution bei Fischen abgeschlossener Binnengewässer (sog. Alte Seenbecken); Blutgruppen- und Serumbestimmungen; Enzymmusteranalysen und Karyotypen-/Chromosomen-Untersuchungen für den Anwendungsbereich Aquakultur.

T.: Elektrophorese, EM, lichtoptische, histologische Untersuchungsmethoden.

A.19.37. Prof. Dr. F. Wenzel
A.: Autökologie freilebender Protozoen (Speziell Nahrungserwerb, Dauerstadien).
T.: Mikroskopie, Kultivierung von Protozoen, Fermentertechnik, EDV.

A.19.38. Prof. Dr. H. Wilkens
A.: Untersuchung der genetischen Grundlagen der Evolution; Forschungsobjekte: höhlenlebende Tierarten und deren oberirdische Ausgangsformen; ökologische und zoogeographische Studien der Höhlenfauna.
T.: Histologie.

A.19.39. Prof. Dr. C.-D. Zander
A.: Ökoichthyologie: Beziehungen von Kleinfischen zu ihrem Lebensraum und ihrer Lebensgemeinschaft, bes. Nahrungsbeziehungen und Parasitierung.

A.19.40. Prof. Dr. E. Zeiske
A.: Strukturelle und strömungsphysikalische Untersuchungen an Geruchsorganen von Ährenfischartigen.

A.19.41. Dr. R. Grimm
A.: Biologie (Zoologie) mit Schwerpunkt Süßwasserökologie.
T.: Mikroskopie, spezielle hydrobiologische Techniken.

A.19.42. Dr. H. Tiemann
A.: Funktionsmorphologie und Systematik der Copepoda; Histologie der Wirbellosen.
T.: LM, EM.

Institut f. Hydrobiologie u. Fischereiwissenschaft
Fischereiwissenschaftliche Abteilung
Olbersweg 24
2000 Hamburg 50

Bestandskunde und Umweltbelastung

A.19.29. Prof. Dr. K. Lillelund
A.: Fischereiökologie und Aquakultur; Fischereiliche Bestandskunde; ökologische Testverfahren mit Fischen; Bioakkumulation bei Fischen; Fischverhalten.
T.: GC, LM, Histologie, AAS, Techniken zur Wasseranalyse.

Fischereiökologie u. Aquakultur

A.19.30. Prof. Dr. E. Baum
A.: Autökologie und Ökophysiologie von Nutzfischarten gemäßigter und tropischer Gebiete, insbes. des Süßwassers; Ei- und Larvenentwicklung von Teleostiern.
T.: Analytik, Wasserchemie, LM, REM, EDV, quantitative Methoden der aquatischen Ökologie, Ichthyologie, Anatomie der Fische.

Hydrobiologische Abteilung
Zeiseweg 9
2000 Hamburg 50

Theoretische u. angewandte Hydrobiologie

A.19.31. Prof. Dr. H. Kausch
A.: Limnologische und marinbiologische Grundlagenforschung sowie Forschung im Zusammenhang mit der Nutzung und dem Schutz von Gewässern.

Biologische Ozeanographie
A.19.32. Prof. Dr. H. Thiel
A.: Marinbiologische Grundlagen- und anwendungsorientierte Forschung
a) auf der Hochsee und in der Tiefsee im Zusammenhang mit der Nutzung mineralischer Ressourcen, der Abfallbeseitigung und zum Schutz der ozeanischen Lebensräume.
b) in der Nordsee
c) im Küstenbereich der Nordsee und in Verbindung mit Küstenschutzmaßnahmen in künstlichen Salzwasserbiotopen.
T.: Mikroskopie, chemische und biochemische Analytik, in-situ-Meßverfahren.

Institut f. Meereskunde
Troplowitzstr. 71
2000 Hamburg 54

A.19.33. Dr. G. Radach
A.: Marine Ökosystemanalyse u. -simulation insbes. der unteren trophischen Stufen im Ökosystem Nordsee.
T.: Großrechner, PC, Datenbank, (mathematische und informatische Method.)

Institut f. Humanbiologie
Allede Platz 2
2000 Hamburg 13

A.19.43. Prof. Dr. G. Bräuer / Prof. Dr. V. Chopra / Prof. Dr. R. Knußmann / Prof. Dr. A. Rodewald
A.: Bevölkerungsbiologie/Onto- und Phylogenetik: Paläanthropologie (insbes. jüngere Fossilgeschichte in Afrika); Prähistorische Anthropologie (insbes. Norddeutschland und Griechenland); Anthropographie und Populationsgenetik heutiger Bevölkerungen (insbes. Ost- und Südafrika, Vorderer Orient, Indien); Auxologie (Wachstum und Reifung); Konstitutionsanthropologie; Geschlechteranthropologie (insbes. Korrelate des Sexualhormonspiegels); Sozialbiologie (insbes. Fragen der Partnerwahl).
Sero- und Zytogenetik: Populationsgenetik hämogenetischer Merkmale, Polymorphismen des Blutes und Krankheiten (insbes. HLA-System bei Hirntumoren), Chromosomenanomalien und Hautleistensystem, Tumorzytogenetik.
T.: Anthropometrie, Fotografie (auch Stereo-), Fotogrammetrie, Psychophysiologie, RIA, Spektralphotometrie, Elektrophoresen, Immunologie, HLA-Technik, Chromosomenanalyse, EDV.

Heinrich-Pette-Institut f.
Experimentelle Virologie u.
Immunologie
Martinistr. 52
2000 Hamburg 20

A.19.44. Prof. Dr. O. Drees
A.: Untersuchungen der Auseinandersetzungen zwischen Viren und Wirtszellen auf molekularer Ebene; Pathogenese bei Viruskrankheiten; Immunantwort virusinfizierter Organismen; Tumorgenese und Zelldifferenzierung.

Fachbereich Humanmedizin

Institut f. Biophysik u.
Strahlenbiologie
Martinistr. 52
2000 Hamburg 20

A.19.45. Prof. Dr. H. Baisch / Prof. Dr. H. Jung
A.: Experimentelle Untersuchungen zur Zellproliferationskinetik von Zellkulturen und Tumoren; Entwicklung von Methoden zur Bestimmung von Zelltyp, Zellzykluszustand und Klonogenität bei heterogenen Zellpopulationen; Experimentelle Untersuchungen zur Wirkung von ionisierenden Strahlen u. Wärme auf Zellen u. Tumoren; Analyse von DNA-Strangbruchreparatur, Zellüberleben und Proliferationskinetik; Anwendung biophysikalischer Meßmethoden auf klinische Probleme: Flußzytometrie und radioautographische Untersuchungen an menschlichen Tumoren zur Entwicklung diagnostischer u. prognostischer Parameter.
T.: Flußzytometrie, Fluoreszenzgesteuerte Zellsortierung, Isotopen: Markierung u. Radioautographie, Mikroskop-Photometrie, Histologie, Morphometrie, EDV, Röntgen- u. Kobalt-Bestrahlung, Mikrowellenhyperthermie.

A.19.46 siehe S. 89

A.20. Technische Universität Hamburg-Harburg
Harburger Schloßstr. 20
2100 Hamburg 90

Institut f. Biotechnologie II

A.20.1. Prof. Dr. V. Kasche
A.: Enzymtechnologie; Enzymkatalysierende Synthese von Kondensationsprodukten; Enzymsynthese und Aufarbeitung; Enzymcharakterisierung (insbes. Hydrolasen); Gentechnik dazu anal. Anw. von Enzymen (Biosensorik).
T.: Chromatographie, HPLC, Enzymtechnologie.

A.21. Universität Hannover

Welfengarten 1
3000 Hannover 1
Tel.: 0511-7621

Fachbereich Biologie

Institut f. Botanik
Herrenhäuser Str. 2
3000 Hannover 21

A.21.1. Prof. Dr. F. Herzfeld / Prof. Dr. H. Kern / Prof. Dr. K. Kloppstech / Prof. Dr. G. Richter
A.: Untersuchungen zur Biogenese von Chloroplasten (Bildung, Differenzierung, Evolution): Kontrolle der Gen-Expression durch Strahlung; Gen-Expression im Verlauf des Entwicklungszyklus; Evolution lichtgesteuerter Systeme; Molekulare Grundlagen der Resistenz gegen Hitze, Kälte, pathogene Mikroorganismen.
T.: Methoden der Gentechnologie, cDNA-Klonierung, Genklonierung, Sequenzierungstechniken, Transformation, in-vitro-Translation, in-vitro-Transkription.

Institut f. Geobotanik
Nienburger Str. 17
3000 Hannover 1

A.21.2. Prof. Dr. R. Pott
A.: Geobotanik, Palynologie, Pflanzensoziologie, Vegetationsgeographie, Synökologie.
T.: Analytik, Mikroskopie.

Lehrgebiet Zoologie-Entomologie
Herrenhäuser Str. 2
3000 Hannover 21

A.21.3. Prof. Dr. A. Melber
A.: Ökologie von Wirbellosen in nordwestdeutschen Calluna-Heiden; Taxonomie und Faunistik der Heteroptera.

A.21.4. Prof. Dr. G. Schmidt
A.: Waldameisen: Kastendetermination und waldhygienische Bedeutung; Orthoptera: Systematik, Faunistik, Ökologie, Steuerung der Eiablage; Ökotoxikologie: Wirkung von Umweltbelastungen auf Bodenfauna; Schwermetalle, Düngemittel, Insektizide und Herbizide; Pflanzeninhaltsstoffe als Insektensterilantien und Toxikantien.
Ökologie der Arthropoden in Callunaheiden Nordwestdeutschlands.
T.: Chromatographie, GC, Elektrophoresen, Isoelektrische Fokussierung, Spektralanalytik, AAS, Photographie, Insektenzucht, Warburg-Technik, Enzymtechnik, Biotests, EDV.

Institut f. Mikrobiologie
Schneiderberg 50
3000 Hannover 1

A.21.5. Prof. Dr. G. Auling
A.: Stoffwechsel von Mikroorganismen, speziell Transport u. Funktion von Mangan, angewandte Probleme, Bakterientaxonomie.
T.: Analytik, Chromatographie, Optik, Mikroskopie, Isotopentechnik, EDV.

A.21.6. Prof. Dr. H. Diekmann
A.: Biosynthesen niedermolekularer Naturstoffe; Fermentationstechnologie; Mikrobiologie der Abwasserreinigung; Mikroorganismen in der Lebensmittelherstellung.
T.: FPLC, HPLC, GC, Mikroskopie, Isotopentechnik, Fermenter und Peripherie, EDV.

Institut f. Biophysik
Herrenhäuserstr. 2
3000 Hannover 21

A.21.7. Prof. Dr. D. Ernst
A.: Fluoreszenzmessungen an Algen und höheren Pflanzen zur Bestimmung von Chlorophyllgehalt, Photosyntheseaktivität u. der Wirkung von Umweltchemikalien; Markierung von anorganischen und organischen Sedimenten; Biomassebestimmung an höheren Pflanzen durch Computerbildanalyse.
T.: Fluorometrie, Isotopentechnik, Mikroskopie.

A.21.8. Prof. Dr. E.-G. Niemann / Dr. I. Fendrik
A.: Assoziative biologische Stickstoffixierung; Untersuchung der Wechselwirkungen zwischen Mikroorganismen und Pflanzen in der Rhizosphäre.
T.: HPLC, Isotopentechnik, Fermentertechnik.

Fachbereich Ingenieurwissenschaften

Institut f. Wasserwirtschaft
Am kleinen Felde 30
3000 Hannover 1

A.21.9. Prof. Dr. K. Lecher
A.: Gewässerökologie, Limnologie, naturnaher Wasserbau, Einfluß wasserbautechnischer Maßnahmen auf die einheimische Fischfauna.
T.: Elektrofischerei, Optik, EDV.

Institut f. Siedlungswasserwirtschaft u. Abfalltechnik
Welfengarten 1
3000 Hannover 1

Abt. f. Wasser u. Abwasserbiologie
A.21.10. Prof. Dr. K. Mudrack
A.: Aerobe u. anaerobe biologische Abwasserreinigung.
T.: Techniken der Abwasserreinigungsverfahren.

Fachbereich Gartenbau

Institut f. Angewandte Genetik
Herrenhäuserstr. 2
3000 Hannover 21

A.21.11. Prof. Dr. J. Grunewald / Prof. Dr. G. Wricke
A.: Genetik und Züchtungsforschung, Hybridforschung, Selektion; Wirkung von Genen auf molekularer Ebene; Übertragung von Resistenzeigenschaften aus Wildformen; Untersuchungen zur Geschlechtsvererbung; Überwindung von Selbststerilität, Klärung der Wirkungsmechanismen der cytoplasmatischen männlichen Sterilität.

Institut f. Pflanzenkrankheiten u. Pflanzenschutz
Herrenhäuserstr. 2
3000 Hannover 21

A.21.12. Prof. Dr. F. Schönbeck
A.: Nutzung der Mycorrhiza für die Pflanzengesundheit; Resistenzinduktion durch mikrobielle Stoffwechselprodukte; Untersuchungen zu biotischem und abiotischem Streß an Pflanzen; Neuartige Waldschäden: Untersuchung des Feinwurzelsystems.
T.: HPLC, EM, Fluorometrie, Gaswechselmessungen.

Fachbereich Landespflege

Institut f. Landschaftspflege u. Naturschutz
Herrenhäuserstr. 2
3000 Hannover 21

A.21.13. Prof. Dr. F. H. Meyer / V. Scherfose
A.: Ektomykorrhiza der Kiefer.

A.21.14. Prof. Dr. H. Kimstedt / S. Wirz / G. Stehr
A.: Verkehrsplanung, Umweltverträglichkeitsprüfung.

A.21.15. H. R. Höster / B. Mros / D. Schupp
A.: Baumkataster Hannover.

A.21.16. Dr. H. Scharpf / B. Stocks
A.: Flurbereinigung, Umweltverträglichkeitsprüfung.

A.21.17. Prof. Dr. F. H. Meyer / Prof. Dr. F. Schönbeck
A.: Neuartige Waldschäden: Schädigung des Feinwurzelsystems einschl. der Mykorrhiza.

A.22. Ruprecht-Karls-Universität Heidelberg

Grabengasse 1
Postfach 10 57 60
6900 Heidelberg
Tel.: 06221-541

Fakultät f. Biologie

Botanisches Institut
Im Neuenheimer Feld 360
6900 Heidelberg

A.22.1. Prof. Dr. M. Bopp / Prof. Dr. I. Essigmann-Capesius
A.: Entwicklungsphysiologie und Hormonphysiologie bei Moosen und höheren Pflanzen; Charakterisierung repetitiver DNA aus Pflanzen.
T.: Elektrophorese, IEF, Isotopentechnik, Mikroelektrophorese, Protoplastenkultur, Ultrazentrifugation.

Institut f. systematische Botanik u. Pflanzengeographie
Im Neuenheimer Feld 328
6900 Heidelberg

A.: Keine Angaben.

Zoologisches Institut
Im Neuenheimer Feld 230
6900 Heidelberg

Zoologie I (Morphologie/Ökologie)
A.22.2. Prof. Dr. N. Storch
A.: Vergleichende Ultrastrukturforschung; Experimentelle Zellforschung.
T.: TEM, AAS, Histo- u. Cytochemie.

A.22.3. Prof. Dr. H. W. Ludwig
A.: Angewandte Agrarökologie; Limnologie; Systematik und Biologie der Algen.
T.: Ökologische Freilandtechniken, EDV.

Zoologie II (Physiologie)
A.22.4. Prof. Dr. W. Müller / Dr. H. Jantzen / Dr. W. Schnetter
A.: Isolierung von Morphogenen und Neuropeptiden; Entwicklungsbiologie; Mechanismus und Funktion der Modifikation bestimmter Proteine durch Phosphorylierung während Wachstum und Differenzierung eines einzelligen Eukaryonten (Acanthamoeba castellanii); Regulation der Proteinsynthese; Charakterisierung bakterieller Insektizide und ihr Wirkungsmechanismus.
T.: Chromatographie, Elektrophorese, Herstellung monoklonaler Antikörper, Immuncytochemie, Isotopentechnik, Genklonierung, Dichtegradientenzentrifugation, Mikroskopie, Photographie.

A.22.5. Prof. Dr. R. Zwilling
A.: Enzymologie, molekulare Evolution, bes. proteolytische Enzyme und ihre Inhibitoren; Immunologie, Biologie des Alterns.
T.: Elektrophoresen, HPLC, Immun-Techniken, Affinitätschromatographie, Proteinanalytik.

Institut f. Neurobiologie
Im Neuenheimer Feld 864
6900 Heidelberg

A.22.6. Prof. Dr. M. Schachner-Camartin u. Mitarbeiter
A.: Klonierung von L1; Identifizierung und Charakterisierung von Zelladhäsionsmolekülen des Nervensystems von Säugern; Elektrophysiologische Untersuchungen an Gliazellen in Kultur; Die Rolle von Zelladhäsionsmolekülen während der Entwicklung und der Regeneration des Nervensystems (ZNS, PNS); Ableitung einzelner Ionenkanäle in der Membran von Glia- u. Nervenzellen; Funktion von Zelladhäsionsmolekülen im ZNS.
T.: Isotopentechnik, Chromatographie, Zellkultur, LM, EM, Proteinchemie, Produktion u. Charakterisierung monoklonaler Antikörper, in-vitro-Testsysteme biologischer Art, elektrophysiologische Meßtechniken, EDV, immunhistologische Methoden.

Institut f. Zellenlehre
Im Neuenheimer Feld 230
6900 Heidelberg

A.22.7. Prof. Dr. Dr. E. Schnepf
A.: Zellbiologie; Ultrastrukturforschung bei Pflanzen, auch unter Berücksichtigung von entwicklungsbiologischen u. systematischen Fragestellungen.
T.: LM, EM.

Arbeitsgruppe Biologie f. Mediziner
Im Neuenheimer Feld 504
6900 Heidelberg

A.22.8. Prof. Dr. P. Schneider
A.: Bewegungsphysiologie der Insekten; soziologisches Verhalten von Insekten; Respirationsapparat mit Ultrastruktur.
T.: EM, REM, EDV, elektrophysiologische Methoden, HF-Filme, Video.

Fakultät f. Pharmazie

Institut f. Pharmazeutische Biologie
Im Neuenheimer Feld 364
6900 Heidelberg

A.22.9. Prof. Dr. H. Becker
A.: Isolierung von Naturstoffen, vorwiegend aus pflanzlichen Zellkulturen.
T.: Chromatographie, Spektroskopie.

Medizinische Fakultät

Institut f. Anthropologie u.
Humangenetik
Im Neuenheimer Feld 328
6900 Heidelberg

Abt. Allgemeine Humangenetik
A.22.10. Prof. Dr. W. Buselmaier /
Prof. Dr. F. Vogel
A.: Verhaltensgenetik an Tiermodellen; Grundlagenuntersuchungen zur klinischen Genetik von Trisomien an Tiermodellen.
T.: Gentechnologie, Embryologie, Neurochemie, Neuroanatomie.

Abt. Cytogenetik
A.22.11. Prof. Dr. T. Schroeder-Kurth / Dr. B. Royer-Pokora / Dr. T. Cremer / Dr. H. D. Hager
A.: Internationales Fanconi-Anämie-Register; Cytogenetische Heterogenität unter den Patienten; Heterozygotennachweis; Untersuchungen zum genetischen Defekt; Repairmechanismen bei Fanconi-Anämie; Suche nach genetischem Defekt; Komplementierungsexperimente zur Klärung genetischer Heterogenität; Pränatale Cytogenetik; Experimentelle Cytogenetik: Untersuchungen zur Chromosomentopographie im Zellkern menschlicher Zellen; Entwicklung von diagnostischen Verfahren zur Analyse von numerischen Chromosomenaberrationen direkt im Zellkern; Laser-Mikrobestrahlung von Zellen.
Molekulare und cytogenetische Analyse von Wilms-Tumor, Klonierung von Genen, die zu Tumorprädisposition führen.
T.: Gentechnologie, LM, TEM, Elektrophoresen, Gewebezucht, Zellkultur, Chromosomenanalyse, Klonierung, DNA-Sequenzierung, Isotopentechnik.

Pharmakologisches Institut
Im Neuenheimer Feld 366
6900 Heidelberg

A.22.12. Prof. Dr. U. Schwabe / Prof. Dr. K. H. Jakobs / Prof. Dr. P. Vecsei / Prof. Dr. D. Ganten / Prof. Dr. E. Hackenthal / Prof. Dr. T. Unger / Dr. U. Hilgenfeld
A.: Biochemische und molekularpharmakologische Untersuchungen über Membranrezeptoren und der dort anlaufenden Signaltransduktionsmechanismen; Entwicklung, Anwendung und Auswertung der klinischen Verwendbarkeit von RIA von Corticosteroiden, deren Metaboliten u. Präkursoren bzw. Androgenen; Identifizierung neuartiger Aldosteronmetabolite; Pharmakokinetik und Nebenwirkungen von synthetischen Steroiden; Bedeutung der Neuropeptide in der Neurobiologie und Kreislaufregulation; Biochemie und Regulation des Renin-Angiotensin-Systems; Hämodynamische Untersuchungen zur Rolle von Peptiden für die zentrale Kreislauf- und Volumenregulation bei Ratten; Ableitung der sympathischen Nervenaktivität bei Ratten; Reinigung und Charakterisierung

von Angiotensinogenen des Menschen und der Ratte; Untersuchung von biochemischen und physiologischen Veränderungen des Angiotensinogens im Zusammenhang mit Hypertonie u. Entzündung.
T.: Proteinreinigung, Zellkultivierung, Messung radioaktiver Isotope, RIA von Steroiden u. Polypeptiden, Chromatographie, immunologische Analytik, Kohlenhydratbestimmung, Elektrophorese, HPLC, Nervenableitungen, regionale Durchblutung nach Doppler-Prinzip, molekularbiologische Methoden, Hybridomtechnik.

Institut f. Tropenhygiene
Im Neuenheimer Feld 324
6900 Heidelberg

Abt. Tropenhygiene u. öffentliches Gesundheitswesen
A.22.13. Prof. Dr. H. J. Diesfeld
A.: Immunologie der Parasiten Dipetalonemaviteae, Onchocerca u.a. und molekularbiologische Aspekte; Immunologie des Parasiten Schistosoma mansoni.
T.: Monoklonale Antikörper, LM, Elektrophoresen, DNA-Sequenzierung, Ultrazentrifugation, Isotopentechnik, Western Blots.
A.22.14. Dr. R. Lucius
A.: Immunologie und Molekularbiologie parasitärer Erkrankungen (Onchocercose u.a. Filariosen).
T.: Elektrophoresen, Western Blots, monoklonale Antikörper, Gentechnologie.

Zentrum für Molekulare Biologie
Im Neuenheimer Feld 282
6900 Heidelberg

A.22.15. Prof. Dr. E. K. F. Bautz
A.: Hitzeschock-Phänomene in Säuger- und Wirbellosen-Systemen.
A.22.16. Prof. Dr. H. Betz
A.: Rezeptoren und Ionenkanäle im ZNS.
A.22.17. Prof. Dr. H. Bujard
A.: Molekulare Mechanismen der Genregulation.
T.: Immunologie, Gentechnik, Isotopentechnik.
A.22.18. Prof. Dr. P. Gruss
A.: Mechanismen der Genregulation und Differenzierung in Säugerzellen.
A.22.19. Prof. Dr. H. U. Schairer
A.: Entwicklung bei Myxobakterien.
T.: HPLC, GC, Mikroskopie, Isotopentechnik, Gentechnologie, Proteinchemie.
A.22.20. Prof. Dr. H. Schaller
A.: Molekularbiologie von Hepatits-B-Viren.
A.22.21. Prof. Dr. H. C. Schaller / Dr. H. Bodenmüller
A.: Neurohormonale Kontrolle des Wachstums und der Differenzierung.
A.22.22. Prof. Dr. A. E. Sippel
A.: Molekulare Mechanismen der Genregulation und der Differenzierung im hämatopoietischen System; Struktur und Funktion regulatorischer Zellkernproteine.
T.: Gentechnologie

A.22.23. Dr. E. Beck
A.: Molekularbiologie pathogener Organismen. a) Maul- und Klauenseuche-Virus: Regulation der Genexpression, Translations-Initiation, Prozessierung der Genprodukte, Epidemiologie mit molekularbiologischen Methoden. b) Schistosoma mansoni: Gentechnologische Darstellung von Antigenen für Immundiagnose.
T.: Nucleotid-Sequenzanalyse.

A.22.24. Dr. R. Herrmann
A.: Molekularbiologie des Mykoplasma.

A.22.25. Dr. B. Hovemann
A.: Expression von Translationsfaktoren/Hitzeschockreaktion.

A.22.26. Dr. M. Lusky
A.: Papilloma-Virus Replikation.
T.: Mikroskopie, Elektrophorese.

A.22.27. Dr. A. Nordheim
A.: Struktur der DNA; Regulation der Genexpression; Funktion von Onkogenen.
T.: Zellkultur, DNA-Sequenzierung, EDV.

A.22.28. Dr. R. Paro
A.: Molekulare Entwicklungsbiologie von Drosophila melanogaster. Untersuchungen zur positionsspezifischen Steuerung von homöotischen Genen.
T.: Mikroskopie, Biotechnologie, „Biocomputing".

A.22.29. Dr. M. A. Schmidt
A.: Molekulare Grundlagen der bakteriellen Pathogenität.

A.22.30. Dr. I. Sures
A.: Regulation der Expression von Neuropeptidgenen.

A.23. Universität Stuttgart-Hohenheim
Schloß 1
7000 Stuttgart 70
Tel. 0711-45011

Fakultät f. Biologie

Institut f. Botanik
Garbenstr. 30
7000 Stuttgart 70

A.23.1. Prof. Dr. Dr. B. Frenzel
A.: Paläoökologie des Eiszeitalters und der Nacheiszeit in Europa vor und seit dem Eingriff des Menschen. Quantitative Ermittlung des Klimas ausgewählter Zeiten und Zeiträume, die zu einem Verständnis der Klimagenese wichtig sind; Untersuchung des Virusvorkommens und der hormonellen Störungen bei gesunden und kranken Bäumen; pflanzenphysiologische Charakterisierung des Gesundheitszustandes von Versuchsbäumen.
T.: Mikroskopie, REM, EM, Serologie, Chromatographie, Isotopentechnik, geologische Bohrtechnik, EDV.

A.23.2. Prof. Dr. B. Frenzel / Dr. K. Loris / Dr. K. Haas
A.: Ökologie der Wachstumsvorgänge und der Stoffkreisläufe verschiedener Baumarten.
T.: Elektronenmikroskopie, Chromatographie, Isotopentechnik, Freiland-Gaswechselmessungen.

A.23.3. Prof. Dr. U. Körber-Grohne
A.: Ermittlung der Geschichte der Kulturpflanzen und Unkräuter. Über die pflanzlichen Rohmaterialien vergangener Zeiten; Rekonstruktion der Umwelt.
T.: Mikroskopie (LM, Phasenkontrast, REM u. a.), chemische Analytik.

A.23.4. Dr. B. Becker
A.: Aufstellung eines lückenlosen Jahrringkalenders Mitteleuropas für die Nacheiszeit; Datierung vorgeschichtlicher Siedlungsperioden und ökologischer Änderungen.
T.: EDV.

A.23.5. Dr. E. Götz
A.: Systematik ausgewählter Gruppen der Angiospermen; Erarbeitung von Bestimmungsschlüsseln schwieriger Formenkreise.
T.: Chromatographie, Mikroskopie, EDV.

Institut f. Genetik
Emil-Wolff-Str. 14
7000 Stuttgart 70

A.23.6. Prof. Dr. K. Bayreuther
A.: Molekulare Biologie der Differenzierung und des Alterns von tierischen und menschlichen Zellen (Fibroblasten) in vivo und in vitro.
T.: Quantitative Zellkultur, Elektrophoresen, Isotopentechnik, monoklonale Antikörper, EDV.

A.23.7. Prof. Dr. C. U. Hesemann
A.: Einsatz moderner zytologischer, zytogenetischer und biochemischer Methoden in allgemeiner und angewandter Genetik, insbes. Getreidearten; Anwendung von Gewebe- und Protoplastenkultur-Techniken bei Kulturpflanzen.
T.: Mikroskopie, Zytophotometrie, Durchflußzytometrie, Densitometrie, Gewebe- und Protoplasten-Kultur-Techniken.

A.23.8. Prof. Dr. D. Hess
A.: Nitrateinsparung in künstlicher Assoziation.

A.23.9. Prof. Dr. F. Mechelke
A.: Genetik d. Mistel; Wirkung von Mistelpräparaten auf Kulturen krebsartiger Zellen.
T.: Sterile Zellkultur-Technik, Zytophotometrie-Techniken, Elektrophoresen, Isotopentechnik, Mikroskopie, EDV.

Institut f. Zoologie
Garbenstr. 30
7000 Stuttgart 70

Lehrstuhl f. Allgemeine u. Systematische Zoologie

A.23.10. Prof. Dr. Rahmann
A.: Neurobiologie (Lipidbiochemie, Ultrastrukturforschung am Wirbeltiernervensystem, ontogen. Differenzierung, Phylogenie des Nervensystems, Thermoadaption, Primatenethologie,

Bioakustik); Limnologie und Marinbiologie; Süßwasser- und Meeresökologie (biolog. Beurteilung von Böden, Wattflächen und Wattwiesen, stehenden Gewässern und Kleinstgewässern).
T.: Dokumentation, optische Verfahren, Gangliosidanalytik, Säulen-Dünnschichtchromatographie, Immun- u. Enzymhistochemie, Ultracytochemie, EM, Isotopentechnik.

Fachgebiet Parasitologie
Emil-Wolff-Str. 34
7000 Stuttgart 70

A.23.11. Prof. Dr. W. Frank / Prof. Dr. B. Loos-Frank
A.: Multilokuläre Echinokokkose (Epidemiologie, Wirtsspektrum, in-vitro-Technik), Trichinellose (Epidemiologie), Lungenmilben (Biologie, Pathologie), Lumax-Amöben, Parasiten der Reptilien.
T.: Immunologische Diagnostik, histologische Techniken, Transplantationen, EM.

Institut f. Zoophysiologie
Garbenstr. 30
7000 Stuttgart 70

A.23.12. Prof. Dr. H. Ehrlein
A.: Gastrointestinale Physiologie; Untersuchungen über die Motorik des Magen-Darmkanals.
T.: Röntgen, Meßtechnik z. Registrierung der Motorik (Magen-Darm) mit implantierten Meßfühlern, EDV.

A.23.13. Prof. Dr. Dr. H. v. Faber
A.: Physiologische Grundlagen der Fleischqualität beim Schwein; Herbizide und Fortpflanzungsprozesse bei Vögeln.
T.: Histologische Methoden, Isotopentechnik.

A.23.14. Prof. Dr. H. Hörnicke / Dr. W. Clauss / Dr. K. Schäfer
A.: Gastrointestinale Physiologie; Verhaltensforschung; Sportphysiologie d. Pferdes; epithelialer Transport von Elektrolyten; biophysikalische Untersuchung von Zellmembranen; Aufklärung der Primärprozesse der Signaltransduktion in Temperaturrezeptoren; Informationsverarbeitung im Temperatursinneskanal.
T.: Telemetrie, Elektronik, elektrophysiologische Techniken (Mikroelektroden, Voltage clamp, Nervenaktionspotentiale), computergesteuerte Meßplätze, Empfindungsuntersuchungen, Impedanzanalyse, Isotopentechnik, EDV.

Institut f. Mikrobiologie
Garbenstr. 30
7000 Stuttgart 70

A.23.15. Prof. Dr. F. Lingens
A.: Mikrobieller Abbau aromatischer Verbindungen, einschl. chlorierter Aromaten; Untersuchungen zum Abbauweg und der abbauenden Enzyme, sowie der abbauenden Organismen hinsichtlich Systematik, Serologie und Genetik; Halogenierende Enzyme in Mikroorganis-

men; Enzyme in der Biosynthese aromatischer Aminosäuren und deren Regulation.
T.: Mikroskopie, Fermentation, Chromatographie, Analytik, Isotopentechnik.

Fakultät f. Angewandte u. Allgemeine Naturwissenschaften

Institut f. Biologische Chemie u. Ernährungswissenschaften
Garbenstr. 30
7000 Stuttgart 70

A.23.16. Prof. Dr. P. Fürst / Dr. P. Stehle / Dr. J. Nittinger
A.: Synthese von kurzkettigen Peptiden; analytische Chemie; Biotechnologie; Biochemische und mikrokalorimetrische Arbeiten an Zellkulturen.
T.: HPLC, LC, Isotachophorese, Elektrophorese, Ionenchromatographie, Gelfiltration, Peptidsynthesen, Techniken des Tierversuchs, Techniken d. Zellkultur u. Mikrokalorimetrie.

Institut f. Lebensmitteltechnologie u. Technische Biochemie
Garbenstr. 25
7000 Stuttgart 70

A.23.17. Prof. Dr. E.-E. Bruchmann
A.: Biochemie der Cellulolyse, des Ligninabbaus und Citronensäurefermentation.
T.: Fermentationsarbeiten, Enzymreinigungen.

Fakultät f. Agrarwissenschaften I – Pflanzenproduktion u. Landschaftsökologie

Institut f. Pflanzenbau
Fruwirthstr. 23
7000 Stuttgart 70

A.23.18. Prof. Dr. Eghbal / Prof. Dr. G. Kahnt / Dr. A. L. Hijazi / Dr. D. Quist / Dr. Sidiras
A.: Analyse und Synthese von Anbausystemen; Gülleverwertung; Soja- und Lupinen-Produktionssysteme; Zielkonforme Bodenbearbeitung; Fruchtfolgeforschung; ökologischer Landbau; Genetisch und umweltbedingtes Wurzelwachstum; Feldfutterbau; Bitterlupinenextrakt- und Extraktionsschrotwirkungen auf Pflanzen; Biomasseproduktion für Alkohol; Reduktion von Dissimilationsverlusten; Merkmale und Erhöhung der Trockenresistenz.
T.: Mikroskopie, Chromatographie (GC, PC, SC), Nährstoff- (Mineralstoff) analytik, EDV.

Institut f. Pflanzenzüchtung, Saatgutforschung u. Populationsgenetik
Garbenstr. 9 u. 17
7000 Stuttgart 70

Lehrstuhl f. Populationsgenetik
A.23.20. Prof. Dr. H. H. Geiger
A.: Zuchtmethodik, Züchtungsforschung an Roggen u. Mais; Einsatzmöglichkeiten biotechnologischer Methoden in der

Pflanzenzüchtung; Resistenzforschung.
T.: in-vitro-Resistenztests, EDV.
Lehrstuhl f. angewandte Genetik u. Pflanzenzüchtung
A.23.21. Prof. Dr. P. Ruckenbauer
A.: Zuchtmethodische Probleme der Pflanzenzüchtung; Züchtungsforschung an Durum-Weizen u. Körner-Leguminosen.
T.: Fluoreszenzmikroskopie, EDV.

Institut f. Phytomedizin
Otto-Sander-Str. 5
7000 Stuttgart 70
Fachgebiet Angewandte Entomologie
A.23.22. Prof. Dr. P. Ohnesorge
A.: Wirtspflanzenbeziehungen (Insekten u. Nematoden, Resistenz von Kulturpflanzen); Populationsdynamik von Schadinsekten, -milben und -nematoden; Auswirkungen von Landschaftsstruktur und Kulturmaßnahmen (u. a. Düngung, chem. Pflanzenschutz, Ernte) auf die Populationsdynamik von Schadtieren und ihrer natürlichen Feinde.
T.: Chromatographie, Mikroskopie.
A.23.23. Prof. Dr. F. Großmann
A.: Biologische Bekämpfung phytopathogener Pilze; Untersuchungen über Fungizide; Integrierte Krankheitsbekämpfung; Rückstandsuntersuchungen.
T.: EM, GC.

Institut f. Pflanzenproduktion in den Tropen u. Subtropen
Kirchnerstr. 5
7000 Stuttgart 70
A.23.24. Prof. Dr. W. Koch
A.: Pflanzenschutz in pflanzlichen Produktionssystemen der Tropen und Subtropen unter besonderer Berücksichtigung der Unkrautfrage.
T.: EDV, Feldversuche.

Institut f. Landeskultur u. Pflanzenökologie
Schloß/Westflügel
7000 Stuttgart 70
Fachgebiet Pflanzenökologie
A.23.25. Prof. Dr. U. Arndt
A.: Erforschung von Wirkungsort und -mechanismus von Luftschadstoffen in Pflanzen; Nachweis von Wirkungen von Luftverunreinigungen auf Pflanzen; Erforschung der Ursachen des Waldsterbens, insbes. Prüfung der Hypothese Luftschadstoffe/Photooxidantien; Entwicklung und Erprobung von Bioindikatoren für Mitteleuropa, tropische und subtropische Länder.
T.: Analytik, Chromatographie, HPLC, Ionenchromatographie, Potentiometrie, Photometrie, AAS, Open-top-Kammern.

Institut f. Bodenkunde u.
Standortslehre
Emil-Wolff-Str. 27
7000 Stuttgart 70
A.23.26. Prof. Dr. J. C. G. Ottow
A.: Denitrifikation in Böden, Gewässermikrobiologie, Rhizosphärenforschung bei Reis.

T.: GC, HPLC, Mikroskopie.

Institut f. Pflanzenernährung
Fruhwirtstr. 20
7000 Stuttgart 70
A.23.27. Prof. Dr. H. Marschner

A.24.	**Universität Kaiserslautern** Erwin-Schrödinger-Str. 6750 Kaiserslautern Tel.: 0631-2051

Fachbereich Biologie

Fachrichtung systematische Botanik
A.24.1. Prof. Dr. H. Huber
A.: Verwandtschaftsbeziehungen der höheren Pflanzen; Systematik der Ascomyceten.
T.: Mikroskopie (LM, REM).

Fachrichtung Pflanzenphysiologie
A.24.2. Prof. Dr. H. Fock
A.: Photosynthese und Photorespiration; Verhalten grüner Pflanzen bei Wassermangel.

A.24.3. Prof. Dr. H. Kauss
A.: Biochemische Aspekte von Osmoregulation und Resistenmechanismen.
T.: Biochem. Analytik, Chromatographie, Mikroskopie, Isotopentechnik, Enzymologie.

Fachrichtung Allgemeine Zoologie
A.24.4. Prof. Dr. E. Tretzel
A.: Bioakustische Untersuchungen an Vögeln; ökologische und ethologische Untersuchungen an verschiedenen Tierarten.

Fachrichtung Tierphysiologie
A.24.5. Prof. Dr. U. Bässler
A.: Neurale Basis von Verhalten.
T.: Elektrophysiologie, EDV.

A.24.6. Prof. Dr. W. Pflumm
A.: Untersuchungen zum Verhalten von Blütenbesuchern (Bienen, Hummeln, Wespen, Nektarvögeln); Übersprungverhalten.

Fachrichtung Mikrobiologie
A.24.7. Prof. Dr. R. Plapp
A.: Peptidmetabolismus bei Bakterien; Klonierung von Peptidasegenen; Charakterisierung von Proteasen und Peptidasen.
T.: Ultrazentrifugation, Chromatographie, mikrobiologische u. genetische Techniken.

Fachrichtung Biotechnologie
A.24.8. Prof. Dr. T. Anke
A.: Untersuchungen an höheren Pilzen (antimikrobielle u. cytotoxische Metabolite); Wirk-

stoffe und Wirkstoffmodelle für den Pflanzenschutz und die Humanmedizin.

Fachrichtung Zellbiologie
A.24.9. Prof. Dr. W. Nagl
A.: Pflanzliche, tierische und menschliche Zellkulturen, Wirkung von Herbiziden, DNA-Charakterisierung, Chromatin-Ultrastruktur, Gen-Lokalisation und Genamplifikation, Feinbau und Funktion der meiotischen Spindel, Chromosomen-Analyse.
T.: DNA-Isolation, Fluoreszensmikroskopie, EM, Zellkulturen, Cytophotometrie, Gen-Klonierung, Isotopentechnik, EDV.

Fachrichtung Humanbiologie
A.24.10. Prof. Dr. H. Zankl
A.: Klinische Cytogenetik; Tumor-Cytogenetik.
T.: LM, Zellkulturen.

Fachbereich Chemie

Fachrichtung Biochemie
A.24.11. Prof. Dr. W. Trommer
A.: Wirkungsmechanismen von Enzymen und Einfluß der Lipide von Biomembranen.

A.25. Universität Fridericiana zu Karlsruhe
Kaiserstr. 12
7500 Karlsruhe 1
Tel.: 0721-6080

Fakultät f. Bio- und Geowissenschaften

Botanisches Institut u. Botanischer Garten
Kaiserstr. 12
7500 Karlsruhe 1

Lehrstuhl I – Botanik
A.25.1. Prof. Dr. M. H. Weisenseel
A.: Biomembranen: Untersuchungen zur Transduktion von physikalischen und chemischen Signalen (Licht, Hormone, elektr. Felder) an der Zellmembran. Bioelektrizität: Erforschung der Rolle elektrischer Ströme und elektrischer Potentiale bei Differenzierung und Wachstum von Zellen und Geweben; Anwendung elektrischer Ströme zur Kontrolle von Wachstum und Regeneration.
A.25.2. Prof. Dr. M. H. Weisenseel / Prof. Dr. H.-G. Heumann / Dr. K. Grimm
A.: Entwicklungsphysiologie: Untersuchungen zu Differenzierung und Wachstum von Mikroorganismen (Myxobakterien)

und pflanzlichen Organismen (Algen), insbes. Wirkung von UV-Licht und mutagenen Chemikalien auf die Morphogenese.

A.25.3. Prof. Dr. H. G. Heumann / Prof. Dr. G. Jurzitza
A.: Feinstrukturforschung: Untersuchung pflanzlicher Organellen, Zellen und Gewebe mit Hilfe von LM, EM und Fluoreszenzmikroskopie.

A.25.4. Prof. Dr. G. Jurzitza
A.: Pflanzenanatomie; Holzabbau durch Pilze.

A.25.5. Dr. K. Grimm
A.: Angewandte Mikrobiologie: Untersuchung von Mikroorganismen, die mikrobielle Materialschäden verursachen; Erforschung von Mikroorganismen aus Kühltürmen im Hinblick auf biogene Korrosion; Erfassung und Charakterisierung von Mikroorganismen in Lebensmitteln.

A.25.6. Dr. G. Rückert
A.: Ökologie: Erforschung pflanzlicher Organismen als Bioindikatoren für Schwermetalle und andere Schadstoffe in Gewässern; Anpassung von Pflanzen und Mikroorganismen an Extrembiotope; Mikrobiologie des Bodens.
T.: Am gesamten Institut: EM, Fluoreszenzmikroskopie, intra- und extrazelluläre Messungen von elektrischen Potentialen u. elektrischen Strömen, Mikroelektroden, Zytopherometer, Klimaräume.

Lehrstuhl II - Pflanzenphysiologie u. Pflanzenbiochemie

A.25.7. Prof. Dr. H. Lichtenthaler
A.: Lipidstoffwechsel der Pflanzen: Prenyllipide und Acyllipide; Photosyntheseforschung; Wirkungsweise von Herbiziden; Feinstruktur der Chloroplasten; Reparaturmechanismen pflanzlicher Systeme; Waldschadensforschung.
T.: Radio-Tracer-Technik, Chromatographie, HPLC, photoakustische Spektroskopie, Chlorophyllfluoreszenz, PAGE, pflanzliche Zellkulturen, EDV.

A.25.8. Prof. Dr. M. Tevini
A.: Entwicklungs- und Ökophysiologie, insbes. zur Wirkung von UV-Strahlung auf Nutz-Pflanzen.
T.: Analytik, Chromatographie, Isotopentechnik, Spektroradiometrie, EDV, Gaswechselmessung, Fluoreszenz.

Zoologisches Institut
Lehrstuhl II
Kaiserstr. 12
7500 Karlsruhe 1

A.25.9. Prof. Dr. W. Hanke
A.: Vergleichende Endokrinologie: Untersuchungen von Hormonwirkungen bei niederen Wirbeltieren.
Ökotoxikologie: Untersuchung von Wirkungen von Schadstoffen bei Fischen.
T.: GC, HPLC, Mikroskopie, Spektroskopie, Isotopentechnik.

A.25. Universität Fridericiana zu Karlsruhe

Institut f. Mikrobiologie
Kaiserstr. 12
7500 Karlsruhe 1

A.25.10. Prof. Dr. W. Zumft
A.: Denitrifikation: Enzymologie und Regulation der Nitrat- und Nitritatmung, mikrobielle Emmission und Reduktion von N-Oxiden.
Biologische Stickstoffixierung: Charakterisierung der Nitrogenase und weiterer Komponenten der Stickstoffixierung, Untersuchung der Aktivitätsregulation und Genexpression an phototrophen Bakterien.
Metalloproteine: Isolierung, biochemische und physiko-chemische Charakterisierung von bakteriellen Metalloenzymen und Elektronencarriern.
Bakterielle Physiologie: Regulation anaerober Stoffwechselprozesse.
Molekularbiologie: Physiologische Genetik der Stickstoff-Transformationen von Bakterien.
T.: Biochemische, mikrobiologische Techniken, präparative und analytische Techniken.

Institut f. Genetik
Kaiserstr. 12
7500 Karlsruhe 1

A.25.11. Prof. Dr. P. Herrlich
A.: Biochemische Grundlagen der Regulation von Rekombination u. Reparatur genetischen Materials; Biologische Cancerogenese.

Lehrgebiet Biophysik
Engesser Str. 7
7500 Karlsruhe 1

A.25.12. Prof. Dr. G. Schoffa
A.: Biophysik der elektrischen Potentiale auf der Körperoberfläche; Expertensysteme der künstlichen Intelligenz.
T.: 64-Kanal EKG-Mapping-Gerät.

Institut f. Ingenieurbiologie u. Biotechnologie des Abwassers
Am Fasanengarten
7500 Karlsruhe 1

A.25.13. Prof. Dr. L. Hartmann
A.: Biologische Abwasserbehandlung (aerob, anaerob, mehrstufige Behandlung; Optimierung und betriebliche Steuerung des Belebtschlammprozesses; Gewinnung proteinhaltiger Biomasse aus nährstoffreichen Abwässern); Gewässerökologie (Wirkung von Umweltchemikalien auf Gewässerbiocoenosen); Tropenökologie.
T.: Abwasseranalytik, Warburg-Technik, Mikroskopie, EDV.

A.26 Gesamthochschule Kassel
Mönchebergstr. 12
3500 Kassel
Tel.: 05 61–80 41

Fachbereich Biologie, Chemie

Heinrich-Plett-Str. 40
3500 Kassel

Didaktik der Biologie
A.26.1. Prof. Dr. R. Hedewig

Pflanzenphysiologie
A.26.2. Prof. Dr. L. Stange
A.: Entwicklungsphysiologie der Pflanze; Zellwachstum und Zelldifferenzierung; Zellenergetik; Morphogenese.
T.: LM, Cytochemie, Mikrospektrophotometrie, Radioautographie, Chromatographie, Elektrophorese, enzymatische Analytik, Isotopentechnik, Sterilkulturmethoden.

Morphologie u. Systematik d. Pflanzen
A.26.3. Prof. Dr. H. Freitag
A.: Systematik ausgewählter Gruppen der Flora SW-Asiens; Ökologie Halbwüsten SW-Asiens; Flora u. Vegetation N-Hessens.
T.: Mikrotomie u. Mikroskopie, EDV, Geländearbeit.

Pflanzen-, Vegetations- u. Landschaftsökologie
A.26.4. Prof. Dr. V. Glavac
A.: Pflanzen-, Vegetations- und Landschaftsökologie.
T.: Atomabsorptions-Spektralphotometer, Ionenchromatograph.

Vergleichende Anatomie
A.26.5. Prof. Dr. W. Meinel
A.: Zelluläre Strukturen am ZNS von Affen. Limnologie der Mittelgebirgsbäche, Talsperren und des Grundwassers.
T.: TEM, REM, LM, Atomabsorption, Spektralanalytik, Hydrochemie, EDV.

Abt. Humanbiologie
A.26.6. Prof. Dr. A. Castenholz
A.: Funktionsmorphologie tierischer und menschlicher Gewebe und Organe (ZNS, Sehorgan); Strukturforschung des Gefäßsystems: Mikrozirkulation und initiale Lymphbahn; experimentelle Ödemforschung.
T.: LM, REM, Präparationstechniken, Histochemie, Vitalmikroskopie, Mikrochymographie.

Fachbereich Landwirtschaft

Nordbahnhofstr. 1a
3430 Witzenhausen 1
Tel.: 0 55 42–50 30

Ökologie/Naturschutz
A.26.7. Prof. Dr. H. Schmeisky
A.: Rekultivierung unter Verwendung von Abfallqualitäten; Planung von Ausgleichsmaßnahmen; Entwicklung von Land-

schaftspflegekonzepten; Grundlagen des Naturschutzes; Probleme der Abfallwirtschaft.
T.: Boden- und Pflanzenanalytik, Feldbearbeitungstechniken auf Sekundärstandorten, Gewässeranalytik, EDV, Bildanalyse.

A.27. Christian-Albrechts-Universität Kiel

Olshausenstr. 40-60
2300 Kiel 1
Tel.: 0431-8801

Math.-Nat. Fakultät

Botanisches Institut u. Botanischer Garten
Olshausenstr. 40
2300 Kiel 1

Fachrichtung Zellbiologie
A.27.1. Prof. Dr. R. Kollmann
A.: Zellinteraktionen bei höheren Pflanzenzellen, insbes. Pfropfungen, Chimären, Parasitismus, Stofftransport.
T.: LM, EM, Chromatographie, Zellkulturen, Immuncytochemie, Gelelektrophorese, Isotopentechnik.

Fachrichtung Zellphysiologie u. Cytochemie
A.27.2. Prof. Dr. J.J. Sauter
A.: Physiologie von Holzgewächsen (Markstrahlenphysiologie, Xylem-Transport, Kohlenhydratstoffwechsel, Proteinspeicherung, Temperatureinflüsse); Elektronenmikroskopie und Enzymcytochemie von Leitgeweben; Hydrophysiologie (Wasserleitung, Gefäßembolie); Rolle epistomatärer Wachse beim Waldsterben.
T.: LM, EM, Spektralphotometrie, Cytochemische Techniken, Isotopentechnik.

Fachrichtung Transportmechanismen bei Höheren Pflanzen
A.27.3. Prof. Dr. J. Lehmann
A.: Stoffwechselaktivität des Siebröhren/Geleitzellen-Komplexes.

Fachrichtung chemische Pflanzenphysiologie/Stoffwechselphysiologie
A.27.4. Prof. Dr. H. Rudolph
A.: Sekundäre Pflanzenstoffe (Biosynthese, Analytik); N-Haushalt; Schwermetallwirkungen.
T.: HPLC, Gaswechselmessungen, Enzymatik, Zucker-/Aminosäure-Analytik, Schwermetallanalytik (AAS), immunologische Methoden, Isotopentechnik, EDV.

Fachrichtung Entwicklungsphysiologie d. Pflanzen
A.27.5. Prof. Dr. K. Apel
A.: Steuerung der Entwicklung höherer Pflanzen durch Licht (Phytochromgesteuerte Transkription spezifischer Gene, Regulation der Chlorophyllbiosynthese).

Fachrichtung Keimungsphysiologie
A.27.6. Prof. Dr. B. Furch
A.: Keimungsphysiologie von Pilzsporen; spezielle Physiologie tropischer Pflanzen.

Fachrichtung Ökophysiologie der Pflanzen
A.27.7. Prof. Dr. L. Kappen
A.: Physiologische und ökologische Untersuchungen zur Deutung von Vorkommen und Verbreitung niederer und höherer Pflanzen (Kälte-/Hitzeresistenz, Wasserstreß, Wasserhaushalt, Produktionsbiologie, Charakterisierung der Sippendifferenzierung).
T.: Physikalische Meßmethoden (Standortparameter, pflanzl. Wasserhaushalt), Methodik z. Beobachtung v. Spaltöffnungen, CO_2-Gaswechselmessungen.

Fachrichtung Pflanzenökologie u. Systematik niederer Pflanzen
A.27.8. Prof. Dr. K. Müller
A.: Ökophysiologische Untersuchungen von Mooren.

Fachrichtung Genetische Botanik u. Gewebekultur
A.27.9. Prof. Dr. H. Binding / Dr. Horst
A.: Protoplastenregeneration (Entwicklungsgeschichte und -physiologie), Protoplastenfusion und Zellpfropfung, Prüfung von Kompatibilität/Inkompatibilität.
T.: Protoplastentechniken (Isolierung, Regeneration, Fusion), Isoenzymmuster-Analysen, DNA-Restrinktionsfragmentanalysen, Gewebekultur.

Fachrichtung Geobotanik mit Landesstelle f. Vegetationskunde
A.27.10. Prof. Dr. K. Dierßen
A.: Geobotanische Grundlagenforschung mit Anwendungsbezug für Naturschutz und Landschaftspflege: Bodenkundliche Analytik, konventionelle pflanzenphysiologische Arbeitsverfahren, Aufnahme von Pflanzenbeständen, pflanzensoziologische Systematik, Vegetationskartierung.
T.: EDV, hydrochemische Analytik.

Fachrichtung historische Geobotanik
A.27.11. Prof. Dr. H. Usinger
A.: Vegetations- und Klimageschichte der Spät- und frühen Nacheiszeit.

Zoologisches Institut u. Museum
Olshausenstr. 40–60
2300 Kiel 1

Lehrstuhl f. Allgemeine Zoologie, Zellbiologie, Genetik u. Entwicklungsbiologie
A.27.12. Prof. Dr. F.-H. Ullerich
A.: Genetik, insbes. Cytogenetik und Entwicklungsbiologie der Insekten; genetische und mole-

kulare Grundlagen der Geschlechtsdetermination und -differenzierung; Replikation und Chromosomenstruktur.
T.: Cytophotometrie, Gelelektrophorese, Autoradiographie, TEM, REM, gentechnologische Verfahren.

Abt. Marine Ökologie u. Systematik
A.27.13. Prof. Dr. W. Noodt
A.: Untersuchung der Lebensgemeinschaft des Meeresbodens incl. Strandlebensräume, Watt- und Brackgewässern.
Marine Ökosystemforschung: Umweltbelastungen und ihre Auswirkungen auf das Ökosystem (Schwerpunkt Flensburger Förde).
Systematik und Biogeographie mariner und limnischer Wirbelloser (Schwerp. Crustacea); Biophilosophie und Erkenntnistheorie.
T.: Entspr. der Arbeitsgebiete.

Limnische Ökologie
A.27.14. Prof. Dr. K. Böttger
A.: Ökologie stehender und fließender Gewässer, unter Einbeziehung angewandter Aspekte (Eutrophierung, Unterhaltung und Ausbau von Fließgewässern).
T.: Wasseranalytik, qualitative und quantitative Tierproben-Entnahme, Mikroskopie.

Angewandte Ökologie/Küstenforschung
A.27.15. Prof. Dr. B. Heydemann
A.: Angewandte Ökologie; Wattenmeerforschung; Anthropogene Eingriffe im Küstenbereich; Ökosystem-Modellforschung an gefährdeten Ökosystemen und Biotoptypen; Tourismus-Effekte auf Trockenbiotope; Pflegemaßnahmen in urban-industriellen Biotopen; Auswirkungen von Beweidung auf Grünlandbiotope; Langfristuntersuchung von Intensiv-Kulturen im Agrarbereich.

Parasitologie
A.27.16. Prof. Dr. W. Böckler
A.: Entwicklungszyklen und Diagnose der Parasiten von Haus-, Nutz- und Wildtieren, v. a. in Schleswig-Holstein; Ontogenie und Phylogenie der Pentastomida; Praxisorientierte elektronenmikroskopische Arbeiten, z. B. an Saccharomyces cerevisiae.
T.: EM, Präparationstechnik, Isotopentechnik.

Sonstige Projekte:
A.27.17. Dr. G. Bretfeld
A.: Untersuchungen an Kugelspringern (Insecta-Collembola-Symphypleona): Systematik und Zoogeographie.
T.: Differential-Interferenz-Kontrast f. LM.

A.27.18. Dr. R. König
A.: Untersuchungen zur Biologie und Ökologie von Amphibien, Reptilien, Insekten und Spinnentieren der Mediterraneis und der Tropen.
T.: Keine besondere Gerätetechnik.

A.27.19. Dr. S. Lorenzen
A.: Phylogenetische Systematik von freilebenden aquatischen Nematoden, biotische Abhängig-

keit zwischen Nematoden und anderen Lebewesen; Analyse der Evolutionstheorie.
T.: Mikroskopie, Hälterungstechnik f. Nematoden.

A.27.20. Dr. P. Ohm
A.: Ökologie, Systematik und Taxonomie der Crustacea Copepoda; Bearbeitung der Annelida Polychaeta der Museumssammlung; Geschichte der Zoologie in Kiel; Biogeographie der Südwestpaläarktis; heimische Insekten (Biologie, Ökologie, Verbreitung, Naturschutz).

Lehrstuhl f. Zoophysiologie
A.27.21. Prof. Dr. D. Jankowsky
A.: Intermediär-Stoffwechsel bei Fischen; Untersuchungsobjekt überwiegend Hepatocyten.
T.: Biochemische Analytik, Isotopentechnik, EDV.

A.27.22. Prof. Dr. H. Laudien
A.: Physiologie von Lernen und Gedächtnis; Temperaturanpassung von Zellen.
T.: Elektrophorese, EDV.

A.27.23. Prof. Dr. W. Wünnenberg
A.: Neurophysiologische Untersuchungen am Temperaturregulationssystem u. zum Temperatursinn von Vogelspinnen; Winterschlaf.
T.: Neurophysiologische Methoden, Stoffwechselmessungen, Isotopentechnik.

A.27.24. Dr. H.J. Braune
A.: Mechanismen der ökologischen Anpassung bei Insekten (Dormanz, Migration, Kälteresistenz); Parasitoid-Wirts-Beziehungen bei landwirtschaftlichen Schadinsekten.
T.: Biochemische Analytik, Mikroskopie.

A.27.25. Dr. E. Wodtke
A.: Temperaturanpassung biologischer Membranen; Blutplasma-Lipoproteine bei Fischen.
T.: Isotopentechnik, GC, Elektrophorese, Ultrazentrifugation.

Lehrstuhl f. Ökologie
A.27.26. Prof. Dr. H. Pschorn-Walcher
A.: Biologie und Ökologie phytophager und mycetophager Insekten und ihrer Parasitoide; Angewandte Entomologie, speziell parasitoide Insekten und ihre Bedeutung für die biologische Schädlingsbekämpfung.
T.: Insektenzuchten.

Institut f. Haustierkunde
Olshausenstr. 40
2300 Kiel 1

A.27.27. Prof. Dr. H. Bohlken
A.: Vergleichende Anatomie der Wirbeltiere; Systematik der Säugetiere; Domestikationsforschung; Verhaltensforschung an Caniden; Wildbiologie.
T.: Mikroskopie, Biometrie, EDV, Videotechnik, Telemetrie.

A.27.28. Prof. Dr. E. Haase
A.: Domestikationsforschung; Vergleichende Endokrinologie incl. Ethoendokrinologie; Biorhythmik.
T.: LM, EM, Histochemie, Isotopentechnik.

A.27.29. Prof. Dr. D. Kruska
A.: Vergleichende qualitative und quantitative Neuroanatomie bei Säugern (phylogenetische, ontogenetische und domestikationsbedingte Änderungen); Ethologie an gefangen gehaltenen Säugern; allgemeine Anatomie an Wild- und Haussäugetieren (domestikationsbedingte Änderungen).
T.: Mikroskopie, histologische Techniken, EDV, Videogeräte, Filmanalysen, Sonargramme.

A.27.30. Dr. H. Reichstein
A.: Bearbeitung tierischer Überreste, besonders der Knochen von Wild- und Haustieren, aus archäologischen Ausgrabungen.
T.: Längenmessungen mit speziellen Geräten, EDV.

Forschungsstelle Wildbiologie
A.27.31. Prof. Dr. H. Bohlken
A.: Biologie und Ökologie einheimischer Wildtiere.
T.: Bio-Telemetrie, EDV, Mikroskopie, Biometrie.

Staatl. Vogelschutzwarte Schleswig-Holstein
A.27.32. Prof. Dr. W. Schultz
A.: Vergleichende Anatomie (Säugetiere, Vögel); Systematik der Vögel; Ethologie und Biologie der Vögel und Säuger; Tiergeographie; Naturschutz; Artenschutz.
T.: Ton- u. Filmtechnik, Sonagraph, Ultraschalldetektor.

Institut f. Meereskunde
Düsternbrooker Weg 20
2300 Kiel 1

Abt. f. Meeresbotanik
A.27.33. Prof. Dr. S. Gerlach / Prof. Dr. H. Schwenke / Dr. D. Bartel / Dr. G. Graf / Dr. W. Reichardt / Dr. H. Ruhmor / Dr. W. Schramm
A.: Allgemeine Fragen der Meeresbiologie und des Umweltschutzes im Meer, biologisches Monitoring der Ostsee. Phytobenthosökologie und Ökophysiologie benthischer Meerespflanzen.
Makrobenthosforschung: Ökologie, Populationsdynamik, Autökologie sowie Verbreitungs- und Verteilungsmuster bodenlebender mariner Invertebratenarten und -gemeinschaften, Auswirkungen der Bodenfische.
Sedimentökologie: Untersuchungen zur Biomasse und zum Stoffumsatz am Meeresboden, insbes. des Kohlenstoffkreislaufs; Bioturbation, laterale Advektion; Wechselwirkungen zwischen Pelagial u. Benthal; Sedimentmikrobiologie.
T.: EDV, Unterwasserfernsehen, UW-Fotografie, wissenschaftliches Forschungstauchen, Mikroskopie, HPLC, GC, direkte Mikrokalorimetrie, organische Routine-Analysen u. enzymatische Analysen in marinen Sedimenten, Tracer-Techniken.

Abt. f. Meereszoologie
A.27.34. Prof. Dr. D. Adelung / Prof. Dr. H.J. Flügel / Prof. Dr. H. Theede
A.: Ernährungsphysiologie und Wachstum mariner Evertebraten und Fische; biologische Antarktisforschung insbes. Krill und Pinguine; chemische Informationsübertragung im Meer. Autökologie von Schwämmen u.a.; Biologisches Monitoring von Schwermetallen; Langzeit-Anaerobiose; Frostschutz. Biologie und Physiologie der Pogonophoren des Nordatlantik; Funktionelle Morphologie mariner Wirbelloser.
T.: Biochemische Analytik, HPLC, GC, Atomabsorption, Dünnschicht- u. Säulenchromatographie, Elektrophorese, TEM, REM.

Abt. f. Fischereibiologie
A.27.35. Prof. Dr. D. Schnack
A.: Biologie und Ökologie genutzter aquatischer Organismen; Stoffwechselphysiologie der Fische; Reproduktionsbiologie und Mechanismen der Bestands-Rekrutierung bei Fischen, Grundlagen der Überwachung mariner Fischbestände; Fischkrankheiten.
T.: Plankton- und Fischfangmethoden, Mikroskopie, Histologie, biochemische Analysen, Fotometrie, EDV, künstl. Intelligenz, Regelungstechnik (rechnergesteuerte Experim.), Unterwasser-Video, optische u. akustische Meßtechnik.

Abt. f. Marine Planktologie
A.27.36. Prof. Dr. B. Zeitzschel
A.: Untersuchungen im Atlantischen Ozean, der Arktis, Antarktis und in der Ostsee (Ökophysiologie u. Bestandaufnahme von Phyto- u. Zooplankton).

Abt. f. Marine Mikrobiologie
A.27.37. Prof. Dr. G. Rheinheimer / Prof. Dr. H.-G. Hoppe / Dr. K. Gocke / D.J. Schneider
A.: Bakteriologische Untersuchung von Fließgewässern; Symbiosen zwischen Bakterien und Meerestieren; Bakterien in der Nahrungskette; Meeresverschmutzung, Selbstreinigungskraft der Gewässer; Bakterielle Aktivität, bakterielle Aufnahme von Glukose und Aminosäuren, Messung der extrazellulären Enzymaktivität der Bakterien; Bildung und Ausbreitung von Schwefelwasserstoff im bodennahen Wasser als Folge des Nährstoffangebots und des mikrobiellen Abbaus organischer Substanz unter anoxischen Bedingungen; Mykologie der Gewässer: a) Aktivität terrestrischer Pilze in Brackwasser, b) Verbreitung von Mucoraceae in Brackwasser, c) Verbreitung holzbesiedelnder Pilze in Brackwasser.
T.: Isotopentechnik, Mikroskopie, Fluorimetrie.

Institut f. Polarökologie
Olshausenstr. 40/60
2300 Kiel 1

A.27.38. Prof. Dr. G. Hempel
A.: Ökologie der Polarmeere: Untersuchung antarktischer Zooplanktongesellschaften; Biologie und Physiologie der Zooplanktonorganismen; Arktisches Zooplankton; Benthosgemeinschaften im Nord- und Südpolarmeer; Fische der Antarktis und Arktis.
T.: Quantitative Probengewinnung auf See mit modernen Fanggeräten, Auswertung mit multivarianter Datenanalyse.

A.27.39. Prof. Dr. L. Kappen
A.: Botanisch-terrestrische Ökologie der Polargebiete; terrestrische Ökologie und Physiologie von arktischen und antarktischen Pflanzen.
T.: CO_2-Gaswechselmeßtechnik, Mikroklimamessung, Stickstoff-Fixierung, Mikrokalorimetrie.

Institut f. Allgemeine Mikrobiologie
Olshausenstr. 40
2300 Kiel 1

A.27.40. Prof. Dr. P. Hirsch
A.: Biologie, Morphogenese, Systematik und Phylogenie knospender Bakterien; Vorkommen und Artenzusammensetzung von Mikroorganismen an ungewöhnlichen und extremen Standorten; Mikroflora im Grundwasserbereich; Mikrobielle Gesteinsverwitterung; Bakterielle Beteiligung an der Mangan-Knollenbildung; Biologie der Großforaminiferen; Mikrobiologischer Abbau von Penicillinen.
T.: Anaerobentechnik, LM, EM.

A.27.41. Prof. Dr. E. Stackebrandt
A.: Phylogenie, Systematik, Evolution, Molekularbiologie der rRNA; Biotechnologie der Pansenmikroflora; Identifizierung mit rRNA/DNA-Sonden.
T.: Sequenzanalysen, Hochspannungselektrophoresen, Isotopentechnik, Anaerobentechnik, EM, HPLC, DNA-Synthesizer.

Anthropologisches Institut
Olshausenstr. 40
2300 Kiel 1

A.27.42. Prof. Dr. Dr. H. W. Jürgens
A.: Geschlechtsdifferenzierung morphologischer und physiologischer Merkmale des Menschen. Bevölkerungsbiologie und Demographie. Gestaltung von Arbeit und Umwelt des Menschen (Ergonomie).
T.: Entwicklung und Bau eigener Geräte.

Institut f. Pharmazeutische Biologie
Grasweg 9
2300 Kiel 1

A.27.43. Prof. Dr. D. Frohne
A.: Chemosystematik, insbes. Phytoserologie; Pflanzen mit phenolischen Inhaltsstoffen (insbes. Arbutin); Giftpflanzen allgemein und insbes. mit cyanogenen Glycosiden, Oxalat und Saponinen.

T.: Chromatographie, Polarographie, Mikroskopie, Photometrie.

A.27.44. Prof. Dr. P. Pohl
A.: Massenzucht von Mikroalgen; Gewinnung von Wirkstoffen aus den Algen, Biotechnologie.
T.: Bioreaktor-Technologie, Chromatographie, EDV.

A.27.45. Prof. Dr. Amelunxen
A.: Vacuolenentwicklung; Biochemische und cytologische Untersuchungen an Pflanzen, die ätherisches Öl bilden.
T.: EM.

Medizinische Fakultät

Biochemisches Institut
Olshausenstr. 40/60
2300 Kiel 1

Biochemie I

A.27.46. Prof. Dr. R. Schauer
A.: Struktur, Stoffwechsel und biologische Funktion von Sialinsäuren als Komponenten von Glykoconjugaten; Biosynthese N,O-acylierter bzw. O-methylierter Sialinsäuren; Studium der Interaktion Sialidase-behandelter Blutzellen und von Glycoproteinen mit Makrophagen unter Beteiligung eines galaktosespezifischen Lektins; Rolle von Sialidasen beim Gasbrand; Sialinsäuren bei Parasiten (insbes. Protozoen); Primärstruktur und Genetik von Sialidasen.
T.: DC, GC, Massenspektrometrie, Gewebekultur, RIA- u. ELISA-Techniken, Isotopentechniken, Methoden der Enzymisolierung, FPLC, HPLC, Monoklonale Antikörper, Gen-Klonierung.

Physikalische Biochemie u. Immunbiochemie

A.27.47. Prof. Dr. B. Havsteen / Prof. Dr. Bent / Dr. H. Lemke
A.: Charakterisierung einer neuen angeborenen Krankheit, Äthanolaminkinase-Mangel/Charakterisierung der FcR als Phospholipasen A2; Klassifizierung von Mammakarzinomen durch Analyse von 2D-elektrophoretischen Proteinmustern; Haptene Verdrängung von Autoantikörpern; Mechanismus der Translationshemmung durch Gelonin; Charakterisierung des ACTH-R der Nebennierenrinde. Rolle der Glykokonjugate in immunologischen Prozessen; Charakterisierung von spezifischen Antigenen der Plasmamembran und des Zellkerns von Hodgkin'schen Lymphomzellen mittels monoklonalen Antikörpern; Charakterisierung von Fc-Rezeptoren des Makrophagen, des B-Lymphozyten, der Mykoplasmen und von Staphylokokken.
T.: Chemische Relaxationsverfahren, Genklonierung, EDV, Numerische Topographie; Zellhybridisierung, Genklonierung, ELISA-Test, Plaque-Test, Immunpräzipitation, Chromatographie, Pulsmarkierung.

Agrarwissenschaftliche Fakultät

Institut f. Phytopathologie
Olshausenstr. 40/60
2300 Kiel 1

Schadtiere u. Vorratsschutz
A.27.48. Prof. Dr. W. Wyss
A.: Phytonematologie: Wirt-Parasit-Beziehungen; Ethologie; Biologie und Effizienz endoparasitärer Nematodenpilze; Agrarentomologie: Effizienz natürlicher Gegenspieler der Getreideblattläuse.
A.27.49. Prof. Dr. F. A. Schulz
A.: Vorrathaltung von Lebens- und Futtermitteln einschl. Vorratsschutz (umfaßt Mikroorganismen und Insekten als Schadorganismen; Mykotoxine; stark auf Entwicklungsländer ausgerichtet).

Institut f. Wasserwirtschaft u. Landschaftsökologie
Olshausenstr. 40/60
2300 Kiel 1

Wasserwirtschaft u. Meliorationswesen
A.27.50. Prof. Dr. Widmoser
A.: Wasserpflanzen in Kläranlagen; Abwasserreinigung im Wurzelbereich von Schilf durch Wurzelraumentsorgung.
T.: Endoskopie, Automatische Wetterstation, Probensammler.

A.28. Universität zu Köln
Albertus-Magnus-Platz
5000 Köln 41
Tel.: 0221-4701

Math.-Nat. Fakultät

Botanisches Institut
Gyrhofstr. 15
5000 Köln 41

Lehrstuhl I
A.28.1. Prof. Dr. H. Reznik
A.: Physiologie und Biochemie sekundärer Pflanzenstoffe (Flavonoide, Zimtsäurederivate, Betalaine, epicuticuläre Wachse u.ä.).
T.: GC, HPLC, Elektrophoresen, Isotopentechnik, EDV.

A.28.2. Prof. Dr. H. Reznik / Prof. Dr. G. Follmann / Prof. Dr. K. Napp-Zinn / Prof. Dr. G. Weissenböck
A.: Blütenfarbstoffe der Kakteen; Neobetacyane: eine neue Klasse von Betalainfarbstoffen; Gewebespezifität des Phenolstoffwechsels bei Getreidegräsern; UV-/Blaulicht absorbierende Verbindungen in pflanzlichen Schließzellen; Epikutikuläre Flavonoide bei Cistaceae; Entwicklung und Funktion der Photosynthese bei Tiefland- und Hochgebirgspflanzen;

Identidifizierung von Phenylpropanoiden; Regulation des Zellstoffwechsels; Biosynthese von Hydroxyzimtsäureestern; Systematische Anatomie der Anthemideen; Anatomie petaloider Hochblätter; Sekundäre Geschlechtsmerkmale bei Pflanzen; Umweltabhängigkeit der Sekundärstoffproduktion bei Lichenophyten; Flechtenflora und Flechtenvegetation der Kapverdischen Inseln; Arealtypen und Verbreitungsmuster neuer Mikrolichenen der kanarischen Inseln; saxicole und terricole Pflanzengesellschaften der maritimen Antarktis; angewandt chorologisch-soziologische Untersuchungen in Rekultivierungsgebieten des Rheinischen Braunkohlenreviers; Aufwuchsorganismen und Biodegradation von Naturwerkstein im Großraum Köln; Pilzflora und Pilzvegetation des Naturschutzgebietes „Urwald Sababurg" im Rheinhardswald.

Lehrstuhl II
A.28.3. Prof. Dr. L. Bergmann / Prof. Dr. H. Bothe / Prof. Dr. A.W. Schneider
A.: S- und N-Stoffwechsel pflanzlicher Zellen; Biosynthese und Ferntransport von Glutathion/Homoglutathion; Plastiden-Entwicklung; Analyse der Funktion der Steroidsaponine im Hafer; Regulation der Biosynthese sekundärer Pflanzenstoffe; strukturelle Organisation der pflanzlichen Gewebe zur Gewährleistung einer ausreichenden Sauerstoffversorgung von Pflanzenzellen im Innern von kompakten Pflanzenkörpern; Enzym- und Radioimmunassays pflanzlicher Proteine und Hormone; Charakterisierung homologer Proteine mit monoklonalen Antikörpern (Phytochrom, Lectin, 5-Aminolävulinsäuredehydratase); Lokalisation pflanzlicher Proteine in der Pflanze; Stoffwechsel der Blaualgen; Stickstoff-Stoffwechsel und Phytohormonproduktion von Azospirillum.
T.: Isotopentechnik, Gewebekultur, Enzymologie, HPLC, EM, Elektrophorese, Analytik, Chromatographie, Radioimmunassay, Herstellung von Seren u. monoklonalen Antikörpern, Westernblots, Southernblots.

Lehrstuhl III
A.28.4. Prof. Dr. J. Willenbrink / Prof. Dr. K. Schmitz
A.: Zuckeraufnahme in Protoplasten aus dem Hypokotyl der Roten Rübe; Funktion der Plasmalemma- und der Tonoplasten-ATPase im Hypokotylgewebe der Roten Rübe; Glukoseaufnahme und Saccharosesynthese in Zellkulturen aus Zuckerrüben; Assimilattransport in Maispflanzen und seine Beeinflussung durch intermediäre „sinks"; Wirkung des Phytohormons Abscisinsäure auf die Zuckerspeicherung in der Pflanze; Transport von Photoassimilaten und ihre Verteilung

in jungen Fichten und Kiefern unter dem Einfluß von Luftschadstoffen; Lokalisation der Oligosaccharidsynthese in Laubblättern von Melonenpflanzen; Temperaturadaptation der Proteinsynthese beim Weizen; Enzymologische Untersuchungen an Nadelbäumen.

Zoologisches Institut
Weyertal 119
5000 Köln 41

Lehrstuhl I
A.28.5. Prof. Dr. A. Egelhaaf / Prof. Dr. J. Anton / Prof. Dr. A. Fischer / Prof. Dr. A.G. Johnen / Prof. Dr. W. Vahs
A.: Differenzierung von Imaginalanlagen (Komplexauge, Pheromondrüse) in der Insektenmetamorphose; Membrantransport und Speicherung von Tryptophanderivaten in der Oocyte; Regeneration (Amphibien): Wachstums- und Differenzierungskontrolle im adulten Organismus; Zellphysiologie; Quantitative Cytologie u. Histologie; Stereologie; Computersimulation; Zellstoffwechsel; Entwicklungsphysiologie der Wirbeltiere; Zellphysiologie und Histogenese; Cytochemie und Cytophotometrie; Biologie und Cytologie der Protozoen; Methodologie der quantitativen Cytochemie; Vergleichende Anatomie der Wirbeltiere; Faunistik (Amphibien, Vögel); Physiologie der Keimzell-Bildung bei eierlegenden Anneliden und Fischen unter besonderer Berücksichtigung der Eigenleistungen der wachsenden Eizellen und der Zulieferung von Dotterprotein aus dem Mutterorganismus; Ausbildung der Körperachsen im Anneliden-Embryo; Kontrolle der zyklischen Fortpflanzung tropischer Fische durch Umweltfaktoren; Entwicklung elektrischer Organe unter vergleichenden Gesichtspunkten; Evolution elektrischer Organe; Ontogenese und Regeneration des Achsenskelettes; Systematik der Messeraale.
T.: LM, TEM, REM, Gewebezucht, Immunhistochemie, biochemische Trennverfahren, Isotopentechnik, Chromatographie, elektronische automatische Bildanalyse, Histochemie, embryologische Mikrochirurgie, Cytophotometrie, EDV, Präparation u. Analyse von Proteinen, Aufzeichnung elektrischer Potentiale mittels Oszillographen.

Lehrstuhl II
A.28.6. Prof. Dr. M. Dambach / Prof. Dr. W. Kleinow / Prof. Dr. W. Weber / Prof. Dr. G. Wendler
A.: Analyse von Orientierungsleistungen; Flug und Lauf von Tieren; Neurale Mechanismen des Verhaltens am Beispiel von Insekten; Proteine aus mitochondrialen und cytoplasmatischen Ribosomen bei Invertebraten; Vergleichende Biochemie der Rotatorien; Morphologische und physiologische Un-

tersuchungen zum Farbwechsel bei Wirbellosen.
T.: REM, TEM, LM, EDV, aufwendige Apparaturen für die speziellen Fragestellungen (in eigener Werkstatt hergestellt), Elektrophysiologie, Bewegungsregistrierungen u. -analysen, Gradientenzentrifugation, Gelelektrophoresen, Photometrie.

Lehrstuhl III (Physiologische Ökologie)
A.28.7. Prof. Dr. U. Lehmann / Prof. Dr. D. Neumann / Prof. Dr. D. Schlichter / Prof. Dr. W. Topp
A.: Physiologische Ökologie und Populationsdynamik aquatischer Tiere; Gewässeruntersuchungen; Ornithologie; Biologische Rhythmen und Timing-Mechanismen; Nutzung gelöster organischer Verbindungen durch marine Evertebraten; Transport organischer Moleküle durch Membranen; Symbiontische Beziehungen zwischen Nesseltieren und Algen; Anpassungsstrategien bei zooxanthellenhaltigen Tiefwasserkorallen; Diapause der Insekten; Streuzersetzung durch Bodentiere; Verhalten und Populationsdynamik von Kleinsäugern; Abwasser-Organismen, spez. Ciliaten.
T.: Zuchtmethoden, AAS, Gelelektrophorese, LM, TEM, Chromatographie, Tracertechnik, Isotopentechnik, quantitative Erfassung von Bodentiergruppen, EDV.

Institut f. Entwicklungsphysiologie
Gyrhofstr. 15
5000 Köln 41

A.28.8. Prof. Dr. J. A. Campos-Ortega / Prof. Dr. I. Müller / Prof. Dr. H. J. Pohley
A.: Mechanismen der Festlegung der Vorläuferzellen des Nervensystems: Entwicklung des larvalen Nervensystems von Drosophila melanogaster; „cell-lineage"-Analyse während der Embryogenese von Drosophila; Klonale Analyse der Genese larvaler Muskulatur von Drosophila; Entwicklungsgenetische Untersuchungen über Icarus-Neo, einem Transformationsvektor in Drosophila; Genetische Regulation der Neurogenese; Genetische und molekulare Charakterisierung des bib-Locus; Molekularbiologische Untersuchung des Delta-Locus; Genetische und molekulare Analyse des Gens E(spl); Genetische und molekulare Analyse des neurogenen Locus master mind; Isolierung u. Untersuchung von Drosophila-Genen; Neuronale Antigene in Drosophila.
T.: Techniken der Morphologie, Genetik und Molekulargenetik.

Institut f. Genetik
Weyertal 121
5000 Köln 41

Abt. f. Virologie
A.28.9. Prof. Dr. W. Doerfler
A.: Rekombination in Säugerzellen; Spezies-Spezifität von vira-

len Promotoren; Repetitive DNA-Sequenzen im Rattengenom; Baculovirus Promotoren als eukaryontische Expressionsfaktoren.

Abt. f. Genetische Biochemie
A.28.10. Prof. Dr. B. Müller-Hill
A.: Molekulare Genetik (Modellsysteme der Protein-DNA-Erkennung, cDNA-Banken); Molekularbiologie der Proteine; Gentechnologie (Malaria-Impfstoff).

Abt. f. Immunologie
A.28.11. Prof. Dr. K. Rajewsky
A.: Regulation, Manipulation und Genetik des Immunsystems.
T.: Biochemische und molekulargenetische Techniken, Zellkultur, Fluoreszenzaktivierte Zellsortierung.

Abt. f. Genetik und Mikrobiologie
A.28.12. Prof. Dr. W. Vielmetter
A.: Restriktionskartierung des E. coli-Chromosoms; Bakterien-Nucleoide: „Chromatin"-Struktur, DNA-Doppelstrang-Bindungs-Proteine, DNA-Membraninteraktion; In-vitro-Verknüpfung heterologer DNA-Doppelstrang-Enden in Xenopus-Eiextrakten; Sequenzanalyse der Verknüpfungsstellen.
T.: Dot-Blot-Techniken, Minigeltrennung von DNA, DNA-Sequenzierung, Isotopentechnik.

Abt. f. Genetik und Strahlenbiologie
A.28.13. Prof. Dr. P. Starlinger
A.: Pflanzengenetik.
T.: Techniken der Molekulargenetik.

Institut f. Biochemie
An der Bottmühle 2
5000 Köln 41

A.28.14. Prof. Dr. L. Jaenicke
A.: Biochemie der Differenzierung; Pheromone der Braunalgen; Biogenese ungesättigter Kohlenwasserstoffe; Ironvorläufer; Chemische Ökobiologie; Untersuchungen zur Zell/Zellerkennung; Biosynthese von Glykoproteinen; Glykosidspaltende Enzyme.
T.: Analytik (GC/MS, HPLC etc.), Isotopentechnik.

A.28.15. Prof. Dr. G. Legler
(Zülpicher Str. 47)
A.: Wirkungsmechanismus glykosidspaltender Enzyme durch Untersuchungen mit kovalenten und nicht-kovalenten Inhibitoren, die von uns synthetisiert werden. Markierung katalytisch essentieller Aminosäuren, Sequenzanalyse im Bereich des aktiven Zentrums.
T.: Präparative Chemie der Kohlenhydrate, Isotopentechnik, Enzymreinigung, Enzymkinetik.

Medizinische Fakultät

Institut f. Virologie
Fürst-Pückler-Str. 56
5000 Köln 41

A.28.16. Dr. R. Neumann
A.: Molekulare Mechanismen der persistierenden Virusinfektionen; Anwendung nicht radioaktiver Nukleinsäurenachweisverfahren; Klinische Relevanz von

Papillomavirusinfektionen, Modellsystem zum virusinduzierten Diabetes.
T.: Chromatographie, Isotopentechnik, Gentechnologie, Hybridisierungstechniken, EDV.

Universitätsklinik
Kerpener Str. 15
5000 Köln 41

Abt. Immunbiologie
A.28.17. Prof. Dr. G. Uhlenbruck

A.: Grundlagenforschung auf dem Gebiet der Metastasiologie; Isolierung und Strukturaufklärung von Glycoconjugaten, Kohlenhydrat-bindenden Proteinen (Lektinen) und Tumormarkern.
T.: Gas- und Säulenchromatographie, HPLC, Elektrophorese, Massenspektrometrie, ELISA.

A.29. Universität Konstanz
Universitätsstr. 10
Postfach 5560
7750 Konstanz
Tel.: 07531-881

Fakultät f. Biologie

Biologische Chemie
A.29.1. Prof. Dr. S. Ghisla
A.: Untersuchung der Wirkungsweise der Vitamin B_2 (Flavin)-abhängigen Enzyme.
T.: Spektroskopie (UV, Vis, Fluoreszenz), NMR, HPLC.
A.29.27. Prof. Dr. V. Ullrich
A.: Chemie und Biochemie der Prostaglandine u. Leukotriene.
T.: Chromatographie, Proteinisolierung, Isotopentechnik, Zelltrennung.

Enzymbiochemie
A.29.2. Prof. Dr. H.-W. Hofer
A.: Funktion und Eigenschaften von Proteinkinasen und Phosphatasen und deren Expression; Funktionsregulation der Phosphofructokinase; Energiestoffwechsel des Muskels.
T.: Chromatographie (Affinitäts-, HPLC), Isotopentechnik, Perfusionsmethoden.

Physikalische Biochemie
A.29.3. Prof. Dr. F. Pohl
A.: Monoklonale Antikörper; Automatische DNA-Sequenzierung und Analyse; „Protein-Engineering".
T.: Analytik, Chromatographie, Isotopentechnik, EDV.

Enzym- u. Proteinchemie
A.29.4. Prof. Dr. H. Sund
A.: Zusammenhang zwischen chemischer Struktur und biologischer Funktion von Enzymen.

T.: Chemische und physikalische Techniken der Protein- bes. Enzymanalytik.

Physiologische Chemie
A.29.5. Prof. Dr. D. Brdiczka
A.: Untersuchung der Bedeutung eines Porenproteins für die Regulation des mitochondrialen Stoffwechsels.

Biophysik
A.29.6. Prof. Dr. H.-A. Kolb
A.: Biophysikalische Analyse des Ionentransportes über biologische Membranen.
T.: Elektrophysiologie, EDV.

A.29.7. Prof. Dr. P. Läuger
A.: Untersuchung an Ionenkanälen und Ionenpumpen.
T.: Einzelkanalexperimente, Relaxationstechniken, Optische Untersuchungen an Membranen.

Ultrastrukturforschung u. Zellbiologie
A.29.8. Prof. Dr. H. Plattner
A.: Sekretionssteuerung, Analyse der Membranfusion bei Exocytose.
T.: LM, EM.

Zellbiologie u. Biochemie
A.29.9. Prof. Dr. D. Malchow
A.: Zelluläre Kommunikation und Differenzierung bei Dictyostelium discoideum; Chemotaxis, Oszillationen etc.
T.: Mikroskopie, Chromatographie, Isotopentechnik.

Pflanzliche Entwicklungsphysiologie
A.29.10. Prof. Dr. D. G. Müller
A.: Untersuchungen zur sexuellen Fortpflanzung bei Meeresalgen.

Physiologie u. Biochemie der Pflanzen
A.29.11. Prof. Dr. P. Böger
A.: Wirkungsweise von Herbiziden und phytotoxischen Substanzen; Biochemie der Nitrogenase in Blaualgen; Elektronentransportsysteme in Blaualgen.
T.: Tracertechnik, Präparative Verfahren zur Proteinfraktionierung, FPLC, HPLC, Spektroskopie (optische und EPR).

Phytophathologie
A.29.12. Prof. Dr. K. Mendgen
A.: Untersuchung von Wirt-Parasit-Interaktionen; Biologische Schädlingsbekämpfung.
T.: Mikroskopie, Chromatographie, Umwelttechnik.

Zellphysiologie/Membranbiophysik
A.29.13. Prof. Dr. G. Adam
A.: Regulation der Säugerzellproliferation; Zellulärer Energiemetabolismus; Ionenhaushalt der Zelle (insbes. Ca).
T.: Zellkulturen, Zytometrie, Fluoreszenzspektroskopie, kinetische Analysen der zellulären Kationenkompartimente.

Zellbiologie
A.29.14. Prof. Dr. E. G. Bade
A.: Wachstum und Differenzierung von Säugetierzellen.

Zellphysiologie u. Enzymologie
A.29.15. Prof. Dr. D. Pette
A.: Biochemie des Muskels; Biochemie der Muskeldifferenzierung in vitro und in vivo; Einfluß der Innervation auf Genexpression: Enzyme des Energiestoffwechsels, Ca-sequestrieren-

des System, Myosin, regulatorische Proteine.
T.: Enzymologische Methoden, Methoden der Proteinchemie, Ultramikromethoden (Lowry-Technik, Mikrophotometrie, quant. Histochemie), Zellkulturtechnik, molekularbiologische Methoden, monoklonale Antikörper.

Tierphysiologie
A.29.16. Prof. Dr. E. Florey
A.: Neurophysiologie, Neuropharmakologie, Neurotoxikologie.
T.: Elektrophysiologie, HPLC, Spektrophotometrie, Immuncytochemie, EM.

Neurobiologie
A.29.17. Prof. Dr. W. Rathmayer
A.: Neurobiologie: nervöse Kontrolle der Muskulatur bei Crustaceen; Organisation des Nervensystems bei wirbellosen Tieren; Funktion identifizierter Neurone.
T.: EM, Elektrophysiologie, Muskelbiochemie.

Verhaltensbiologie
A.29.18. Prof. Dr. H. Markl
A.: Verhaltensforschung, Sinnesphysiologie, Neuroethologie, Soziobiologie.
T.: Elektrophysiologie, Bioakustik, EDV, Telemetrie.

Neuroethologie
A.29.19. Prof. Dr. W. Kutsch
A.: Untersuchung der Prozesse, die bei der Entwicklung des Insektenfluges eine Rolle spielen: neurophysiologisch, neuroanatomisch, hormonell.

T.: Elektrophysiologie, Mikroskopie, EM, Computeranalysen.

Limnologie
A.29.20. Prof. Dr. N. Pfennig
A.: Anaerober Abbau organischer Substanzen durch reine und methanogene Kulturen von Bakterien; anaerober Abbau organischer Substanzen durch dissimilatorische sulfatreduzierende Bakterien; Ökologie, Physiologie und Systematik von Sulfatreduzierern und phototrophen Schwefelbakterien; Kultur und Physiologie anaerober Ciliaten.
T.: DC, GC, Ionenchromatographie, kontinuierliche Kultur in Chemostat u. Festbettreaktoren.

A.29.21. Prof. Dr. J. Schwoerbel
A.: Stoff- und Energiehaushalt kleiner Fließgewässer, besonders Primär- u. Sekundärproduktion in Beziehung zu den Umweltfaktoren Licht, Nährstoffe, Strömung, Habitatstruktur.
T.: Analytik, Mikroskopie, Strömungsmessungen, Strukturanalyse des Bodensubstrats.

A.29.22. Prof. Dr. M. Tilzer
A.: Untersuchung des Stoffkreislaufs in der Freiwasserzone des Bodensees und der Rolle der pelagischen Nahrungskette in diesen Prozessen.
T.: Chemische Analytik, experimentelle Ökologie (Labor- u. Freilanduntersuchungen).

Molekulare Genetik
A.29.23. Prof. Dr. R. Knippers
A.: Regulation der DNA-Replikation: Replikation des Simian Virus 40; Funktion des SV 40-Tumor-Antigens; Funktion und Expression von Replikationsenzymen (DNA-Polymerase, Topoisomerasen, DNA-Helicasen u. a.).
T.: Molekularbiologische u. zellbiologische Methoden.

Mikrobiologie
A.29.24. Prof. Dr. W. Boos
A.: Zuckertransport und Chemotaxis in E. coli; Genregulation und Physiologie.

T.: Ultrazentrifugation, Szintillationszähler, DNA-Sequenzierung.

Immunologie
A.29.25. Prof. Dr. R. Bösing-Schneider
A.: Kontrollmechanismen bei der Differenzierung von Immunzellen.

Immunbiologie u. Immunchemie
A.29.26. Prof. Dr. E. Weiler
A.: Regulation der Immunantwort gegen ein bakterielles Antigen.
A.29.27 siehe S. 126

A.30.	**Johannes-Gutenberg-Universität Mainz** Saarstr. 21 6500 Mainz 1 Tel.: 06131-390

Fachbereich Biologie

Institut f. Allgemeine Botanik
Müllerweg 6
6500 Mainz 1

A.30.1. Prof. Dr. E. Hartmann
A.: Signalverarbeitung u. Membranphysiologie bei Pflanzen; Moose als Stoffproduzenten pharmakologisch bedeutender Metaboliten des Lipidstoffwechsel (Zellkulturen); Biochemie des Lipidstoffwechsels (Phospholipide, Phospholipasen).

T.: GC, Fluoreszenzmikroskopie, Isotopentechnik, digitale Bildauswertung (EDV), Analytik pflanzlicher Metaboliten im Pharma-Test.

A.30.2. Prof. Dr. G. M. Rothe
A.: Physiologie und Biochemie der Waldbäume; Waldbaumgenetik; Ursachenforschung Waldschäden; Boden und Wurzelinteraktionen; Isolierung, Charakterisierung von Enzymen des Kohlenhydrat-, Zellwand- und Aminosäurestoffwechsels von Bäumen; Stoffwechselphysiologie von Mykorrhizapilzen.

T.: Photometrie, 1D/2D-Eletrophorese, Niederdruck-Chromatographie, AAS, Isolierung von Zellorganellen, in vitro Kultur mykorrhizierter Waldbäume, Gaswechselmessungen, Histochemie, REM, Biometrie.

A.30.3. Prof. Dr. A. Wild
A.: Photosynthese; Regulationsmechanismen der Photosynthese; Physiologische und biochemische Anpassungen des Photosyntheseapparates an besondere Umweltbedingungen; Struktur u. Evolution des Photosyntheseapparates bei Algen; Physiologische, biochemische und anatomische Untersuchungen immissionsgeschädigter Waldbäume.
T.: Spektral-, Fluoreszenz-, Atomabsorptions-Photometrie, Chromatographie, HPLC, RIA, Isotopentechnik, Mikroskopie, Isolationstechniken von Organellen u. Membranen.

Institut f. Spezielle Botanik u.
Botanischer Garten
Bentzelweg 7–9
6500 Mainz 1

A.30.4. Prof. Dr. St. Vogel
A.: Blütenökologie; Organologischer Aspekt der Beziehungen zwischen Pflanzen und Tieren; Blütenmorphologie; Struktur und Funktion pflanzlicher Drüsen.
T.: Mikroskopie, Chromatographie, EDV.

Institut f. Zoologie
Saarstr. 21
6500 Mainz 1

A.30.5. Prof. Dr. E. Dorn
A.: Hormone während der Embryonalentwicklung

A.30.6. Prof. Dr. R. Rainboth
A.: Natürlicher und experimentell induzierter Geschlechtswechsel bei Teleostiern; Steroidmetabolismus und Geschlechtsdifferenzierung bei Knochenfischen.
T.: Mikroskopie, Fluoreszenzmikroskopie, Chromatographie (PC, DC), Isotopentechnik.

A.30.7. Prof. Dr. R. Rupprecht
A.: Biologische Untersuchung von kleinen Fließgewässern.

A.30.8. Prof. Dr. G. Wegener
A.: Stoffwechselphysiologie, insbes. Regulationsvorgänge im energieliefernden Stoffwechsel von Nervengewebe und Muskulatur bei niederen Vertebraten und Insekten; Wirkung von Anoxia auf Stoffwechselvorgänge, Mechanismen der Zell- und Gewebsschädigung durch Anoxia.
T.: Enzymanalysen, Photometrie, Fluorometrie, Chromatographie, Mikrorespirometrie, Radiomikrorespirometrie, Mikrokalorimetrie.

Abt. 1: Experimentelle Morphologie
A.30.9. Prof. Dr. J. Martens
A.: Evolutionsbiologie: a) Speziationsvorgänge auf akustischem Wege bei Vögeln.
b) Morphologie, Systematik, Phylogenie und Biologie der Opiliones (Arachnida).

c) Faunengenese des Himalaya (alle Tiergruppen).
T.: Akustische Analyse: Sonagraph, Schallpegelmesser, LM, TEM, REM.

Abt. 2: Stoffwechselphysiologie, Verhaltensforschung
A.30.10. Prof. Dr. E. Thomas
A.: Untersuchungen des Sozialverhaltens bei Reptilien und Vögeln; Schwerpunkte sind Kampf- und Sexualverhalten, Verhaltensweisen der Brutpflege und das Verhalten in Gruppen.
A.30.11. Prof. Dr. K. Urich
A.: Untersuchungen über Stoffwechsel und Wirkung von Fremdstoffen bei Säugetieren, niederen Wirbeltieren und Wirbellosen im Zusammenhang mit umwelttoxikologischen und pharmakologischen Problemen.
T.: Isotopentechnik, HPLC, GC, DC, EDV.

Abt. III: Biophysik
A.30.12. Prof. Dr. C. v. Campenhausen
A.: Farbensehen bei Wirbeltieren (Verhaltensphysiologie, Psychophysik); Physiologie des Seitenlinienorganes von Fischen (Sinnesphysiologie, Biophysik, Orientierung); Die Sinne des Menschen (div. Einzelprojekte, Unterrichtstechnik).
T.: Verhaltensphysiologische u. psychophysische Meßtechnik (computergestützt), Elektrophysiologie, biophysikalische Theorie.

A.30.13. Prof. Dr.-Ing. W. v. Seelen
A.: Analyse des visuellen System; Prinzipien neuronaler Systeme; Konzeption und Entwicklung von Bildverarbeitungssystemen (in neuronaler Architektur).
T.: EDV, Neurophysiologie, Handhabung von Theorien.

Abt. Biologie f. Mediziner
A.30.14. Prof. Dr. F. Romer
A.: Vorkommen und Bedeutung von Ecdysteroiden bei Arthropoden; Ultrastruktur von Häutungshormon-bildenden Geweben bei Arthropoden; Morphologische und biochemische Analysen von Cuticularbestandteilen.
T.: In-vitro-Kultivierung von Insektengeweben, RIA, HPLC, Radiochemie, EM.

Institut f. Anthropologie
Forum universitatis
6500 Mainz 1

A.30.15. Prof. Dr. mult. W. Bernhard
A.: Ethnohistologische Differenzierung europäischer Völker im Nahen und Mittleren Osten.
A.30.23. Prof. Dr. E. Schleiermacher
A.: Zytogenetische Untersuchungen an menschlichen Zellen.

Institut f. Mikrobiologie u. Weinforschung
Joh.-Joachim-Becher-Weg 15
6500 Mainz 1

A.30.16. Prof. Dr. F. Radler
A.: Stoffwechsel und Transport von Carbonsäuren u. Sacchariden bei Hefen; anaerober Säure-

stoffwechsel bei Milchsäurebakterien; antibiotisch wirksame Glykoproteine bei Hefen („Killer"-Proteine); Weinanalytik.
T.: Aminosäureanalyse, GC, HPLC, Elektrophorese, Gelelektrophorese, Mikroskopie, Ultrazentrifugation.

Institut f. Genetik
Saarstr. 21
6500 Mainz 1

A.30.17. Prof. Dr. E. Gateff
A.: Molekulare Klonierung von Tumorgenen bei Drosophila melanogaster.
T.: Klassische genetische Methoden, Mikroskopie, Isotopentechniken, Gentechnologie (Klonieren, Sequenzieren).

A.30.24. Prof. Dr. W. Sachsse
A.: Karyotypierung für Probleme der Geschlechtsbestimmung der Inzucht und der Alterung.

Fachbereich Chemie

Institut f. Biochemie
Joh.-Joachim Becher-Weg 30
6500 Mainz 1

A.30.18. Prof. Dr. K. Dose
A.: Bioenergetik (ATP-Synthese); Exobiologie (Überleben im Vakuum und in extremer Trockenheit); Mykotoxine.
T.: HPLC, Isotopentechniken, EDV.

Fachbereich Humanmedizin

Institut f. Immunologie
Obere Zahlbacher Str. 67
6500 Mainz 1

A.30.19. Prof. Dr. E. Rüde
A.: Antigenerkennung von T-Lymphozyten; Charakterisierung von Lymphokinen als Wachstumsfaktoren für hämatopoetische Zellen.
T.: Zellkultur, Isotopentechnik, Chromatographie.

A.30.25. Dr. A. Reske-Kunz
A.: Mechanismen der Aktivierung von T Lymphozyten.
T.: Zellkultur, Isotopentechnik.

Pharmakologisches Institut
Obere Zahlbacher Str. 67
6500 Mainz 1

A.30.20. Prof. Dr. E. Muscholl
A.: Neuropharmakologie der peripheren und zentralen cholinergen (a), adrenergen (b) und dopaminergen (c) Synapsen; Neurosekretion der Hypophyse; Elektropharmakologie des Herzens.
T.: Bioassays, RIA, Spektralfluorometrie, Szintillations-Spektrometrie, GC, HPLC, Ultrazentrifugation, Mikroelektrodentechnik, Voltage-Clamp, Ionenfluxmessungen.

Institut f. Toxikologie
Obere Zahlbacher Str. 67
6500 Mainz 1
A.30.21. Prof. Dr. F. Oesch
A.: Toxikologie.
T.: Analytik, Mikroskopie, Isotopentechnik, EDV.

Institut f. Medizinische Mikrobiologie
Obere Zahlbacher Str. 67
6500 Mainz
Abt. f. Experimentelle Virologie
A.30.22. Prof. Dr. D. Falke
A.: Virologie: Pathogenese, DNA-Replikation.
T.: Zellzüchtung, Immunologische Methoden, Genetic engineering.
A.30.23 siehe S. 131
A.30.24–30.25 siehe S. 132

A.31. Philipps-Universität Marburg
Biegenstr. 10
3550 Marburg
Tel.: 06421-281

Fachbereich Biologie
Lahnberge
3550 Marburg

Botanik

Photobiologie
A.31.1. Prof. Dr. E. Schönbohm
A.: Analyse der Signaltransduktion lichtgesteuerter Prozesse bei Algen (Plastidenbewegung, Influx/Efflux-Prozesse); Kälte als stimulierendes Umweltsignal bei der Etio-Chloroplasten-Transformation; Polarität der Epinastie und Ergrünung von Poaceen-Blättern.
T.: Pigmentauftrennung, Spektralphotometrie, Mikroskopie, Chromatographie.
A.31.2. Prof. Dr. H. Senger
A.: Photosynthese: Entwicklung des Photosynthese-Apparates; Chlorophyll-Biosynthese; neues Chlorophyll-RC I; photomorphogenetische Wirkung von blauem Licht, Synchronisation.
T.: Spektroskopie, Chromatographie (GelC, DC, HPLC), Massenspektroskopie, NMR, Enzymchemie.

Zellbiologie u. Entwicklungsphysiologie d. Pflanzen
A.31.3. Prof. Dr. W. Wehrmeyer
A.: Zellbiologic (Phycologie); Strukturelle, biochemische und funktionelle Analyse von Lichtsammlerpigmentkomplexen (Antennen) im Photosyntheseapparat von Cyanobakterien und Algen.
T.: EM, Gefrierätztechnik; Spektroskopie incl. Fluorometrie, Zentrifugationsmethoden, Chromatographie, HPLC.

A.31.4. Prof. Dr. D. Werner
A.: Molekularbiologie, Physiologie und Ökologie der Wechselwirkung von Pflanzen mit Mikroorganismen; Mineralstoffwechsel bei Pflanzen.
T.: HPLC, Elektrophoresen, Isotopentechnik.

Spezielle Botanik u. Mikrobiologie
A.31.5. Prof. Dr. A. Henssen
A.: Systematik und Biologie der Flechten, Ultrastruktur und Taxonomie von Actinomyceten.
A.31.6. Prof. Dr. G. Throm
A.: Biophysikalische und photobiologische Untersuchungen an Membranen.

Mikrobiologie
A.31.7. Prof. Dr. R. Thauer
A.: Energie- und Baustoffwechsel anaerober Bakterien (Methanbildende, Sulfat-atmende).
T.: Anaerobe Arbeitstechniken mit Bakterien, Enzymreinigung, Aktivitätsbestimmungen, Photometrie, DC, GC, HPLC.

Zoologie

Zellbiologie, Ontogenie u. Funktionsmorphologie d. Tiere
A.31.8. Prof. Dr. C. Kirchner
A.: Mütterlich-embryonale Wechselbeziehungen während der Frühentwicklung beim Kaninchen.
T.: In-vitro-Kultur, EM, Radioautographie, Isotopentechnik, Histochemie, Serologie, anal. und präp. Biochemie.

A.31.9. Prof. Dr. K.-A. Seitz
A.: Wechselbeziehungen zwischen phytopathogenen Wirbellosen und ihren Wirtspflanzen; Überprüfung dieser Interaktionen auf ihre Verwendbarkeit zur ökotoxikologischen Bewertung von Agrochemikalien.
T.: EM, Autoradiographie.

Systematik, Evolution u. Ökologie
A.31.10. Prof. Dr. A. Bertsch
A.: Energiefluß zwischen Blüten und Bestäubern; Entwicklung ökologischer Modelle.
A.31.11. Prof. Dr. H.-O. v. Hagen
A.: Verwandtschaftsforschung an Krebsen.
A.31.12. Prof. Dr. R. Remane
A.: Evolution der Rhynchota.
A.31.13. Prof. Dr. H. Remmert
A.: Flächenansprüche von Tierpopulationen, Ökologie arktischer Tiere.

Physiologie u. Verhalten d. Tiere
A.31.14. Prof. Dr. Ch. Buchholtz
A.: Verhaltensphysiologie, spez. Lernforrschung: Frühontogenetische Einflüsse auf Lernvorgänge (auch Domestikation); Geschlechtsspezifisches Lernen (versch. Lernstrategien); Streßbedingte hormonelle Veränderungen beim Lernen; Einflüsse von Psychopharmaka auf den Lernleistungsverlauf und auf die Gedächtnisausbildung.
T.: Verhaltensanalytik, Video, EDV.
A.31.15. Prof. Dr. K. Kalmring
A.: Untersuchung der akusto-vibratorischen Kommunikation von Heuschrecken; Untersuchung a) der Schallproduktion, b) der

Schallemmission, c) der Schallemmission im Biotop, d) der Perception von Schallsignalen durch Rezeptororgane und e) deren Verarbeitung in der zentralen Hör- und Vibrationsbahn.
T.: Bioakustik (Schallmessung, -analyse), Neurophysiologie (Einzel- u. Mehrkanalableitung), Neuroanatomie (selektive Markierung u. Histologie).

Parasitologie
A.31.16. Prof. Dr. E. Geyer
A.: Antigenisolierung, Charakterisierung und Antigenspezifität zum serologischen Nachweis von Filariosen, Cestodeninfektionen des Menschen u. von Nutztieren; Nachweis zirkulierender Antigene u. Immunkomplexe bei Trematodeninfektionen von Säuretieren; Untersuchungen zur Immunsuppression durch Cestodenlarven bei Säugern.
T.: Proteinanalytik, Proteinpräparation, immunologische Methoden (z. B. ELISA, Western Blot, monoklonale Antikörper).
A. 31.17. Prof. Dr. P. Koch
A.: Eiproteine bei Insekten, Chromosomenverhalten und Meioseverlauf.
A.31.18. Prof. Dr. H.-W. Müller
A.: Aminosäure- und Proteinbiosynthese in der Ontogenese und der embryonalen Zelldifferenzierung bei Insekten.

Fachbereich Pharmazie u. Lebensmittelchemie

Institut f. Pharmazeutische Biologie
Deutschhausstr. 17 1/2
3550 Marburg

A.31.19. Prof. Dr. M. Wichtl
A.: Biogenese von herzwirksamen Glykosiden in Arzneipflanzen; Digitalis-Kreuzungen; Analytik pflanzlicher Arzneimittel.
T.: GC, DC, HPLC, DCCC, RLCC, Isotopentechniken, Mikroskopie (Interferenzkontrast, Phasenkontrast).

Fachbereich Humanmedizin

Pharmakologisches Institut
Lahnberge
3550 Marburg

A.31.20. Prof. Dr. K. J. Netter
A.: Enzymatische Grundlagen des Arzneimittelstoffwechsels; Isolierung von Enzymen des Arzneimittelstoffwechsels; Wirkungsweise von Transportzellen; Sensorische Pharmakologie.

Medizinisches Zentrum f. Hygiene u. Medizinische Mikrobiologie

Institut f. Mikrobiologie
Pilgrimstein 2
3550 Marburg

A.31.21. Prof. Dr. W. Mannheim
A.: Klassifikation parasitischer gram-negativer Bakterien durch

DNA-DNA-Hybridisierung und 16s-RNA-DNA-Hybridisierung; Untersuchung genetischer Verwandtschaft u. phänotypischer Kriterien mit Hilfe taxometrischer Methoden.
T.: GC, Pyrolyse-Massenspektrometrie, EDV u. Rechner für taxometrische Analysen.

Institut f. Virologie
Robert-Koch-Str. 8
3550 Marburg

A.31.22. Prof. Dr. H.-D. Klenk
A.: Struktur und Vermehrung von Myxoviren und Herpesviren; Mechanismen der Virsupathogenität; Struktur und Funktion viraler Glykoproteine.
T.: Gewebekultur, Isotopentechnik, Virusnachweis, Proteinanalytik, molekularbiologische Techniken.

Institut f. Immunologie
Robert-Koch-Str. 8
3550 Marburg

A.31.23. Prof. Dr. D. Gemsa
A.: Aktivierungsmechanismen von Monozyten/Makrophagen bei der Immunantwort; Rolle von Zytokinen und Entzündungsmediatoren; Makrophagen-abhängige Abwehr von Tumoren und Viren; Immunpharmakologische Beeinflussung von Makrophagen-Funktionen.
T.: Zellkultur, Zell-Funktionstests, molekularbiologische Techniken, RIA, ELISA u. a. immunologische Tests.

Institut f. Anatomie u. Zellbiologie
Robert-Koch-Str. 6
3550 Marburg

A.31.24. Prof. Dr. G. Aumüller
A.: Isolierung, Charakterisierung und Funktionsstudien sekretorischer und struktureller spezifischer Proteine in den akzessorischen Geschlechtsdrüsen; Funktion spezifischer Spermienproteine.
T.: Steroidreceptor-Analytik, Proteinbiochemie (FPLC), Immuncytochemie, Immun-EM, Zellfraktionierungstechniken.

A.31.25. Prof. Dr. D. Denckhahn
A.: Strukturproteine der Zelle, insbes. Komponenten des Zytoskeletts, ihre Bedeutung für die Aufrechterhaltung der Zellform und der Bewegungsvorgänge von Zellen.
T.: LM, EM, Elektrophoresen, Chromatographie, Immunologie.

A.31.26. Prof. Dr. K. Unsicker
A.: Charakterisierung und Isolierung von Nervenwachstumsfaktoren; Entwicklungsbiologie von Neuralleistenderivaten; Neuroblastom.
T.: Transmitteranalytik (HPLC-ED), Proteinreinigungsverfahren (FPLC), Zellkulturen, monoklonale Antikörper, Isotopentechnik.

Humangenetik mit humangenetischer Poliklinik
Bahnhofstr. 7 A
3550 Marburg

A.31.27. Prof. Dr. P. Kaiser / Prof. Dr. G. Wendt
A.: Cytogenetische Untersuchung von Chorionbiopsiematerial anhand von Direktpräparationen und Zellkulturen zur pränatalen Diagnostik genetisch bedingter Erkrankungen; Cytogenetische Untersuchung von Testisgeweben; Meiose-Untersuchung bei männlicher Infertilität; Postnatale Cytogenetik, Tumorzytogenetik.
T.: Mikroskopie, Zellkulturen.

Institut f. experimentelle Immunologie
Deutschhausstr. 1
3550 Marburg

A.31.28. Prof. Dr. Dr. K.-U. Hartmann
A.: Untersuchung der Regulation der B-Lymphocyten; Entwicklung der Thymusanlage und Reifung der Thymophocyten; Autoimmunerkrankungen.
T.: Zellkultur, Immunassays, Immunhistologie, Proteinchemie.

Institut f. Normale u. Pathologische Physiologie
Deutschhausstr. 2
3550 Marburg

A.31.29. Prof. Dr. D. Braasch / Prof. Dr. K. Golenhofen / Prof. Dr. L. Priebe
A.: Motorik glatter Muskulatur: Blutgefäße, Magen-Darm-Trakt. Durchblutungsmessung der Haut; Spektralanalyse der Durchblutungsrhythmen; Thermoregulationsdiagnostik.
T.: Elektrophysiologie, Video-Technik, EDV, Thermische Messungen.

Institut f. Physiologische Chemie I
Karl-von-Frisch-Straße
3550 Marburg

A.31.30. Prof. Dr. M. Beato
A.: Regulation der Genexpression in tierischen Zellen, insbesondere durch Steroidhormone.
T.: HPLC, FPLC, EDV, Oligonucleotid- u. Peptidsynthese, DNA-Sequenzierung, Mikroinjektion.

A.31.31. Prof. Dr. J. Koolman
A.: Biochemie der Insekten; Endokrinologie von Evertebraten; Steroidanalytik.
T.: RIA, Chromatographie (HPLC), Isotopentechnik, Rezeptoranalytik, Immunhistochemie.

A.31.32. Prof. Dr. J. Niessing
A.: Transkription und Evolution der Globingene bei Vertebraten (Ente) und Invertebraten (Chironomus th. th.); Induzierte und hormonabhängige Differenzierung von Avian Erythroblastose Virus (AEV)-transformierten Erythroblasten; Klonierung und Charakterisierung von Hämöobox-Transkripten beim Huhn.
T.: DNA-Klonierung, DNA-Sequenzierung, Gentransfer, Gelelektrophorese, Zellkultur.

A.31.33. Prof. Dr. K. H. Seifart
A.: Regulation der Genexpression in eukaryonten Zellen, insbesondere Charakterisierung u. Wirkung von Transkriptionsfaktoren, die für die Promotorerkennung u. Regulation der Transkription erforderlich sind. Isolierung und Charakterisierung von Transkriptionskomplexen. Verwendung verschiedener Modellsysteme, in denen definierte Gensequenzen korrekt transkribiert werden.
T.: Zellkultur, gentechnologische Verfahren, biochemische Verfahren in rekonstruierten in-vitro-Systemen, molekularbiologische Techniken.

A.31.34. Prof. Dr. H. Wiegand
A.: Biologische Bedeutung von Glykosphingolipiden in der äußeren Tierzellmembran.
T.: HPLC, GC, DC, Isotopentechnik, Elektrophorese, Immunchemie.

A.32. Ludwig-Maximilians-Universität München
Geschwister-Scholl-Platz 1
8000 München 22
Tel.: 089-21 80 01

Fakultät f. Biologie

Botanisches Institut
Menzinger Str. 67
8000 München 19

A.32.1. Prof. Dr. P. Dittrich
A.: Stoffwechselphysiologie, Ökophysiologie, Baumphysiologie.

A.32.2. Prof. Dr. R. Herrmann
A.: Molekulare Biologie und Entwicklungsphysiologie, Gewebekultur.
T.: Analytik, Chromatographie, Isotopentechnik, EDV.

A.32.3. Prof. Dr. W. Rau
A.: Pflanzenphysiologie, insbes. Lichtregulation der Entwicklung, Blütenbildung und Hormonwirkung.
T.: Chromatographie, Elektrophorese, Isotopenanwendung.

A.32.4. Prof. Dr. W. Rüdiger
A.: Pflanzliche Tetrapyrrole: Chlorophyll-Biosynthese und -Abbau, Photodynamische Wirkung von Chlorophyll-Vorstufen, Biochemie und Molekularbiologie des Photorezeptors Phytochrom. Biochemie der Samenkeimung: Natürliche Keimungshemmstoffe, Isolierung und Identifizierung niedermolekularer Naturstoffe.
T.: Isolierung und Charakterisierung von Enzymen, anderen Proteinen, RNA und DNA, Gaschromatographie, Flüssig-

Chromatographie, Massenspektrometrie, Elektrophorese, UV-, Vis-, Absorptions- und Fluoreszenz-Spektroskopie.
A.32.5. Prof. Dr. H. Scheer
A.: Biochemie von pflanzlichen Photorezeptoren; Photosynthese; Phytochrom.
T.: Spektroskopie, Chromatographie, EDV.

Institut f. Systematische Botanik
Menzinger Str. 67
8000 München 19

A.32.6. Prof. Dr. R. Agerer
A.: Identifizierung und Charakterisierung von Ektomykorrhiza der heimischen Waldbäume, Versuche über physiologische Fähigkeiten der Ektomykorrhizen; Systematische Aspekte der Pilze (spez. ektomykorrhizabildenden Pilze und eine spez. Organisationsform der Basidiomyceten: cyphelloid).
T.: Chromatographie, Mikroskopie, Isotopentechnik, Elektrophorese.
A.32.7. Prof. Dr. D. Podlech
A.: Systematische Bearbeitung diverser Pflanzengruppen des altweltlich-nordhemisphärischen Trockengürtels.
T.: Karyologische Untersuchungen.
A.32.20. Prof. Dr. J. Grau
A.: Keine Angaben

Zoologisches Institut
Luisenstr. 14 u. Außenstelle
Seidlstr. 25
8000 München 22

A.: Keine Angaben

Institut f. Zoologie u. Hydrobiologie
Kaulbachstr. 37
8000 München

A.32.9. Prof. Dr. Dr. Hoffmann
A.: Gewässerversäuerung und Auswirkungen auf Fische; bakterielle Erkrankungen bei Fischen; fischökologische Untersuchungen zum Modell Königssee; Fischartenkartierungen.
T.: Analytik, LM, TEM, mikrobiologische Methoden, Pathologie.

Institut f. Genetik u. Mikrobiologie
Maria-Ward-Str. 1a
8000 München 19

Lehrstuhl f. Mikrobiologie
A.32.10. Prof. Dr. A. Böck / Prof. Dr. F. Fiedler / Prof. Dr. H. Schrempf / Dr. R. Wirth
A.: Biochemische Genetik methanogener Organismen; Induktion anaeroben Stoffwechsels in fakultativen Organismen; Klonierung und Überexpression praktisch relevanter Enzyme; Genetische Instabilität in Streptomyceten; Biochemie und Biosynthese der Zelloberflächen bei medizinisch und tiermedizinisch relevanten grampositiven Bakterien; Nahrungsmittelmikrobiologie mit besonderer Berücksichtigung der bakteriell bedingten Käsereifung; Molekularbiologie des Sexpheromonsystems von Streptococcus faecalis; Entwicklung genetischer Systeme in wirtschaftlich bedeutenden Streptococcen.

T.: Fermentation, Anaerobentechnik, Arbeiten mit Enzymen u. rekombinanter DNA, immunologische Methoden, Ultrazentrifugation, Elektrophoresen, DNA- u. RNA-Isolierung, DNA-RNA-Hybridisierungen, verschiedene genetische Methoden, Gen-Klonierung in E. coli, Streptococcen und Streptomyceten, biochemische Analytik, GC, HPLC u. andere chromatographische Methoden, LM.

Lehrstuhl Genetik
Keine Angaben

Laboratorium f. Molekulare Biologie – Genzentrum
Am Klopferspitz
8033 Martinsried

siehe Institut f. Immunologie Prof. Winnacker, Medizinische Fakultät

Institut f. Anthropologie u. Humangenetik
Richard-Wagner-Str. 10/1
8000 München 2

A.32.12. Prof. Dr. H. Cleve / Prof. Dr. W. Gutensohn
A.: Biochemische Humangenetik: genetische Variabilität von Membranproteinen; genetische Variabilität von Plasmaproteinen; Zytogenetik: Instabilität des Genoms; Studium der Eigenschaften membrangebundener Enzyme, insbes. Ektoenzyme vor allem an menschlichen lymphoiden Zellen; Verwendung solcher Enzyme als differentialdiagnostische Marker bei Leukämien u. Lymphomen; pränatale Enzymdiagnostik an Chorionbiopsie-Material.
T.: Chromatographie, Gewebekultur, Isotopentechnik, Mikroskopie, Gelelektrophorese, Ultrazentrifugation, Zellkultur, HPLC.

Institut f. Pharmazeutische Biologie
Karlstr. 29
8000 München 2

Lehrstuhl f. Pharmazeutische Biologie
A.32.13. Prof. Dr. M. H. Zenk
A.: Pflanzliche Zellkulturen; Stoffwechsel; Biosynthesen; Radioimmuntests für Sekundärstoffe, monoklonale Antikörper.
T.: RIA, EIA, Isotopentechnik, Zellkulturen.

Fakultät f. Chemie u. Pharmazie

Institut f. Biochemie
Karlstr. 23
8000 München 2

Lehrstuhl II
A.32.14. Prof. Dr. G. Hartmann
A.: Molekulare Grundlagen der Transkription.
T.: Chromatographie, Isotopentechnik.

Medizinische Fakultät

Institut f. Immunologie
Schillerstr. 42
8000 München 2

A.32.15. Prof. Dr. E. L. Winnacker / Dr. T. Hüning / Dr. H. Domdey / Dr. A. Plückthun / Dr. K.-H. Westphal

A.: Funktionelle und strukturelle Untersuchung von immunologisch wichtigen Zelloberflächen-Molekülen; Aktivierung und Spezifität von T-Lymphozyten; Genexpression in Hefe: Analyse der Splicing-Reaktion, Funktion von Introns, Expression von heterologen Genen in Hefe; Gewinnung passiver und aktiver Impfstoffe; Protein-Engineering: Erforschung von enzymatischen Reaktionsmechanismen, Protein-Stabilität, Proteinfaltung; Verwendung von Gentechnologie, um Stabilität und Reaktivität von Enzymen zu optimieren; Genetische Kontrolle der Tumorentstehung, Tumorrepression im Zusammenhang mit Zelldifferenzierung: eine biotechnologische und molekularbiologische Studie.

T.: Molekularbiologische Methoden, Proteinbiochemie, Gewebekultur, Einbau u. Freisetzung von Radioisotopen, Produktion monoklonaler Antikörper, EDV, chemische Analysen (NMR, IR, MS), HPLC, Oligonucleotid- u. Peptidsynthese, Mikroskopie, Elektrophorese, Ultrazentrifugation, Mikromanipulation.

Abt. f. klinische Chemie u. klinische Biochemie
Nußbaumstr. 20
8000 München 2

A.32.16. Prof. Dr. H. Fritz / Prof. Dr. E. Fink / Dr. R. Geiger / Dr. W. Müller-Esterl / Dr. W. Gebhard

A.: Biochemie und Zellbiologie von Inhibitoren für Proteasen aus Blutegeln; Kallikreine, Proteaseninhibitoren, Mastzellproteasen (Biochemie und physiologische Bedeutung); Entwicklung von Radioimmunassays; Serinproteasen; Inhibitoren; Biochemie der Entzündung; Produktion monoklonaler Antikörper; Klonierung von Plasmaproteinase-Inhibitoren; Struktur-Funktionsbeziehungen bei multifunktionellen Plasmaproteinen; Gentechnologische Bearbeitung klinisch relevanter Proteinasen und Proteinaseinhibitoren.

T.: Biochemische Analytik, konventionelle Chromatographie, HPLC, FPLC, Proteinchemie, immunchemische Methoden, Enzymimmunoassays, Isotopentechniken, EDV, DNA-Klonierung u. Sequenzierung.

Forstwissenschaftliche Fakultät

Lehrstuhl f. Forstbotanik
Amalienstr. 52
8000 München 40

A.32.17. Prof. Dr. P. Schütt / Prof. Dr. Koch

A.: Symptomatologie und Ursachen des Waldsterbens; Forst-

pathologie, Dendrologie; Gaswechselphysiologie erkrankter Waldbäume.
T.: Chromatographie, LM, Kryoskopie, Analytik, Gaswechselmessungen.

Lehrstuhl f. angewandte Zoologie
Amalienstr. 52
8000 München 40
A.32.18. Prof. Dr. W. Schwenke
A.: Forstentomologie; forstliche Säuger (bes. Mäuse); Bekämpfungsverfahren; Bodenzoologie (Nematoden u. Regenwürmer).

Tierärztliche Fakultät

Institut f. vergleichende Tropenmedizin u. Parasitologie
Leopoldstr. 5
8000 München 40
A.32.19. Prof. Dr. R. Gothe
A.: Arthropoden im Kontaktbereich zum Vertebratenwirt.
T.: EM, immunologische Methoden.
A.32.20 siehe S. 139

A.33. Technische Universität München
Arcisstr. 21
Postfach 202 420
8000 München 2
Tel.: 089-2 10 51

Fakultät f. Chemie, Biologie u. Geowissenschaften

Institut f. Botanik u. Mikrobiologie
Arcisstr. 21
8000 München 2

Lehrstuhl f. Botanik
A.33.1. Prof. Dr. E. F. Elstner
A.: Biochemische Phytopathologie; Sauerstofftoxikologie; Biochemie der Pflanzen.
T.: Biochem. Analytik.
A.33.2. Prof. Dr. W. Höll
A.: Biochemische und physiologische Gradienten in verholzten Achsen.
T.: Biochem. Analytik.

A.33.3. Prof. Dr. H. Rehder
A.: Untersuchungen zum Stickstoffhaushalt höherer Landpflanzen und von Ökosystemen; Vegetationsausnahme bedrohter Ökosysteme, insbes. praealpiner Streuwiesen und Moore.
T.: HPLC, EDV.
A.33.4. Prof. Dr. J. Schönherr
A.: Cutikuläre Transpiration; Permeabilität der Cuticula; (Schad)stoffaufnahme in Blätter; Tenside; Formulierungen von Pestiziden.
T.: Isotopentechnik, Mikroskopie.

A.33.5. Prof. Dr. H. Ziegler
A.: Physiologie der Bäume; Biochemische Ökologie.
T.: Chromatographie, Photometrie, EM, Isotopentechnik, HPLC, GC, ELISA, versch. ökophysiolog. Techniken.

A.33.6. Dr. K. Lendzian
A.: Permeabilität pflanzlicher Grenzflächen für Gase und Schadgase.
T.: Gasanalytik, Isotopentechnik.

A.33.7. Dr. A. Melzer
A.: Indikatorwert von Wasserpflanzen, Kartierung von Seen und Fließgewässern; Versauerung von Gewässern und Hochmooren; Stickstoffernährung höherer Pflanzen.
T.: GC, HPLC, Elementaranalyse, EDV, Tauchen.

A.33.8. Dr. W. Oßwald
A.: Biochemische Phytopathologie; Untersuchungen zur Biochemie verschiedener Wirt-Parasit-Interaktionen; Untersuchungen zu den Fichtenerkrankungen in „Reinluftgebieten" und SO_2-belasteten Waldgebieten.
T.: GC, HPLC.

A.33.9. Dr. M. Riederer
A.: Chemie, Funktion und Struktur der pflanzlichen Cuticula mit Schwerpunkten auf: Chemie und Struktur des Cutins, Chemie löslicher cuticulärer Lipide und Beeinflussung durch Luftschadstoffe, Transport anorganischer Ionen durch die Cuticula.
T.: Gaschromatographie, Massenspektroskopie, Isotopentechnik.

A.33.10. Dr. R. Schönwitz
A.: Quantitative und qualitative Analyse von Mono- und Sesquiterpenen in Nadelbäumen und deren Headspace.
T.: GC, HPLC, Temperatur-, Feuchte-, Gasgeregelte Pflanzenküvetten.

Lehrstuhl f. Mikrobiologie
A.33.11. Prof. Dr. K.-H. Schleifer
A.: Molekulare Systematik der Prokaryonten; Klonierung und Sequenzierung konservativer Gene; Immunchemie der Bakterienzellwände; Entwicklung rDNA-Sonden zur Identifizierung phylogenetisch verwandten Bakterien.
T.: Klonierung, Sequenzierung und Grundlagen der Gentechnologie, Analytik der Zellwände, Chromatographie, Isotopentechnik, EDV.

A.33.12. Prof. Dr. W. Staudenbauer
A.: Gentechnologie anaerober und thermophiler Bacillaceae.
T.: Genetische Methoden, Analytik, EDV, Isotopentechniken, Chromatographie.

Institut f. Zoologie
Lichtenbergstr. 4
8046 Garching

Lehrstuhl f. Zoologie
A.33.13. Prof. Dr. H.-W. Honegger
A.: Neurophysiologie, Neuroanatomie u. Verhaltensphysiologie an Insekten; öko-ethologische Untersuchungen an Insekten; Charakterisierung von Neuropeptiden bei Insekten.

T.: LM, EM, REM, EDV, neurophysiologische Methoden, biochemische Methoden.

A.33.14. Prof. Dr. H.-J. Leppelsack

A.: Neurophysiologische, anatomische und ethologische Untersuchungen zur neuronalen Basis des Vogelgesangs.

T.: Neurophysiol. Methoden, Histolog. Methoden, EDV.

A.33.15. Prof. Dr. G. A. Manley

A.: Histologische und ultrastrukturelle Untersuchung der Gehörorgane versch. Vertebraten und elektrophysiologische Untersuchungen am Innenohr und Hörnerven.

T.: LM, REM, TEM, neurophysiologische Methoden, EDV.

A.33.16. Dr. F. P. Fischer

A.: Rückensinnesorgane und Nervensystem von Käferschnecken (Bau und Funktion); Struktur und Ultrastruktur des Innenohrs von Vögeln.

T.: TEM, REM.

A.33.17. Dr. D. G. Weiss

A.: Transport von Zellorganellen in Nervenzellen und anderen Zellen; Stoffwechsel u. Zellbiologie von Nervenzellfortsätzen (Axon, Dendrit, Synapse); Struktur und Dynamik von Cytoplasma und Cytoskelett; Cytotoxikologie, Cytopharmakologie, Entwicklung praktikabler Zellkulturverfahren als Alternative zum Tierversuch; Protoplasmaströmung; Zellbiologie des olfaktorischen Systems.

T.: LM (Videomikroskopie), Isolierung von Zellorganellen, Zellkultur, Proteinanalytik, Echtzeitbildverarbeitung, EDV, biochemische Isotopentechnik.

Institut f. Wasserchemie u.
Chemische Balneologie
Marchioninistr. 17
8000 München 70

Lehrstuhl f. Hydrogeologie u. Hydrochemie

A.33.18. Prof. Dr. K.-D. Quentin / Dr. L. Weil / Dr. F. H. Frimmel

A.: Wasserchemie, Analytik organischer Spurenstoffe im Wasser; Struktur und Verhalten von aquatischen Huminstoffen; Vorkommen und Reaktionen von anorganischen und organischen Substanzen in Oberflächen- und Grundwässern.

T.: Analytik, Chromatographie, Massenspektroskopie, GC/MS, FT-IR, AAS, AES/ICP.

Fakultät für Bauingenieur- u. Vermessungswesen

Institut f. Bauingenieurwesen V
Lehrstuhl f. Wassergütewirtschaft u.
Gesundheitsingenieurwesen
Forschungsgelände am Coulombwall
8046 Garching

A.33.19. Prof. Dr.-Ing. W. Bischofsberger

A.: Nitrifikation und Denitrifikation in Kombination mit der biologischen Phosphateliminaton bei Belebungsanlagen mit Sauerstoffbegasung; Extraktion und Fällung von Schwermetallen aus Klärschlamm; Erprobung der Leistungsfähigkeit eines bewachsenen Bodenfilters zur Abwasserreinigung; Entfernung organischer Schadstoffe aus Abwasser; Vergleichende Untersuchungen zur aeroben und anaeroben thermophilen Vorbehandlung u. zur Intensivierung der nachgeschalteten Faulung.

Fakultät f. Medizin

Institut f. Physiologie
Biedersteiner Str. 29
8000 München 40

A.33.20. Prof. Dr. J. Dudel / Dr. J. Daut / Dr. W. Finger / Dr. H. Hatt
A.: Freisetzung von Überträgerstoffquanten an Synapsen; Überträgerstoff-kontrollierte Membrankanäle; Zeitverlauf postsynaptischer Ströme; Überträgerstoff-kontrollierte Ionenkanalöffnungen; Second-messenger-kontrollierte Überträgerstoff-Freisetzungen; durch Überträgerstoff-Freisetzung aktivierbare postsynaptische Ionenströme; präsynaptische Rezeptoren; Erregbarkeit von Membranen; Funktion der elektrogenen Natriumpumpe in Herzmuskelzellen; Biophysik der Na-, K-ATPase; Charakterisierung verschiedener Typen von Chemorezeptoren; Einfluß von Umweltbedingungen auf die Antworten der Chemorezeptoren; Bedeutung der Reaktion verschiedener Chemorezeptoren für die Nahrungsaufnahme u. Magenperistaltik.
T.: Elektrophysiologie, extra- u. intrazell. Potential- u. Strommessung, Voltage-Clamp, Patch-Clamp, Ionensensitive Elektroden, Mikro-Kalorimetrie, EDV.

Fakultät f. Landwirtschaft u. Gartenbau

Institut f. Landwirtschaftlichen u. Gärtnerischen Pflanzenbau
8050 Freising-Weihenstephan

Lehrstuhl f. Grünlandlehre u. Futterbau
A.33.21. Prof. Dr. U. Simon / Prof. Dr. G. Spatz / Dr. T. Gundler / Dr. J. Kloskowski / Dr. G. B. Weis
A.: Grünland und Grünlandökologie, Vegetationskunde; Futterqualität; Rasen, Züchtung, Saatguterzeugung, Begrünung; Feldfutterbau.
T.: EDV, Analytik, Chromatographie.

Lehrstuhl f. Gemüsebau
A.33.22. Prof. Dr. D. Fritz / Prof. Dr. Venter
A.: Umwelteinflüsse auf Gemüsequalität; Arzneipflanzen-Anbau u. Qualität; Einflüsse von Anbaumaßnahmen und Lagermethoden auf die Haltbarkeit von Gemüse (Qualitätsparameter: Vitamine, Mineralstoffe, Rohfaser, sekundäre Pflanzenstoffe, Geschmack, Festigkeit, Atmung usw.).

T.: Physikalische u. chemische Meßmethoden, Enzymatik, Destillation, Extraktion, GC, Photometrie, ionensensitive Elektroden, EDV.

Lehrstuhl f. Zierpflanzenbau
A.33.23. Prof. Dr. W. Horn / Dr. G. Schlegel
A.: CO_2-Gaswechsel und Kälte-/Lichtstreß bei Zierpflanzen; Gartenbauliche Pflanzenzüchtung (Genetik, Karyologie, Biosystematik höherer Pflanzen; Züchtungsmethodik; In-vitro-Mutagenese; In-vitro-Vermehrung von Zierpflanzen, insbes. Einfluß der Lichtqualität auf die Regeneration.
T.: Chromatographie, Elektrophorese, Mikroskopie, Infrarotgasanalysator, GC, HPLC, physikalische Lichtmessung.

Institut f. Landespflege u. Botanik
8050 Freising-Weihenstephan

Lehrstuhl f. Botanik
A.33.24. Prof. Dr. B. Hock
A.: Nachweis von Umweltchemikalien.
T.: Enzymimmunoassays, Immunofluoreszenznachweise, Isotopentechnik.

Lehrstuhl f. Landschaftsökologie
A.33.25. Prof. Dr. W. Haber / Prof. Dr. Pfadenhauer / Dr. J. Schaller
A.: Abwasserreinigungsfähigkeit bewachsener Bodenfilter in winterkalten Gebieten; Freilandökologie: Ermittlung planungsrelevanter, vegetationskundlicher Daten (Pflegeprogramme für Biotope etc.); Ökosystemforschung-Untersuchung des Einflusses des Menschen auf Hochgebirgsökosysteme; Grundlage ist ein regionales ökologisch-ökonomisches System, d. h. Ökosystemforschung unter Einbeziehung des Menschen. Umweltverträglichkeit moderner Landbewirtschaftung; Hypothesenprüfung der neuartigen Waldschäden; Ökologische Bilanz der Flurbereinigung.
T.: Analytik, EDV, Arbeit mit dem geographischen Informationssystem, Digitalisierung, Luftbildinterpretation, Kartographie.

Fakultät f. Brauwesen, Lebensmitteltechnologie u. Milchwissenschaft

Institut f. Milchwissenschaft u. Lebensmittelverfahrenstechnik
8050 Freising-Weihenstephan

Lehrstuhl f. Milchwissenschaft
A.33.26. Prof. Dr. H. Klostermeyer / Dr. H. Elbertzhagen
A.: Quantitative Bestimmung von Fremdproteinen in Milch und Milchprodukten mit Hilfe immunochemischer Methoden; Quantifizierung der durch technologische Prozesse an Milchproteinen verursachten Veränderungen mit Hilfe immunochemischer Methoden.
T.: Immunologische Techniken, Elektrophoresen, Chromatographie, enzymatische Analytik.

A.34. Westfälische Wilhelms-Universität Münster
Schloßplatz 2
4400 Münster
Tel.: 0251-831

Fachbereich Biologie

Botanisches Institut u. Botanischer Garten
Schloßgarten 3
4400 Münster

A.34.1. Prof. Dr. F. Albers / Prof. Dr. E. Burrichter / Prof. Dr. B. Gerhardt / Prof. Dr. H. Hagedorn / Prof. Dr. H. Kaja / Prof. Dr. E. Latzko / Prof. Dr. E. Peveling / Prof. Dr. R. Wiermann
A.: Vergleichende Morphologie, Histologie und Cytologie der Pflanzen; Ultrastruktur der Pflanzenzelle; Pflanzenphysiologie (Enzymologie, Kohlenhydratstoffwechsel, Regulation des Calvin-Zyklus bei der Photosynthese, Transport und Verteilung von Assimilationsprodukten, Untersuchungen zum Fettstoffwechsel); Calciumstoffwechsel; Zellbiologie und Stoffwechsel (Lactatstoffwechsel, Photorespiration); Systematische Botanik (experimentelle Systematik u. Evolutionsforschung); Geobotanik (Einfluß des historischen u. prähistorischen Menschen auf die Vegetation).
T.: Cytologische Techniken, EM, physiologische Techniken.

Lehrstuhl f. Biochemie der Pflanzen
Hindenburgplatz 55
4400 Münster

A.34.2. Prof. Dr. W. Barz
A.: Biochemie der Pflanzen: Pflanzliche Zellkulturen; Stoffwechsel und Abbau aromatischer und heterozyklischer Verbindungen in pflanzlichen Zellkulturen; Bildung und Abbau von Phytoalexinen.
T.: Heterotrophe/Photoautotrophe Zellkulturen, Enzymologie, HPLC, RLCC, DCCC, EDV.

Institut f. Angewandte Botanik
Hindenburgplatz 55
4400 Münster

A.34.3. Prof. Dr. M. Popp
A.: Mineralstoffhaushalt (Halophytenproblem); Osmoregulation (compatible solutes).
T.: GC, HPLC, Ionenchromatographie.

A.34.4. Prof. Dr. D. J. v. Willert
A.: Kohlenstoffhaushalt (CAM, Produktivitätsanalyse); Wasserhaushalt (Dürrestreß).
T.: Gaswechselmessungen (Photosynthese, Transpiration), Techniken zur Messung des Wasserhaushalts von Pflanzen, GC, AAS.

Zoologisches Institut
Schloßplatz 5
4400 Münster
Lehrstuhl f. Allgemeine Zoologie
A.34.5. Prof. Dr. W. Bottke
A.: Charakterisierung eines Invertebraten-Eisenspeicherproteins (Ferritin); Untersuchungen zum Stoffwechsel des Ferritins in Oogenese und Embryogenese von Mollusken; das Problem exogener und endogener Dotterentstehung sowie die Regulation der Vitellogenese.
T.: Isotopentechnik, LM, EM, analytische Trennverfahren d. Proteinchcmie, Elektrophoresen, immunologische und immuncytochemische Methoden.
A.34.6. Prof. Dr. H.-D. Görtz
A.: Zellbiologische Aspekte von Symbiose und Parasitismus bei Protozoen sowie Untersuchungen von Symbiose und Parasitosen von Protozoen bei Metazoen; Untersuchung der zellbiologischen Fragen (insbes. interzelluläre Kommunikation); Untersuchung populationsbiologischer Auswirkungen der bearbeiteten Symbiosen.
T.: LM, EM, Immuncytologie, Cytochemie, Proteinbiochemie (1/2D-PAGE, Säulenchromatographie).
A.34.7. Prof. Dr. K. Heckmann
A.: Zell-Zell-Interaktionen bei Ciliaten (Isolierung der Signalsubstanzen, Suche nach den Rezeptoren, Klonierung und Sequenzierung der Paarungstypgene); Räuber-induzierte Feindabwehr bei Protozoen.
T.: EM, Gelfiltrationschromatographie, Isotopentechnik.
A.34.8. Prof. Dr. W. Janning
A.: Drosophila-Entwicklungsgenetik.
T.: Mikroskopie, Mikroinjektion, EDV.
A.34.9. Prof. Dr. D. Ribbert
A.: Entwicklungsphysiologische, cytogenetische Untersuchungen: Cytogenetik der Polytänchromosomen; RNA-Stoffwechsel.
T.: Mikroskopie, Isotopentechnik, Klonierungstechniken.
A.34.10. Prof. Dr. F. Weber
A.: Populationsbiologie: Untersuchungen zur Stabilität natürlicher Populationen, Beispiel des Laufkäfers Carabus auronitens (determinative versus stochastische Modelle); Chronobiologie: Zeitmuster des Verhaltens unterschiedlich adaptierter Höhlentiere; Mechanismen interner Synchronisation vorzugsweise am Beispiel des circadianen Endocuticula-Wachstum bei Insekten.
T.: Mikroskopie, EDV, Ultrastrukturanalyse, in-vitro-Kultur.
A.34.11. Dr. A. Tiedtke
A.: Genetische und zellbiologische Analyse regulierter und konstitutiver sekretorischer Organellen (Lysosomen, Mucocysten) bei Tetrahymena (Ciliata).
T.: Metabolische (radioaktive) Proteinmarkierung, FPLC, HPLC, Fluoreszenzmikroskopie, EM.

A.34. Westfälische Wilhelms-Universität Münster

Abt. f. Molekularbiologie
A.34.12. Prof. Dr. K. Müller
A.: Untersuchungen zur Regulation der rRNA-Synthese bei Bakterien (E. coli) und Eukaryonten (Tetrahymena pyriformis); Transkriptionsmechanismen in vitro und in vivo, insbes. die Bedeutung der Supercoilstruktur der DNA und der Promoterstruktur für die Genaktivität.
T.: Techniken zur Analyse u. Präparation von Nukleinsäuren u. Proteinen, Chromatographie, Elektrophorese, Ultrazentrifugation, Gentechnik, Isotopentechnik.

Lehrstuhl f. Spezielle Zoologie
A.34.13. Prof. Dr. G. Clemen
A.: Entwicklungsphysiologie am Munddach und den Zahnleisten der Amphibien.
T.: Histologie, TEM, REM, Micro- und Macrophotographie, Microchirurgie, Fluoreszenzmikroskopie.

A.34.14. Prof. Dr. P. Fioroni
A.: Embryologie von Mollusken u. Crustaceen (unter besonderer Berücksichtigung der embryonalen Ernährung.
T.: Histologie, Histochemie, TEM, REM, Mikro- u. Makrophotographie.

A.34.15. Prof. Dr. L. Schmekel
A.: Morphologie und Systematik der Opistobranchia des Mittelmeeres.
T.: Histologie, TEM, REM.

Lehrstuhl f. Neurophysiologie
A.34.16. Prof. Dr. U. Thurm
A.: Reiz-Erregungsumsetzung in Mechanorezeptoren (Mechanoelektrische Transduktion): Analyse des molekularen Mechanismus und elektrischen Verhaltens; Aktiver Ionen- u. Wassertransport in Organen der Insekten-Epidermis.
T.: Elektrophysiologie, EM, EDV.

Abt. f. Physiologie u. Ökologie
A.34.17. Prof. Dr. R. Altevogt
A.: Ökophysiologie; Funktionsmorphologie schneller biologischer Prozesse; Ökologie und Faunistik einheimischer Biotope; Funktionsmorphologie beim Menschen.
T.: Hochfrequenzkinematographie; Ton- u. Vibrationsregistrierung; REM.

Abt. f. Verhaltensforschung
A.34.18. Prof. Dr. G. Dücker
A.: Vergleichende Ethologie und Verhaltensphysiologie; Sinnesphysiologie; Lern- und Gedächtnisforschung.
T.: Film, Video, EDV.

A.34.19. Prof. Dr. B. Surhold
A.: Energieproduktion und Regulation metabolischer Prozesse in Insektenflugmuskeln; Ökologie von Binnengewässern.
T.: Analytik, Chromatographie, Isotopentechnik.

Lehrstuhl f. Zoophysiologie
A.34.20. Prof. Dr. G. Beinbrecht
A.: Muskelphysiologie: Organisation und Interaktion der Proteine des kontraktilen Apparates von Arthropoden-Muskeln.
T.: Chromatographie, EM, EDV.
A.34.21. Prof. Dr. J. Reinert
A.: Bioakustik insbes. Vogelstimmenuntersuchungen an Rotschwanz- und Rohrsängerarten.
T.: Sonagraph, Schalldruckpegelmessung.
A.34.22. Prof. Dr. E. Zebe / Dr. G. Kamp
A.: Stoffwechselphysiologie: Anaerobiosestoffwechsel von Invertebraten; Verdauungsphysiologie von Anneliden; Glykogenstoffwechsel von Invertebraten.
T.: Allg. Methoden d. biochemischen Analytik.

Institut f. Mikrobiologie
Corrensstr. 3
4400 Münster

A.34.23. Prof. Dr. H.-J. Rehm / Prof. Dr. H. Pape
A.: Mehrkettige Reaktionen mit immobiliserten Mikroorganismen; Studium der Biologie und Physiologie verschiedener Mikroorganismen nach Immobilisation; Stoffwechsel von Mikroorganismen, insbes. mikrobieller Sekundärstoffwechsel; Biosynthese verschiedener Antibiotika und Enzyminhibitoren in Actinomyceten; Stoffwechsel sekundärer Metabolite.
T.: GC, HPLC, Mikroskopie, Fermentationstechniken, Isotopentechnik, DNA-Sequenzierung, Isolierung von tRNA u. tRNA-Synthetasen, Isolierung von Mycotoxinen, Phagen-Techniken, Immobilisierung von Mikroorganismen, Nachweis, Isolierung u. Identifizierung von Stoffwechselprodukten.

Institut f. Pharmazeutische Biologie u. Phytochemie
Hittorfstr. 56
4400 Münster

A.34.24. Prof. Dr. A. Nahrstedt
A.: Biochemie cyanogener Verbindungen aus Pflanzen und Insekten; Phytochemie wasserdampfflüchtiger Pflanzeninhaltsstoffe; Phytochemie traditioneller Arzneipflanzen.
T.: Chromatographie (GC, HPLC), Extraktionsverfahren, Spektroskopie, Isotopentechnik.

A.35. Universität Oldenburg
Ammerländer Heerstr. 67-99
2900 Oldenburg
Tel.: 0441-7980

Fachbereich Biologie

Botanik/Morphologie u. Vegetationskunde
A.35.1. Prof. Dr. W. Eber
A.: Vegetation der Küste und binnenländischer Feuchtgebiete; Populationsbiologie, Stoffproduktion, morphologische Anpassungen der Arten an den Lebensraum; Anwendung der Ergebnisse für den Naturschutz.
T.: Mikrotomie, Mikroskopie, Analytik.

Pflanzenphysiologie
A.35.2. Prof. Dr. H. Stabenau
A.: Untersuchungen zum Ablauf, zur Regulation und zur Kompartimentierung des Stoffwechsels pflanzlicher Zellen mit biochemischen und cytologischen Methoden.

Bodenkunde (Botanik/Ökologie)
A.35.3. Prof. Dr. H. Gebhardt
A.: Boden als Pflanzenstandort, biologischer Landbau, Bodengenetik; Bioelement- und Wasserhaushalt nordwestdeutscher Böden; Bodenentwicklung im Küstenbereich (Salzwiesen und Marschen); Bodenversauerung als Ursache von Waldschäden in Nordwestdeutschland; Genese und Eigenschaften anthropogener Böden Nordwesteuropas, historische Bodennutzungssysteme; Tropische Böden und Bodennutzungsarten, insbes. in semiariden Gebieten.
T.: Spektrometrie, AAS, GC, C/N-Analysator, Polarisations- u. Phasenkontrastmikroskopie, EM, Röntgendiffraktometrie.

Allgemeine Zoologie u. Zoophysiologie
A.35.4. Prof. Dr. A. Willig / Dr. H.-J. Ferenz
A.: Stoffwechselregulation und Regulation des Mineralstoffhaushaltes bei Krebsen; Akkumulation von Phenolen in Fischen; Physiologie der Fortpflanzung von Insekten.

Entomologie/Ökologie
A.35.5. Prof. Dr. V. Haeseler
A.: Ethologie, Ökologie von Hymenopteren, Synökologische Untersuchungen an verschiedenen Ökosystemen.

Zoomorphologie u. Evolutionslehre
A.35.6. Prof. Dr. St. Perry / Prof. Dr. H. K. Schminke
A.: Zoobenthos antarktischer Gewässer; Grundwasserbiologie (im Aufbau); Larvalbiologie von Crustaceen; Lungenevolution u. Atmungsmechanismen bei Wirbeltieren.

T.: Histologische Techniken, EM, Ausbildung zum Forschungstaucher.

Physiologische Ökologie
A.35.7. Prof. Dr. P. Janiesch
A.: Mineralstoffhaushalt und anaerober Stoffwechsel höherer Pflanzen; Stickstoffmineralisierung in Böden.

Geomikrobiologie, Ökophysiologie
A.35.8. Prof. Dr. W. E. Krumbein
A.: Mikrobiologische Prozesse bei Gesteinszerstörung und Gesteinsbildung sensu lato; Biokorrosion; Mikrobenmatten im Wattenmeer; Stromatolithe; Mikropaläontologie; Leaching.
T.: REM, TEM, Photometrie, GC, HPLC, Züchtung, Enzymologie, Mikronadelelektroden, Anaerobtechniken, Mikroökosystemanalyse.

Mikrobiologie/Biotechnologie
A.35.9. Prof. Dr. S. Jannsen
A.: Abbau von Naturstoffen (Lignin, Gülle) durch Mikroorganismen; Biologische Phosphateliminierung unter Einsatz neuer Trägermaterialien für Mikroorganismen; Mikrobiologie der Kompostierung landwirtschaftlicher Abfälle; Biotechnologische Verfahren zur Alkoholgewinnung aus pflanzlichen Rückständen.
T.: Fermentationsverfahren, UV/VIS-Spektroskopie, GC, HPLC, EM.

Genetik
A.35.10. Prof. Dr. W. Wackernagl
A.: Molekulargenetik: Mechanismen der genetischen Rekombination (Prokaryonten), Reparatur von DNA-Schäden; Risikoerforschung der Gentechnologie: Gentransfer und Verhalten genetisch manipulierter Mikroorganismen in natürlicher Umwelt.
T.: Isotopentechnik, Chromatographie (HPLC), Elektrophorese, Ultrazentrifugation.

Angewandte Biologie
A.35.11. Prof. Dr. R. Megnet
A.: Mikrobielle Produkte und Prozesse (Isolierung, Produktionssteigerung, Selektion).

Biochemie
A.35.12. Prof. Dr. T. Höpner / Dr. I. Witte / Dr. G.-P. Zauke
A.: Biologischer Kohlenwasserstoff-Abbau im Ökosystem Watt und in Böden; Nährstoffzyklen im Ökosystem Watt, epibenthische Produktivität; Naturnahe Klärverfahren und biologische Selbstreinigung.
Biologisches Monitoring von Schwermetallen im Ästuarbereich der Elbe, Weser und Ems. DNA-Schädigung u. DNA-Reparatur.
T.: Enzymatische Analyse (GC, HPLC, UV-, VIS-, IR-, Fluoreszenzphotometrie, Wasseranalytik, Schwermetallspurenanalyse (AAS), Zellzucht, Freilandtechniken, Statistik, explorative Datenanalyse.

A.36. Universität Osnabrück
Neuer Graben/Schloß
4500 Osnabrück
Tel.: 0541-6081

Fachbereich Biologie u. Chemie

Spezielle Botanik
A.36.1. Prof. Dr. H. Hurka
A.: Sippendifferenzierung und Adaptationsstrategien bei Cruciferen; Analyse von Evolutionsprozessen; Genotyp-Umwelt Interaktionen.
T.: Mikroskopie, Chromatographie, Elektrophoresen, Feldversuche, Statistik.

Genetik
A.36.2. Prof. Dr. J. Lengeler
A.: Analyse der Kohlenhydrat-Transportsysteme der Enterobakterien: Struktur und Aufbau; Funktion als Transportsystem, als Phosphattransferasesystem, als Chemorezeptor bei der Chemotaxis, als Regulationsmechanismus; Analyse der Evolution und experimentellen Herstellung solcher Systeme und der zugehörigen Stoffwechselwege.
T.: DNA-Technologien, Chemotaxismessungen.

Spezielle Zoologie
A.36.3. Prof. Dr. W. Westheide
A.: Morphologie (einschl. Ultrastruktur), Systematik, Phylogenie, Faunistik und Ökologie von Anneliden (insbes. interstitielle Polychaeten, Myzostomiden, Enchytraeiden, Hirudineen). Auswirkungen von Umweltchemikalien auf Lebenszyklen und Ultrastruktur von Bodenorganismen. Faunistisch-ökologische Untersuchungen von Fließgewässern und Feldgehölzen im Raum Osnabrück.
T.: LM, TEM, REM, EDV.

Zoophysiologie/Zellphysiologie
A.36.4. Prof. Dr. W. Lueken
A.: Invertebraten-Neurochemie, Myelinisierung im optischen System, Zellerkennung bei Ciliaten.

Entomologie
A.36.5. Prof. Dr. W. Truckenbrodt
A.: Entwicklungsphysiologie von Termiten.

Allgem. u. Systemökologie
A.36.6. Prof. Dr. H. Lieth / Prof. Dr. G. Esser
A.: Ökosystemanalysen (Wirkung von CO_2 auf das Ökosystem, Modellierung von agrarischen Intensivgebieten, Wachstums- und Entwicklungsuntersuchungen an Vegetation, Stoffbilanzen in Ökosystemen, ökologische Modelle).
T.: Bodenanalytik, Fernerkundung, EDV, Datenbanken.

Mikrobiologie
A.36.7. Prof. Dr. K. Altendorf
A.: Membranbiologie, Transportmechanismen; Biochemische und molekulargenetische Untersuchungen der ATP-Synthase, des Ionen-, Zucker- und Aminosäuretransports bei Bakterien; Abluftreinigung durch Biofilter.
T.: DNA-Sequenzierung, Aminosäureanalyse, Rekonstruktion von Transportproteinen, Δ-pH-, $\Delta\psi$-Bestimmung, monoklonale Antikörper, ELISA, Immunoblotting.

Biochemie
A.36.8. Prof. Dr. E. Werries
A.: Proteinchemie, Struktur u. Funktion von Proteinen; Stoffwechselphysiologie parasitärer Protozoen.
T.: HPLC, GC, Analytik, Isotopentechniken, Spektrophotometrie, Ultrazentrifugation.

Biophysik
A.36.9. Prof. Dr. W. Junge / Prof. Dr. U. B. Kaupp / Dr. K. W. Trissl / Dr. W. Hanke
A.: Photosynthese: Photophysikalische Primärprozesse, Wasseroxidation, Elektrochemische Vorgänge, H^+-ATP-Synthase. Photorezeption: Transduktion im Sehstäbchen, Ionenkanäle.
T.: Laserspektroskopie, Blitzlichtphotometrie, Opt. Spektroskopie, Elektrophysiologie, Isotopentechnik, HPLC, EDV.

A.37. Universität – Gesamthochschule Paderborn
Warburger Str. 100
4790 Paderborn
Tel.: 0 52 51-6 01

Fachbereich Architektur u. Landespflege

An der Wilhelmshöhe 44
3470 Höxter 1

Freilandpflanzenkunde, Pflanzensoziologie
A.37.1. Prof. H. Böttcher
A.: Systematik d. Pflanzengesellschaften Mitteleuropas (insb. Buchenwaldgesellschaften); Vegetation Islands; Pflanzengesellschaften u. Vegetationsstrukturen als Grundlage für die Landschaftsplanung.

Biologie mit ökologisch-zoologischen Schwerpunkten
A.37.2. Prof. Dr. H. Wedeck
A.: Ökologische Landschaftsgliederung, Immissionsbelastung der Landschaft, Pflanzensoziologie.

Ökologie, Zoologie
A.37.3. Prof. Dr. B. Gerken
A.: Grundlagenuntersuchungen zur Habitatselektion, insbes. an Libellen, Tagfaltern und Laufkäfern; Beiträge zur Umweltverträglichkeitsprüfung (akt. Probleme beim Hochwasserschutz, Straßenbau u. in der Flurbereinigung); Grundlage zur Pflege von Schutzgebieten (laufende Projekte auf Kalkhalbtrockenrasen und in Mooren u. a. Wiedervernässungen).
T.: Freilandökologische Methoden.

| Fachbereich Landbau |

Abt. Soest
Waldmühlenweg 25
4770 Soest

A.37.4.
A.: Des gesamten Fachbereichs: Integrierter Pflanzenbau; Testung von Produktionsverfahren; Sortenuntersuchung nach Leistung und Ansprüchen; Qualitätsbeurteilung von Erntegut und Saatgut; Saatgutbehandlung; Einfluß von Pflanzenbehandlungsmitteln auf Kulturpflanzen.

A.38. Universität Regensburg
Universitätsstr. 31
8400 Regensburg
Tel.: 0941-9431

| Naturwissenschaftliche Fakultät III – Biologie u. vorklinische Medizin |

Institut f. Botanik
Universitätsstr. 31
8400 Regensburg

A.38.1. Prof. Dr. A. Bresinsky
A.: Höhere Pilze (Evolution, Systematik, Wachstum, Sporulation, Stoffwechsel).

A.38.2. Prof. Dr. G. Hauska
A.: Isolierung, Charakterisierung und Rekonstitution von Membranproteinkomplexen aus Chloroplasten und photosynthetischen Bakterien (spez. Cytochromkomplexe und Reaktionszentren).
T.: Differentialspektroskopie, EDV, HPLC, DC, biochemische Analytik, Isotopentechniken, Immunologische Analytik.

A.38.3. Prof. Dr. H. P. Molitoris
A.: Pilzphysiologie; Produktion u. Funktion pilzlicher Enzyme; Meerespilze (Screeningprogramm auf physiologische Aktivitäten, speziell industriell verwertbarer Enzyme).

T.: Enzymatik, Mikroskopie (einschl. TEM, REM), Chromatographie, EDV.

A.38.4. Prof. Dr. P. Schönfelder
A.: Geobotanik: Arealkunde, (Verbreitungsatlanten der Flora Bayerns u. der BRD und ihre Auswertung); Vegetationskunde (Pflanzengesellschaften Bayerns, bes. Ost- und Nordbayerns): beide Teilgebiete unter Berücksichtigung des Naturschutzes als praktischer Anwendung.
T.: EDV (Mikrocomputer u. Großrechner).

A.38.5. Prof. Dr. W. Tanner
A.: Biosynthese und Funktion glykosylierter Proteine; Substrat-Aufnahme bei Hefen, niederen und höheren Pflanzen.
T.: Biochemische u. molekulargenetische Techniken.

A.38.6. Dr. Dipl.-Ing. H. Prillinger
A.: Vergleichende morphologische, physiologische und molekulargenetische Untersuchungen an Basidiomyceten-Hefen; Genetische Kontrolle der Fruchtkörper- und Artbildung bei Basidiomyceten; Vegetative Anastomosen bei Zygomyceten; Evolution der Sexualität bei Chitinpilzen; Phylogenese.
T.: Mikroskopie, DNA/DNA-Hybridisierung und G+C Analyse, DNA-Isolierung, Zellwandanalyse (GC), Restriktionsanalyse, Hefestandardcharakterisierung.

Institut f. Zoologie
Universitätsstr. 31
8400 Regensburg

A.38.7. Prof. Dr. H. Altner
A.: Funktionsmorphologie und Physiologie von Rezeptoren (insbes. Chemo-, Thermo- u. Hygrorezeptoren) und Sinnesbahnen; Ökophysiologie; Faunistik/Ökologie.
T.: TEM, REM, Gefrierbruchtechnik, Elektrophysiologie.

A.38.8. Prof. Dr. D. Burkhardt
A.: Ultraviolett-Sehen, Sehen von Insekten.
T.: Mikroskopie, Photometrie, Elektrophysiologie, Verhaltensphysiologie.

A.38.9. Prof. Dr. B. Darnhofer-Demar
A.: Biomechanik von Bewegungsapparaten insbes. von laufenden und springenden Insekten und von Fischen.
T.: Hochfrequenzkinematographie, 3D-Strobogramme, Mikroskopie.

A.38.10. Prof. Dr. K.-D. Ernst
A.: Funktion u. Morphologie von Sinneszellen bei Insekten.

A.38.11. Prof. Dr. K. Hansen
A.: Physiologie und funktionelle Anatomie der Kontaktchemorezeptoren („Schmeckhaare") von Insekten, mit Beziehung zu Insekten-Pflanzen-Beziehungen.
T.: Digitale Verarbeitung analoger Mikrosignale von Sinnesorganen, biochemische Ultramikroanalytik, EM.

A.38.12. Prof. Dr. B. Kramer
A.: Kommunikation mit elektrischen und akustischen Signalen bei Fischen: ethologische, neuroethologische, verhaltensphysiologische Untersuchungen. Psychophysische Untersuchung elektrischer Sinnesleistungen.
T.: Signalanalyse- und -synthese (analog, digital); Techniken der Verhaltensforschung, Fischpflege u. -zucht, EDV.

Institut f. Physiologie
Universitätsstr. 31
8400 Regensburg

A.38.13. Prof. Dr. C. Albers
A.: Blutgastransport, Volumenregulation und rheologische Eigenschaften kernhaltiger Erythrocyten.
T.: Physikalisch-chemische Techniken, Chromatographie, Spektroskopie (computerunterstützt), Isotopentechnik; Gaswechsel freischwimmender Fische.

A.38.14. Prof. Dr. W. Moll
A.: Durchblutungsregulation der Plazenta, Fetalphysiologie.
T.: Chromatographie, Isotopentechnik, Messung der Organdurchblutung, RIA.

A.38.15. Prof. Dr. K. F. Schnell
A.: ESR-Markierung von Erythrozyten; Synthese von Spinlabel; Tracer-Fluß-Messungen; Aktivierung von $Cu^{++}i$ durch iP3.
T.: Isotopentechnik, ESR-Spektroskopie, Chromatographie, Proteintrennungstechniken, EDV, Aufstellung und Programmieren von Transport-Modellen.

Institut f. Anatomie
Universitätsstr. 31
8400 Regensburg

A.38.16. Prof. Dr. A. Frieß
A.: Morphologische Untersuchungen an Säugetierplazenten; morphologische Untersuchungen über Ausbildung immunkompetenter Zellen u. Immunantwort; Veränderung von Spermien während der Reifung u. der Befruchtung.

A.38.17. Prof. Dr. K.-H. Wrobel
A.: Feinbau und Ontogenese der männlichen Gonaden.

Institut f. Biochemie, Genetik u. Mikrobiologie
Universitätsstr. 31
8400 Regensburg

A.38.18. Prof. Dr. G. Löffler
A.: Sekretionsmechanismus des exokrinen Pankreas; Untersuchungen über Differenzierungsmechanismen in Fettzellen.

A.38.19. Prof. Dr. R. Schmitt
A.: Genetische Struktur, Regulation und genetische Verwendung von Transposons; Mechanismus der Tetracyclinresistenz (E. coli); Signalübertragung durch Methylierung und Bewegungssteuerung durch komplexe Flagellen (Rhizobium meliloti); Genstruktur und -regulation bei Volvox carteri; Genomstabilität bei Streptomyceten.
T.: DNA-Sequenzierung, Genomscreening mit synthetischen Oligonukleotiden und Antikör-

pern, Ultrazentrifugation, TEM, Isotopentechnik.

A.38.20. Prof. Dr. K. O. Stetter
A.: Physiologie, Ökologie, Biochemie und Phylogenie von Bakterien extrem hochtemperaturiger, saurer, anaerober und salziger Standorte; Mikrobiologie und Biotechnologie der Archaebakterien; Metallmobilisierung und -umwandlung durch thermophile und mesophile Eu- und Archaebakterien; Hyperthermophile Schwefelstoffwechsler und Methanbakterien; Archaebakterielle Zelloberflächen; Mikrobielle Lebensmittelbiotechnologie.
T.: Kulturtechnik extremer Anaerobier, Massenzucht hyperthermoph. u. extr. anaerober Archaebakt.; mikrobielle Erzlaugung, Molekularbiologie (in vitro-Transkription, Gentechnik); Mikroskopie, EM; Ultrazentrifugation, Chromatographie, GC, Isotopentechnik.

A.38.21. Prof. Dr. M. Sumper
A.: Die Rolle extrazellulärer Glykoproteine bei der Entwicklung der vielzelligen Kugelalge Volvox; Struktur, Funktion und Biosynthese von prokaryontischen Glykoproteinen.
T.: Enzymologie, Gentechnologie, Proteinanalytik, Kohlenhydratanalytik, monoklonale Antikörper.

A.38.22. Prof. Dr. J. Winter
A.: Mikrobiologie der Methangärung.

Institut f. Biophysik u. physikalische Biochemie
Universitätsstr. 31
8400 Regensburg

A.38.23. Prof. Dr. R. Jaenicke
A.: Proteine (Enzyme) unter extremen Bedingungen; Faltungsmechanismus einkettiger und oligomerer Proteine.

A.38.24. Prof. Dr. E. Holler
A.: Wirkungsmechanismus von Antitumorreagenzien (Platinverbindungen); Wirkung auf DNA-Synthese, Reaktion mit Nucleotiden. Regulation der zellulären DNA-Synthese auf Seiten der DNA-Polymerasen; Isolierung u. Charakterisierung von DNA-Polymerasen aus Physarum polycephalum; DNA-Polymerasen aus Archaebakterien.
T.: Analytik, Chromatographie, Elektrophorese, Spektroskopie, Isotopentechnik, HPLC, Fluoreszenzspektroskopie.

Institut f. Pharmazie
Universitätsstr. 31
8400 Regensburg

A.38.25. Prof. Dr. G. Franz
A.: Analytik von Kohlenhydraten; Strukturaufklärung von Polysacchariden; Biosynthese der glykosidischen Bindung; Polysaccharide als Immunstimulantien; Tumorimmunbiologie, Cardiotone Steroide.
T.: HPLC, GC, GC-MS, Isotopentechnik, Ultrazentrifugation, EDV.

A.38.26. Prof. Dr. H. Schönenberger
A.: Experimentelle Krebschemotherapie; Wirkstoffsynthese und Testung an hormonabhängigen Tumoren.

T.: Biochemische Methodik, Zellkultur- u. Tierversuchsmethodik, Wirkstoffsynthese.

A.39. Universität Saarbrücken
Im Stadtwald
6600 Saarbrücken
Tel.: 0681-3021

Fachbereich Biologie

Institut f. Botanik

A.39.1. Prof. Dr. H. Kaldewey
A.: Transport und Metabolismus von Phytohormonen; Blattfall und Klimafaktoren; Pflanzenwachstum und Schwerkraft.
T.: DC, GC, Isotopentechnik.

A.39.2. Prof. Dr. C. Wetter
A.: Tabakmosaikvirus (Charakterisierung neuer Wildstämme, Flüssigkristalline Phasen, Abbau und „self-assembly" des TMV-Proteins).
T.: Ultrazentrifugation, EM, Immun-EM, Serologie.

A.39.3. Prof. Dr. H. D. Zinsmeister
A.: Phytochemische Untersuchungen an Moosen; Cyanogenese bei Nahrungspflanzen.
T.: Chromatographie, Spektroskopie, Spektralphotometer, IR-Spektrometer, Phytotronschränke.

Institut f. Zoologie

A.39.4. Prof. Dr. G. Altmann
A.: Biophysik externer elektromagnetischer Einflüsse; Ökologie-Verhalten.
T.: Physikalisch-physiologische Meßmethoden.

A.39.5. Prof. Dr. G. Mosbacher
A.: Postembryonale Entwicklung der Insekten, insbes. geschlechtsspezifische Differenzierung von Organen und Zellen; Differenzierungsleistungen von Imaginalscheiben; Hormonale Steuerung der Metamorphose; Einfluß von Wachstumsregulatoren auf die Metamorphose; Pheromonsysteme bei Borkenkäfern (Coleoptera, Scolytidae), Orientierung von Borkenkäferfeinden.
T.: EM, REM, RIA.

A.39.6. Prof. Dr. W. Nachtigall
A.: Bewegungsphysiologie: Biophysik und Neurophysiologie des Insektenflugs; Biophysik und Biokybernetik des Vogelflugs; Hydromechanik des Schwimmens; Stoffwechselphysiologie und Energetik der Lo-

komotion von Tieren; Aspekte der Biotechnik und Bionik, Funktionsmorphologie und REM-Dokumentation; Biostatik zoologischer und botanischer Objekte.
T.: Registrierungstechniken biophysikalischer Art, EDV, Foto-, Film- und Bildauswertung im Hochfrequenzbereich.

Institut f. Mikrobiologie

A.39.7. Prof. Dr. H. Kaltwasser
A.: Bakterien-Physiologie und -Enzymologie, Stoffwechsel von Stickstoffverbindungen.
T.: Zellaufschluß, Proteintrennung, Enzymmessungen, Isotopentechnik, Stofftransport.

A.39.8. Prof. Dr. A. Wartenberg
A.: Mikrobiologie, Mykologie: Celluloseabbau, Cellulasekomplex bei Aspergillus niger, Citronensäureproduktion bei Aspergillus niger; Kompostierung von Celluloseabfällen und Wärmegewinnung; Wachstumskinetik von Bakterien.
T.: Säulenchromatographie, Elektrophoresen, EDV.

Institut f. Genetik

A.39.9. Prof. Dr. H. Kroeger
A.: Mechanismen der Genaktivierung bei Eukaryonten.
T.: Mikromanipulation, Ultra-Mikro-Trenntechniken, Mikrosondentechnik (ESMA), Cytophotometrie.

A.39.10. Prof. Dr. F. Leibenguth
A.: Isoelektrische Fokussierung von Proteinen und Enzymen (Insekten, Pflanzen, Zellkulturen); Cytogenetik von Haustieren; Karyotypevolution in vitro; Streßproteine bei Insekten.
T.: Isoelektrische Fokussierung, Chromosomenbänderungsverfahren, in vitro-Kultur von Säugerzellinien.

Institut f. Biochemie

A.39.11. Prof. Dr. H. Faillard
A.: Chemie und Biochemie der Acyl-Neuraminsäuren und deren Bedeutung für die Struktur und biologische Funktion der Glykoproteine, insbes. Neuraminsäure-Ausstattung in Lymphozyten und Seren bei malignen Zuständen, sowie Synthese von Acyl-Neuraminsäure-Analoga- und -glykosiden.
T.: AAS, HPLC, GC, Isoelektrische Fokussierung.

Fachbereich Sozial- u. Umweltwissenschaften

Institut f. Biogeographie

A.39.12. Prof. Dr. P. Müller
A.: Verbleib und Wirkung von Chemikalien in Nahrungsnetzen; Arealsystemforschung.
T.: AAS, GC, Elektrophoresen, REM, chemische Rückstandsanalytik.

Fachbereich Theoretische Medizin

Institut f. Medizinische Biologie
A.39.13. Prof. Dr. E. Morgenstern
A.: Ultrastruktur der Blutplättchen; Funktion, Morphologie und Zytochemie der Blutgerinnung.
T.: EM, Gefriertechniken.
A.39.14. Prof. Dr. G. Werner
A.: Spermiogenese bei Arthropoden und Vertebraten.
T.: LM, EM, Ultramikrotomie, Radioautographie.

Sektion Angewandte Mikrobiologie u. Hygiene
A.39.15. Prof. Dr. R. Schweisfurth
A.: Mangan- und Eisen-oxidierende Bakterien; Bodenmikrobiologie; Denitrifikation beim Kohlenwasserstoffabbau – Altlastbeseitigung; Mikrobiologie der Korrosion von Eisen und Kupfer.
T.: Fermenter, GC, HPLC, Fluoreszenz- u. norm. Mikroskopie.

A.40. Universität Stuttgart
Keplerstr. 7
7000 Stuttgart 1
Tel.: 0711-121-0

Fakultät Geo- u. Biowissenschaften

Biologisches Institut
Ulmer Str. 227
7000 Stuttgart 60
Abt. Botanik
A.40.1. Prof. Dr. K.-W. Mundry
A.: Selfassembly beim Tabakmosaikvirus; Frühstadien der Pathogenese bei pflanzlichen Virusinfektionen und genetische Steuerung; Replikation und Wirtsspezifität bei Pflanzenrhabdoviren; Hemmung von Virusinfektionen bei Pflanzen.

Abt. Pflanzenphysiologie
A.40.2. Prof. Dr. Kull
A.: Stoffwechselphysiologische Wirkungen von Cytokininen; Wirkung natürlicher und künstlicher Umweltfaktoren auf den Stoffwechsel der Pflanzen; Leichtbau bei Pflanzen.
T.: GC, HPLC, Isotopentechnik, Enzymologie, Zellfraktionierung, Mikroskopie, REM, molekularbiologische Methoden.

Abt. Tierphysiologie
A.40.3. Prof. Dr. P. Kunze
A.: Neuropharmakologie an Insekten und Fischen; Physiologische Optik von Arthropodenaugen.
T.: Mikroskopie, optische Geräte.

A.40.4. Dr. W. J. Schmidt
A.: Verhaltens-Neuropharmakologie.
T.: Chromatographie (HPLC), EDV.

Abt. Zoologie
A.40.5. Prof. Dr. K. Köhler
A.: mRNA-Transport.
T.: Ultrazentrifugation, FPLC, Elektrophoresen, Gentechnik.

Abt. Biophysik
A.40.6. Prof. Dr. D. F. Hülser
A.: Membranbiologie: Interzelluläre Kommunikation: Funktion u. Struktur von Zell-zu-Zell-Kanälen für den Informationsfluß (gap junctions).
T.: Elektrophysiologie (intrazelluläre Ableitungen, patch clamp, EDV), EM (incl. Ultramikrotomie, Gefrierbruch-Verf.), Zellkultur (Monolayer u. Multizell-Sphäroide).

Abt. Bioenergetik
A.40.7. Prof. Dr. R. J. Strasser
A.: Dynamische Beschreibung der Primärreaktionen der Photosynthese, Flavin- und Rhodopsinsysteme; Messung von Konformations- und Zustandsänderungen in biologischen Systemen; Modellieren und Simulieren von offenen Systemen; Anwendungsorientierung in Biotechnologie.
T.: Spektroskopie (Absorption u. Fluoreszenz), in vivo u. Tieftemperaturspektroskopie, On-line Digitalisierung mit EDV-Auswertung.

Fakultät Chemie

Institut f. Organische Chemie, Biochemie u. Isotopenforschung
Teilinstitut Biochemie
Pfaffenwaldring 55
7000 Stuttgart 80
A.40.8. Prof. Dr. G. Pfleiderer
A.: Struktur-Funktionsbeziehung von oligomeren Enzymen, Enzymologie, Enzymdiagnostik.

Fakultät Bauingenieur- u. Vermessungswesen

Institut f. Siedlungswasserwirtschaft, Wassergüte u. Abfallwirtschaft
Bandtäle 1
Abt. Biologie
A.40.9. Prof. Dr. D. Bardtke
A.: Biologische Abwasserreinigung; quantitative Erfassung der Biomasse; Fischtoxikologie.

A.41. Eberhard-Karls-Universität Tübingen

Wilhelmstr. 7
7400 Tübingen
Tel. 07071-291

Fachbereich Biologie

Institut f. Biologie I
Auf der Morgenstelle 1
7400 Tübingen I

Lehrbereich Allgemeine Botanik u. Pflanzenphysiologie
A.41.1. Prof. Dr. W. Engelmann / Prof. Dr. A. Hager / Prof. Dr. B. Schwemmle / Prof. Dr. H. U. Seitz
A.: Antibiotische und wachstumshemmende Substanzen aus Korbblütlern; Wirkungsmechanismen natürlicher und synthetischer Wachstumsregulatoren und Phytohormone; Biologische Uhren; Entwicklungs- und Stoffwechselphysiologie höherer Pflanzen bekannter genetischer Konstitution; Regulation des Sekundärstoffwechsels und Akkumulationsmechanismen bei pflanzlichen Zellkulturen.

Abt. Biochemie d. Pflanzen
A.41.2. Prof. Dr. R. Hampp
A.: Subzelluläre Kompartimentierung und Regulation von Stoffwechselreaktionen; Stoffwechselanalytik einzelner Zellen als Grundlage zur Erforschung von Stoffwechselunterschieden benachbarter Zellen unterschiedlicher Gewebetypen; Erfassung von Umweltschäden; Schädigungsgradienten; Elektrofusion pflanzlicher Protoplasten; Regenerationsexperimente.
T.: Photometrie, Mikrophotometrie, Mikroskopie, Fluorometrie, enzymatische Analytik, EDV, Gewebedissektion, Luminometrie, Zellkultur.

Lehrbereich f. spezielle Botanik
A.41.3. Prof. Dr. F. Oberwinkler
A.: Untersuchungen zur Morphologie und Feinstruktur der Mykorrhizen von Waldbäumen und ihre Veränderungen durch biotische (Pilzpartner, Rhizosphärenpilze) und abiotische Einflüsse (pH, Nähr- u. Schadelemente des Bodens, Trockenstreß, SO_2-Begasung); Kultivierung von Pilzen, Aufbewahrung von Pilzkulturen in vitro; Systematik der Porlinge (Basidiomyceten); Wirt-Parasit-Interaktionen; Feinstruktur der Kernteilung bei Pilzen; Kultivierung phytopathogener Pilze; Sekundär-Metabolite phytopathogener Pilze; Keimung.
T.: LM, EM, Bildanalyse mit EDV, Kultivierungstechniken, Chromatographie.

A.41.4. Prof. Dr. W. Sauer
A.: Pflanzenkaryologie und Cytogenetik; Evolutionsforschung an höheren Pflanzen (incl. Morphologie, Systematik); Geobotanik incl. Pflanzensoziologie, Ökologie und Chronologie.
T.: Chromosomenanalyse, ökologische Feldmethoden.

A.41.5. Dr. A. Brennicke
A.: Untersuchungen zur Strukturaufklärung und zum Informationsgehalt des mitochondrialen Genoms der höheren Pflanze Oenothera berteriana mit gentechnologischen Methoden.
T.: Ultrazentrifugation, Isotopentechnik, Gelelektrophorese, EDV.

A.41.6. Dr. G. Kost
A.: Systematik der Basidiomyceten; Morphologie und Anatomie der Fruchtkörper; Ökologie der höheren Pilze.
T.: LM, TEM, REM, Kultivierungstechniken.

Botanischer Garten
A.41.7. Prof. Dr. F. Oberwinkler / Dr. K. Dobat
A.: Blütenökologie, Pflanzensoziologie.
T.: Mikroskopie.

Institut f. Biologie II
Auf der Morgenstelle 28
7400 Tübingen

Lehrbereich Biokybernetik
A.41.8. Prof. Dr. D. Varju
A.: Orientierung bei Evertebraten.

Lehrbereich Biomathematik
A.41.9. Prof. Dr. K. P. Hadeler
A.: Nichtlineare Diffusionsgleichungen; mathematische Modelle in Populationsgenetik und Populationsökologie; Modelle für infektiöse Krankheiten.
T.: Modellbildung u. Modellanalyse, analytische u. stochastische Methoden, Numerik, EDV.

Lehrbereich Genetik
A.41.10. Prof. Dr. W. Seyffert / Prof. Dr. V. Hemleben / Prof. Dr. E. Sander
A.: Vererbung quantitativer Merkmale; Genetik und Enzymologie der Flavonoide; Transkriptionsaktive und inaktive DNA-Sequenzen höherer Pflanzen; Organisation und Regulation der Expression von Strukturgenen höherer Pflanzen; Flavonoidbiosynthese in Gewebekulturen definierter Genotypen höherer Pflanzen; Epidemiologie von Hopfenviren; immunologische Diagnose von Pflanzenviren; serologische Diagnose von Bakterien, pathogen für Landwirtschaftliche und gärtnerische Nutzpflanzen; Entwicklung eines Screening-Systems für Antiviralsubstanzen mit Pflanzenzellen in Suspensionskultur sowie Pflanzenprotoplasten und Pflanzenviren.
T.: Chromatographie, Ultrazentrifugation, HPLC, DNA-Sequenzierung, Immunologie, Enzymkinetik, Isotopentechnik, EDV.

A.41. Eberhard-Karls-Universität Tübingen

Lehrbereich f. Populationsgenetik
A.41.11. Prof. Dr. D. Sperlich / Prof. Dr. K. Wöhrmann
A.: Protein- und Chromosomenevolution in der Drosophila obscura-Artengruppe; Populationsbiologie von Blattläusen.
T.: Gelelektrophoresen, Grundtechniken der Molekularbiologie, Mikroskopie, Computer.

Mikrobiologie I
A.41.12. Prof. Dr. W. Löffler / Prof. Dr. K. Poralla / Prof. Dr. G. Winkelmann / Prof. Dr. H. Wolf / Prof. Dr. H. Zähner
A.: Mikrobielle Metabolite, deren Auffindung, Herstellung, Charakterisierung, Biosynthese und Wirkungsweise; Aufnahme von Eisen und anderen Schwermetallen bei Pilzen.
T.: Fermentation, Protoplastenfusion, Plasmide.

Mikrobiologie II
A.41.13. Prof. Dr. V. Braun
A.: Bakterienphysiologie insbes. Membranprozesse; Bakteriengenetik; Pathogenitätsfaktoren.
A.41.14. Dr. E. Fischer
A.: Charakterisierung von Transportsystemen bei Bakterien (Funktion der beteiligten Komponenten).
T.: Ultrazentrifugation, Chromatographie, Fermentation, Isotopentechnik.
A.41.15. Dr. K. Hantke
A.: Eisentransport und Regulation des Eisenstoffwechsels bei E. coli.
T.: Gelelektrophoresen, Isotopentechnik, Ultrazentrifugation.

A.41.16. Dr. K. J. Heller
A.: Klonierung des Rezeptorbindeproteins des Phagen T5; Aufklärung der Domänenstruktur von Rezeptorproteinen.
T.: Mikroskopie, Isotopentechnik, Ultrazentrifugation, Elektrophorese, Fermentation.

Institut f. Biologie III
Auf der Morgenstelle 28
7400 Tübingen

Lehrbereich spezielle Zoologie
A.41.17. Prof. Dr. D. F. Bardele / Prof. Dr. H. Netzel
A.: Ultrastrukturforschung: Ultrastruktur und Morphogenese von Ciliaten u. Dinoflagellaten; Aufklärung natürlicher Verwandtschaftsbeziehungen.
T.: LM, TEM, REM, Cryotechniken.
A.41.18. Dr. H. Günzl
A.: Ökologie: Limnologie eines stark eutrophen Flachsees (Federsee); faunistisch-ökologische Untersuchungen im Naturschutzgebiet Federsee.
T.: Wasseranalytik, quantitative Methoden der terrestrischen Freilandökologie, limnol. Methoden.
A.41.19. Dr. G. Mickoleit
A.: Spezielle Zoologie: Evolutionsmorphologische Untersuchungen und Untersuchungen zur phylogenetischen Systematik an Insekten.

Zellbiologie
A.41.20. Prof. Dr. H. J. Lipps
A.: Genomorganisation und Expression bei höheren Zellen.
T.: Alle Techniken der modernen Molekularbiologie.

Lehrbereich Zoologie II (Zoophysiologie)
A.41.21. Prof. Dr. R. Apfelbach
A.: Verhaltensgenetische Untersuchungen an Kleinsäugern.
T.: Mikroskopie, Morphometrie, Isotopentechnik, Verhaltensanalyse (Video, Film).
A.41.22. Prof. Dr. H. Erber
A.: Chronobiologie der Wirbeltiere, Schwerpunkte Circadianperiodik, Primatologie.
T.: Telemetrie, RIA, EDV.
A.41.23. Prof. Dr. W. Pfeiffer
A.: Schreckstoff und Schreckreaktionen bei Fischen; Chemische Kommunikation bei Fischen; Geruchssinn und Geruchsorgane von Fischen.
T.: Videotechnik, Einzelbildanalyse, Histologische Technik.
A.41.24. Prof. Dr. H.-U. Schnitzler
A.: Neurale Mechanismen auditorisch bestimmter Verhaltensweisen bei Säugern am Beispiel des Echoflugs von Fledermäusen und des akustischen Verhaltens von Ratten.
T.: Psychophysik, Neurophysiologie, Neuroanatomie, Neuropharmakologie, Freilandethologie, EDV.

Abt. Physiologische Ökologie
A.41.25. Prof. Dr. E. Kulzer
A.: Wirkung von Umweltfaktoren auf den Energie- und Wasserhaushalt von Tieren und die Anpassungsmechanismen; toxische Wirkungen von Pflanzenbehandlungsmitteln und Schädlingsbekämpfungsmitteln auf Nicht-Zielorganismen im Süßwasserökosystem.

Abt. Verhaltensphysiologie (Beim Kupferhammer 8)
A.41.26. Prof. Dr. K. Schmidt-Koenig
A.: Orientierung und Navigation bei Vögeln und Schmetterlingen; Soziökologie bei Vögeln, Großsäugern und Primaten.
T.: Radiotelemetrie, automatische Dressur auf Magnetfeldreize.

Lehrbereich Entwicklungsphysiologie
A.41.27. Prof. Dr. W. Engels
A.: Follikel-Differenzierung und Stofftransport im telotroph-meroistischen Insekten-Ovar; Kasten-spezifische Regulation der Vitellogenin-Synthese und Dottereinlagerung bei der Honigbiene; in vitro-Kultur u. Synthese-Muster von Bienenorganen; trophogene Grundlagen und endokrine Bedingungen für die Kasten-Differenzierung bei Bienen; Entwicklungsgenetik der frühen Bienen-Embryogenese; Insektizid-Wirkungen auf die Entwicklung von Bienen; Fortpflanzungsphysiologie brasilianischer stachelloser Bienen (Scaptotrigona postica) und einheimischer Furchenbienen (Lasioglossum malacharum); Ernährung, Fortpflanzung und biotechnische Kontrolle der Bienenmilbe Varroa jacobsoni; populationsdynamische Untersuchungen über den Einfluß integrierter Pflanzenschutzverfahren auf schädliche und nützli-

che Arthropoden in Feldkultur-Ökosystemen; Reproduktionsbiologie von Getreideblattläusen; Fortpflanzungsrelevante Pheromone bei Bienen.
T.: Protein- u. Hormon-Analytik, GC/MS, Insektenzuchten, in vitro-Techniken mit Insekten-Organen u. -Zellen, Bio-Tests, Isotopentechnik, RIA, EDV.

Fachbereich Medizin

Physiologisches Institut
Gmelinstr. 5
7400 Tübingen

Lehrbereich Physiologie I
A.41.28. Prof. Dr. E. Betz
A.: Experimentelle Arterioskleroseforschung, in vivo- und in vitro-Modelle, Atherogenesehemmung.
T.: Zellkulturtechniken, 2D-Gelelektrophorese, EM.

Lehrbereich Physiologie II
A.41.29. Prof. Dr. R. W. Gülch / Prof. Dr. R. Jacob / Prof. Dr. G. Kissling / Prof. Dr. H. Rupp
A.: Chronische Reaktionen des Herzens; elektromechanische Kopplung; Hypertonie, muskelphysiologische Grundlagenforschung (Querbrückenkinetik); Elektrophysiologie des Herzens; NMR-Untersuchungen am Herzmuskel; Mechanik des Herzmuskels.
T.: EDV, NMR-Technik, HPLC, spezielle Elektrophoresemethoden, elektronenmikroskopische Elementaranalyse, Angiokardiographie.

Institut f. Hirnforschung
Calwerstr. 3
7400 Tübingen

Neuropathologie
A.41.30. Prof. Dr. J. Peiffer
A.: Diagnostik der Hirntumoren, insbes. mit immunzytologischen Methoden; Enzym- und Immunhistologie nervöser Funktionsstörungen des Darms; Nebenwirkungen der Therapie am ZNS.
T.: LM, EM, Immunzytologische Methoden.

Neurochemie
Schwärzlocherstr. 79
A.41.31. Prof. Dr. K. Harzer
A.: Prä- und postnatale Diagnostik der Sphingolipid-Stoffwechselstörungen und ähnlicher genetischer Erkrankungen des Nervensystems.
T.: Analytik, Chromatographie, Isotopentechnik.

Institut f. Anthropologie u. Humangenetik
Wilhelmstr. 27
7400 Tübingen

Abt. Klinische Genetik
A.41.32. Prof. Dr. Kaiser
A.: Zytogenetische Untersuchung von Chorionbiopsiematerial anhand von Kurzzeit- und Langzeitkulturen zur pränatalen Diagnose genetisch bedingter Erkrankungen.
T.: Mikroskopie, Zellkulturen.

A.42. Universität Ulm
Oberer Eselsberg
7900 Ulm
Tel. 0731-1761

Fakultät f. Naturwissenschaften u. Mathematik

Biologie I: Abt. Allgemeine Zoologie
A.42.1. Prof. Dr. D. Bückmann
A.: Entwicklungs- und hormonphysiologische Untersuchungen an Arthropoden; Wirkung von Steroiden und Peptidhormonen; Hormonale Steuerung von Pigmentierung und Farbwechsel bei Insekten; Hormone phylogenetisch urtümlicher Arthropoden (Pantopoden); Molekularbiologie der Differenzierung und Musterbildung.
T.: Insektenzuchten u. -gewebekultur, Pantopodenlebendhaltung, Molekularbiologische Methoden (RNA-Isolierung, in vitro-Translation), GC, HPLC, RIA f. Ecdysteroide, Biotest für Juvenilhormon, Isotopentechnik.
A.42.2. Prof. Dr. K. H. Hoffmann
A.: Hormonale Steuerung der Fortpflanzung bei Insekten. Stoffwechsel unter Extrembedingungen: a) Anaerober Energiestoffwechsel; b) Parenterale Ernährung; c) Temperaturanpassung antarktischer Käfer.
T.: Chromatographie, HPLC, Isotopentechnik, Histologie.

Biologie II: Abt. Allgemeine Botanik
A.42.3. Prof. Dr. A. Gemmrich
A.: Biochemie der Sporenkeimung; Sekundärstoffwechsel in Gewebekulturen.
A.42.4. Prof. Dr. G. G. Gross
A.: Biosynthese von Tropanalkaloiden; Biosynthese u. Metabolismus phenolischer Pflanzeninhaltsstoffe.
A.42.5. Prof. Dr. H. Schraudolf
A.: Morphogenese und Sexualdifferenzierung bei Archegoniaten; Photoregulation der Morphogenese.

Biologie III: Abt. Ökologie u. Morphologie d. Tiere
A.42.6. Prof. Dr. W. Funke
A.: Struktur u. Funktion terrestrischer Ökosysteme (Mikro-, Meso-, Makrofauna; Untersuchungen zur Dynamik von Zoozönosen und Populationen über Energiefluß, Elementflüsse, Streuabbau, Aktivität, Orientierung, über Tiere als Indikatoren von Waldschäden, den Einfluß von Mineraldüngergaben und Bioziden auf wirbellose Tiere in Wäldern); Ethologie von Coleopteren und Hymenopteren; Anpassungsmechanismen von Tieren des marinen Felslitorals.
T.: LM, EM, EDV, Thermoräume, Gezeitenlabor, Extraktionsanlagen f. Bodentiere, Elementana-

A.42. Universität Ulm

lytik (Feinanalytische Verfahren).

A.42.7. Prof. Dr. U. Tessenow
A.: Limnologische und faunistische Untersuchungen an Baggerseen sowie kleinen Steh- und Fließgewässern.
T.: Chemische Wasseranalytik.

Biologie IV: Abt. Vergleichende Neurobiologie
A.42.8. Prof. Dr. J. B. Walther
A.: Untersuchungen an Neuronen; Untersuchungen an Lichtsinneszellen des Blutegels.

Biologie V: Abt. Spezielle Botanik
A.42.9. Prof. Dr. F. Weberling
A.: Typologie, Verbreitung und systematischer Wert der Unterblattbildung bei Angiospermen, der Angiosperminfloreszenzen und Infloreszenzmerkmale; Systematik der Caprifoliaceae, Valerianaceae und einzelner Verwandtschaftskreise der Kormophyten; Floristische Kartierung; Untersuchung an Wurzelparasiten.

A.42.10. Prof. Dr. H. Uhlarz
A.: Morphogenese von Infloreszenzen; Morphogenese und Phylogenie des Dorsalmeristems bei Angiospermen.

A.42.11. Prof. Dr. S. Winkler
A.: Vegetationskundliche Untersuchungen an Kryptogamengesellschaften; Mineralstoffkreisläufe in Wäldern; Ökologie und Systematik von Epiphyten; Bioindikatoren; Beeinflussung von Moosen durch Pilze; angewandte Sukzessionsforschung; ökotoxikologische Untersuchungen niederer Pflanzen in Fließgewässern; Stickstoffmineralisierung in Feuchtbiotopen; Taxonomie, Paläobotanik von Moosen und Flechten.

Biologie VI: Abt. Angewandte Mikrobiologie u. Mykologie
A.42.12. Prof. Dr. G. Fuchs
A.: Physiologie, Biochemie, Stoffwechsel, angewandte Aspekte von anaeroben Mikroorganismen, spez. Mechanismus der CO_2-Fixierung, anaerober Aromatenabbau, Coenzyme.
T.: HPLC, GC, DC, Isolierung u. Kultivierung von Anaerobiern, Isotopentechnik, Enzymreinigung.

Abt. Biophysik
A.42.13. Prof. Dr. P. Fromherz
A.: Stabilität von Lipidmembranen; Fluoreszenzsonden für Membranpotentiale; Potentiale in Neurodendriten in Kultur; Farbstoff-Nukleinsäure-Wechselwirkung, Elektrochemische Biosonden.
T.: Laserlichtstreuung, Laserspektroskopie, Fluoreszenzmikroskopie, planare Lipidmembranen.

Fakultät f. Medizin

Abt. Anatomie und Zellbiologie
A.42.14. Prof. Dr. M. Gratzl
A.: Regulation des Calcium-Stoffwechsels in endokrinen Zellen; Calciumbindende Proteine; Untersuchung der Exocytose in permeabilisierten Zellen.

T.: Chromatographie, Gewebekultur, Spektroskopie.
A.42.15. Prof. Dr. Ch. Pilgrim
A.: Differenzierung von peptidergen und aminergen Neuronen in vitro; Verbesserung und Alternativen zur 2-Desoxy-Glucose-Technik; Funktionelle Morphologie der zentralnervösen Glia.
T.: EM, Radioautographie, Zytochemie, neurale Zellkulturen.

Abt. Biochemie
A.42.16. Prof. Dr. W. Deppert / Dr. M. Montenarh
A.: Charakterisierung der Wechselwirkungen des Simian Virus 40 Tumorantigens mit zellulären Strukturen und Proteinen; Struktur und Funktionsanalyse eines viralen Regulationsproteins bei der Virusvermehrung und Zelltransformation.
T.: Biochemische Zellfraktionierung, molekularbiologische Techniken, Proteinanalyse, Immunfluoreszenzmikroskopie, Zellkultur, Elektrophoresen.

Abt. Pharmakologie u. Toxikologie
A.42.17. Prof. Dr. H. Bader / Prof. Dr. H. U. Wolf / Dr. K. Giezen
A.: Klinische Wirkungen von Calmodulinantagonisten; Untersuchungen zur Erkennung von carcinogenen und mutagenen Eigenschaften chemischer Verbindungen mit Hilfe von Kurzzeit-Testsystemen; Intrazelluläre Ca^{2+}-Regulation und ihre Beeinflussung durch Arzneistoffe.
T.: EDV, Statistik, klinische Diagnostik, Analytik, Enzymologie, Mikroskopie, Isotopentechniken, Versuchstierkunde, Chromatographie.

Abt. Klinische Physiologie u. Arbeitsmedizin
A.42.18. Prof. Dr. H. J. Seidel / Prof. Dr. T. M. Fliedner
A.: Die Bedeutung hämatologischer und immunologischer Parameter bei der Analyse und Bewertung umwelt- bzw. arbeitsplatzbezogener Schadstoffeinwirkung; Untersuchung mit einer Inhalationskammer an Nagern nach Lösemittelexposition.
T.: Chromatographie, AAS, Isotopentechnik, Zellkultur, Chromosomenanalyse.

A.42.19. Prof. Dr. T. M. Fiedler / Dr. W. Nothdurft
A.: Untersuchungen der pathophysiologischen Grundlagen von akuten und chronischen Schäden der Hämopoese nach Strahleneinwirkung sowie der Regenerationsmechanismen.
T.: Zellseparationen, Zellkulturen, Mikroskopie, Histologie, Cytologie.

Sektion Elektronenmikroskopie
A.42.20. Prof. Dr. R. Martin / Dr. D. Frösch
A.: Neuropeptide und ihre Rezeptoren; Lokalisierung im ZNS mit Immuncytochemie, Radiorezeptorassays und Autoradiographie; Entwicklung einer neuen Einbettungstechnik für die EM.

A.42. Universität Ulm

T.: REM, TEM, Röntgenanalyse der Elemente, Cryomethoden.

Abt. Humangenetik
A.42.21. Prof. Dr. W. Krone
A.: Biochemische, zytochemische und molekularbiologische Studien bei dominant erblichen Tumorerkrankungen des Menschen; Analyse zellbiologischer und biochemischer sowie chromosomaler Merkmale an Tumorzellen in vitro; Untersuchungen zur genomischen Struktur und Expression von Onkogenen.
T.: Elektrophoresen, Chromatographie, Zellkultur, Chromosomenidentifizierung, Gentechnik.
A.42.22. Prof. Dr. J. Horst
A.: Funktion fremder eukaryontischer Gene in menschlichen und tierischen Zellen; Diagnostik auf Genebene.

Abt. Klinische Genetik
A.42.23. Prof. Dr. H. Hameister
A.: Genlokalisation bei Mensch und Maus, in situ-Hybridisierung mit spez. DNA-Proben von Chromosomen und Geweben.
T.: Mikroskopie, Zell- u. Gewebekultur, DNA-Technologie.

A.42.24. Prof. Dr. W. Vogel
A.: Beziehung von genetischem Primärdefekt und Phänotyp; Cytogenetische Untersuchungen, diagnostische und experimentelle, nicht radioautographische Replikationsnachweise auf Chromosomen; in situ-Hybridisierung von DNA auf Chromosomen.
T.: Zellkultur, Chromosomen-Präparation und -Analyse, Durchflußzytophotometrie, DNA-in situ-Hybridisierung, monoklonale Antikörper.

Abt. Anthropologie
A.42.25. Prof. Dr. Dr. H. Baitsch
A.: Variabilität der Hautleisten; Bevölkerungsbiologie (Isolate), prähistorische Anthropologie; Evolution des Menschen.
T.: Halbautomatische Bildanalyse, EDV.

Abt. Mikrobiologie I – Virologie
A.42.26. Prof. Dr. G. Klotz
A.: Viroidforschung, Genomstruktur (HSV-1-Genom, Mycoplasmavirus MLV 3), Herpes simplex-Virus Infektionen.
A.42.27. Prof. Dr. A. K. Kleinschmidt
A.: Interferonnachweis, Enzymtests.

A.43. Bayerische Julius-Maximilians-Universität Würzburg
Sanderring 2
8700 Würzburg
Tel.: 0931-311

Fakultät f. Biologie

Institut f. Botanik u. Pharmazeutische Biologie mit Botanischem Garten
Mittl. Dallenbergweg 64
8700 Würzburg

Lehrstuhl f. Botanik I
A.43.1. Prof. Dr. H. Gimmler / Prof. Dr. U. Heber / Prof. Dr. W. D. Jeschke / Dr. G. Kaiser
A.: Ionenaufnahme und Membrantransport im Zusammenhang mit Salztoleranz; Aufnahme und Transport von Schwermetallen (Cd); Osmoregulation, Membrantransport, Algenphysiologie, Streßphysiologie; Untersuchungen zur Assimilat- und Ionenkompartimentierung in Blättern; Untersuchungen der Transportsysteme im Protoplasten von Mesophyllzellen; Proteinchemische Analyse vakuolärer Enzyme; Untersuchungen zur Dehnungsfähigkeit biologischer Membranen.
T.: Isotopentechnik, HPLC, AAS, Mikroskopie, Flammenphotometrie, Enzymanalytik, Coulter-Counter, Elektrophorese, diverse Zentrifugationstechniken.

Lehrstuhl f. Botanik II
A.43.2. Prof. Dr. O. L. Lange / Prof. Dr. K. Winter / Dr. I. Ullmann
A.: Ökophysiologische Untersuchungen an Mediterranpflanzen, an Flechten, an geschädigten und ungeschädigten Waldbäumen; Anpassungen des Photosyntheseapparates an verschiedene Umweltfaktoren (Ökophysiologie, biochemische Ökologie); Vegetationskundliche Untersuchungen an Straßenrändern; Ökophysiologie von Acacia-Arten unter systematischen Gesichtspunkten.
T.: Feldlaboratorium (Photosynthese- u. Transpirationsmessungen), CO_2-Porometer, Chlorophyll-Fluoreszenzmessung, Chromatographie, Steady-State-Porometer, IR-Gasanalyse, Spektralphotometrische Messungen, biochemische Analysen.

Lehrstuhl f. Pharmazeutische Biologie
A.43.3. Prof. Dr. F.-C. Czygan / Prof. Dr. K.-H. Kubeczka
A.: Physiologie u. Biochemie pflanzlicher Pigmente (insbes. Carotinoide); pflanzliche Zell-

und Gewebekulturen und ihre Bedeutung für den Sekundärstoff-Stoffwechsel (u. a. Regulation des Stoffwechsels); Regeneration neuer Pflanzen aus Zellen u. Protoplasten; Analytik leicht flüchtiger Pflanzenstoffe (u. a. ätherische Öle); Chemotaxonomie innerhalb einiger Pflanzenfamilien.

T.: Chromatographie, DC, GC, HPLC, Spektrometrie (^{13}C-Spektrometrie), GC-MS-Kopplung, spezielle Analytik, Zell- u. Gewebekulturen.

Zoologisches Institut
Röntgenring 10
8700 Würzburg

Lehrstuhl f. Zoologie I (Morphologie u. Entwicklungsbiologie)

A.43.4. Prof. Dr. J. Dönges / Prof. Dr. W. Emmert / Prof. Dr. D. Fuldner / Prof. Dr. K. Kerth / Prof. Dr. K. Scheller

A.: Morphologie, vergleichende Anatomie und Evolution; Untersuchungen an Mollusken (Bildung u. Struktur der Radula u. Schale); Parasitologie; Physiologie und Ökologie des Parasit-Wirt-Verhältnisses pathogener Trematoden; Entwicklungsbiologische Untersuchungen an Insektenkeimen; Entwicklungsbiologie auf molekularbiologischer Ebene; Untersuchungen zur Kausalkette: Hormon-entwicklungsspezifisches Protein bei Insekten; physiologische Ökologie; Untersuchungen des Verhaltens von parasitischen Käferlarven im Labor und Freiland; Ultrastrukturforschung; Struktur und Funktion von Zellstrukturen bei Protozoen, Insektenkeimen und Sinneszellen von Insekten.

T.: LM, EM, Mikrochirurgische Präparationstechniken, Kulturmethoden, Infektions- u. Transplantationsmethoden, gentechnologische Methoden, Isotopentechnik, Chromatographie, Videotechnik, EDV.

Lehrstuhl f. Zoologie II (Tierphysiologie)

A.43.5. Prof. Dr. Dr. M. Lindauer / Prof. Dr. H. Martin / Prof. Dr. F.-P. Röseler

A.: Sinnes- und Orientierungsphysiologie; Stoffwechsel- und Hormonphysiologie.

T.: EDV, physikalische Geräte (Magnetsonden etc.).

Lehrstuhl f. Zoologie III (Tierökologie)

A.43.6. Prof. Dr. K. E. Linsenmair

A.: Artenkunde, Bewertung und Kenngrößen von Artengemeinschaften, Ökologie verschiedener Biotope.

Institut f. Genetik u. Mikrobiologie
Röntgenring 11
8700 Würzburg

Lehrstuhl f. Genetik

A.43.7. Prof. Dr. M. Heisenberg

A.: Neurogenetik an Drosophila melanogaster: Analyse von Gehirnbau und -Funktion mit Hilfe neurologischer Mutanten.

a) Verhaltensanalyse und Neuroanatomie, insbes. Immunohistochemie,
b) Molekulare Charakterisierung von „neurogenen" Genen auf DNA, RNA und Proteinniveau.
T.: Rechnergestützte Verhaltensanalyse, EM, Immunohistochemie, Isotopentechnik, HPLC.

Lehrstuhl f. Mikrobiologie
A.43.8. Prof. Dr. W. Goebel
A.: Molekulare Mechanismen der Pathogenese von Bakterien; Molekularbiologie von Archaebakterien.
T.: Gentechnik, DNA-Sequenzierung, Mikroskopie.

Institut f. Biochemie
Röntgenring 11
8700 Würzburg

A.43.9. Prof. Dr. H.-J. Gross
A.: Struktur, Funktion und Regulation von tRNA-Genen in höheren Eukaryonten.
T.: Isolierung u. Klonierung von tRNA-Genen, in vitro-Transkription, in vitro-Translation, DNA-Sequenzierung, Ultrazentrifugation, Elektrophoresen, Zellkultur.

| Fakultät f. Medizin |

Institut f. Pharmakologie u. Toxikologie
Versbacher Landstr. 9
8700 Würzburg

A.43.10. Prof. Dr. D. Henschler / Prof. Dr. M. Metzler / Prof. Dr. H.-G. Neumann / Dr. E. Eder
A.: Mechanismen der chemischen Cancerogenese, insbes. durch chlorierte aliphatische Verbindungen und Ursachen der Organotropie; Mechanismen d. Krebserzeugung durch östrogene Hormone; Strukturermittlung von Metaboliten verschiedener Substanzklassen durch Massenspektrometrie; Wirkungsmechanismus krebserzeugender aromatischer Amine; Risikoermittlung u. Biomonitoring von aromatischen Aminen; Entwicklung moderner Prüfstrategien zur Untersuchung gentoxischer Wirkungen verschiedener Substanzgruppen; Untersuchungen zu den primären Mechanismen gentoxischer Wirkungen; Biomonitoring zur Risikoabschätzung der Exposition am Arbeitsplatz.
T.: Chromatographie, GC, HPLC, GC-MS, Massenspektrometrie, Isotopentechniken, Präparation von Zellfraktionen, isoliert-perfundierte Organe, UV-Fluoreszenz-NMR, 3D-Fluoreszenz, EDV.

A.43. Bayerische Julius-Maximilians-Universität Würzburg

Institut f. Virologie u. Immunologie
Versbacher Str. 9
8700 Würzburg

A.43.11. Prof. Dr. J. Horak / Prof. Dr. V. ter Meulen / Prof. Dr. A. Schimpl / Prof. Dr. D. Wecker / Dr. C. Jungwirth / Dr. K. Koschel

A.: Untersuchungen über die Expression zellulärer Protoonkogene in aktivierten Lymphozyten; Kinetik, Mechanismus der Transkriptionskontrollen; Konstruktion von Expressionsvektoren; Molekularbiologie von Coronaviren; Molekularbiologische Untersuchungen persistierender Polyomavirus-Infektionen; immunologische Untersuchungen bei Infektionen des zentralen Nervensystems; Lymphozytenaktivierung; Kooperation zwischen T- u. B-Lymphozyten; Lymphoproteine; Regulation d. Genexpression in Lymphozyten; Struktur u. Funktion transposonähnlicher Elemente bei Säugern; Wirkungsmechanismus von Interferon bei Tumorviren; Funktionsstörungen von Nervenzellen durch Virusinfektionen ohne zellbiologische Rezeptor- u. Ionenkanalsysteme; Einwirkung klinisch relevanter Konzentrationen von Allgemein-Anaesthetika auf membranproteingesteuerte Funktionen von Nervenzellen.

T.: Gentechnologische u. molekularbiologische Methoden, Chromatographie, Isotopentechniken, Ultrazentrifugation, Mikroinjektion, Transfektion, Elektrophoresen, Computeranalyse von Protein- u. Nukleinsäuresequenzen, Cytofluorographie, EDV, biochemische Analytik, Immunofluoreszenztechniken.

Institut f. Humangenetik
Koellikersstr. 2
8700 Würzburg

A.43.12. Prof. Dr. H. Höhn / Dr. M. Schmid / Dr. C. R. Müller

A.: DNA-Diagnostik von Erbkrankheiten; Strukturelle und funktionelle Analyse der menschlichen Geschlechtschromosomen; Klinische Cytogenetik: prä- und postnatale Chromosomen-Analysen; Experimentelle Cytogenetik: Struktur und Evolution von Chromosomen bei Wirbeltieren; Proliferationskontrolle und Kinetik diploider Eukaryontenzellen in vitro; in vitro-Seneszenz menschlicher Zellkulturen; Genomgrößenbestimmung von Vertebratenzellen.

T.: Genklonierung, Genanalyse, Isotopentechnik, Zellkultur, Durchflußcytometrie, EDV, Mikroskopie.

Physiologisch-chemisches Institut
Abt. Röntgenstrukturanalyse
Am Hubland
8700 Würzburg

A.43.13. Prof. Dr. M. Bühner
A.: Strukturanalyse biologischer Makromoleküle mittels Röntgenbeugung an Kristallen.
T.: Chromatographie, Elektrophorese, Röntgentechnik, EDV.

B. Institute der Arbeitsgemeinschaft Großforschungsanlagen

B.1. Alfred-Wegener-Institut f. Polar- und Meeresforschung
Columbusstraße
2850 Bremerhaven
Tel. 0741-48310

Direktor Prof. Dr. G. Hempel
Arbeitsgruppe Marine Ökologie
B.1.2. Dr. K. Schaumann
A.: Taxonomie, Verbreitung, Aktivität und Produktivität mariner Pilze (sämtlicher Klassen) im Wasser und Sediment polarer und gemäßigter Meeresgebiete mit ökologischer und ökophysiologischer Schwerpunktsetzung.
Wechselbeziehungen zwischen marinen Pilzen und anderen Meeresorganismen, insbesondere dem phyto- und heterotrophen Mikroplankton.
Entwicklung selektiver Verfahren zum quantitativen Nachweis mariner Pilze (Biomasse und Aktivität) in marinen Biotopen.
Physiologische Adaptation an polare Lebensbedingungen.

B.2. Deutsche Forschungs- und Versuchsanstalt f. Luft- und Raumfahrt e. V.
Linder Höhe
5000 Köln 90
Tel. 02203-6011

Institut f. Flugmedizin
B.2.1. Prof. Dr. K. E. Klein
A.: Untersuchung von Fragen, die im Zusammenhang mit dem Betrieb von Luft- und Raumfahrtgeräten für den Menschen entstehen.
B.2.2. Prof. Dr. H. Bücker
A.: Untersuchungen der Wirkung von ionisierenden Strahlen und UV-Strahlung auf biologische Objekte (Bacillus subtilis, T1-Phagen, Streptomyces).
B.2.9. Dr. W. Briegleb
A.: Weltraumbiologie: Bedeutung äußerer Beschleunigung auf physiologische und entwicklungsbiologische Reaktionsprozesse; Bedeutung äußerer Zeitgeber auf physiologische Reaktionsprozesse und Verhaltensmuster.

B.3. Deutsches Krebsforschungszentrum
Im Neuenheimer Feld 280
6900 Heidelberg
Tel. 06221-4841

Institut f. Immunologie und Genetik
B.3.1. Prof. Dr. W. Dröge
A.: Aktivierung und Regulation des Immun-Systems; Aktivierung von zytotoxischen und protektiven Immun-Reaktionen gegen Tumor-Zellen.

Institut f. Biochemie
Abt. Biochemie der gewebsspez. Regulation
B.3.2. Prof. Dr. F. Marks
A.: Wachstumskontrolle in der Epidermis: positiv regulierende endogene Signale (Wachstumsfaktoren, Eicosanoide), negativ regulierende end. Signale (Chalone, Adrenalin, Corticosteroide). Chemische Karzinogenese: Mechanismen der Mehrstufenkarzinogenese in der Haut.

B.4. Gesellschaft f. Biotechnologische Forschung mbH
Mascheroder Weg 1
3300 Braunschweig
Tel. 0531-61810

B.4.1. Direktor Prof. Dr. J. Klein

Abteilung Mikrobiologie
B.4.2. Prof. Dr. H. Reichenbach
A.: Suche nach Sekundärstoffen bei Mikroorganismen; Studien zur Produktionsoptimierung und Wirkungsmechanismus; Genetik der Produktionsstämme.

Bereich Zellbiologie und Genetik
Abteilung Genetik
B.4.3. Prof. Dr. J. Collin
A.: Genexpression und Genklonierung in Mikroorganismen; "Biological response Modifiers"; Regulationsfaktoren des Knochenauf- und -abbaus; Cytomegalovirus (CMV); Protein "Design" von Protease-Inhibitoren; Posttranslationale Protein-Modifizierung.

Abteilung Zellbiologie
B.4.4. N.N. / Dr. J. Hoppe
A.: Immortalisierte Endothelialzellen und Studien über Angiogenese; PDGF; (Hybridoma geplant).

Arbeitsgruppe Eukaryontische Genexpression
B.4.5. Dr. H. Hauser
A.: Genregulation und Genexpression in Eukaryonten; Zell-Rezeptoren.

Arbeitsgruppe DNA-Synthese
B.4.6. Dr. H. Blöcker
A.: Oligonukleotid-Synthese; Gen-Synthese; Site-spezifische Mutagenese; Protein-Design; Peptid-Synthese.

Arbeitsgruppe Immunbiologie
B.4.7. Prof. Dr. P. Mühlradt
A.: Immunmodulatoren und Zellmarker.

Abteilung Enzymtechnologie und Naturstoffchemie
B.4.8. Prof. Dr. R. Schmid / Prof. Dr. G. Höfle / Prof. Dr. K. Wagner
A.: Biosensoren; Enzym-Design; enzymatische Verfahren; sekundäre Wirkstoffe aus Mikroorganismen; Lipide.

Abteilung Bioverfahrenstechnik
B.4.9. Prof. Dr. N. D. Deckwer
A.: Reaktoren für tierische Zellen und Fermentationen mit Mikroorganismen; Fermentationstechnologie; Prozeß- und Verfahrensentwicklung für Primär- und Sekundärmetabolite; Prozeßrechnereinsatz und Regelung biologischer Prozesse; Integration von Aufarbeitungsverfahren biologischer Kulturmedien; Umweltbiotechnologie.

Deutsche Sammlung v. Mikroorganismen
B.4.10. Dr. D. Claus
A.: Sammlung, Erhaltung, Konservierung von Mikroorganismen; Entwicklung, Optimierung von Konservierungsverfahren; Identifizierung und Taxonomie spezieller Mikroorganismen; Biochemische Leistungskontrolle.

B.5. Gesellschaft f. Strahlen- und Umweltforschung mbH
Ingolstädter Landstr. 1
8042 Neuherberg
Tel. 0 89-3 18 70

Institut f. Strahlenbiologie
B.5.1. Prof. Dr. Dr. U. Hagen
A.: Molekulare Biologie in der bestrahlten Zelle; Mechanismen der Sauerstoffaktivierung in Zell- und Membransystemen; Zytogenetische Wirkungen von ionisierenden Strahlen und Chemikalien; Verhaltensgenetik bei Wirbeltieren; Experimentelle Tumortherapie.

Institut f. Pathologie
B.5.2. Prof. Dr. W. Gössner
A.: Untersuchung der Pathogenese somatischer Strahlenspätschäden; Induktion von Knochentumoren nach Inkorporation knochenaffiner kurzlebiger Radionuklide.
Kombinierte Wirkung von Chemikalien und Radionukliden im Hinblick auf Knochentumorinduktion.

Institut f. Nuklearbiologie
B.5.3. Prof. Dr. H. Kriegel
A.: Untersuchungen über die Verwendbarkeit radioaktiv markierter Substanzen, insbes. monoklonaler Antikörper gegen menschliche Tumoren; Traceruntersuchungen zum Mineral- und Spurenelementstoffwechsel; Untersuchung der Biokine-

tik von Spaltprodukten b. trächtigen Säugetieren; Untersuchungen über die Beeinflussung der prä- und postnatalen Entwicklung durch ionisierende Strahlen, radioaktive Stoffe und chemische Agentien.

Institut f. Physiologie
B.5.4. Prof. Dr. H. Müller-Mohssen
A.: Untersuchung der Steuerung passiver Stofftransportvorgänge durch die Zellmembran von Einzelzellen am Beispiel der Nervenmembran und durch häutige Zellverbände am Beispiel der Arterienintina.

Institut f. ökologische Chemie
B.5.5. Prof. Dr. F. Korte
A.: Wechselbeziehungen zwischen Chemikalien und Modell-Ökosystemen, zwischen Umweltchemikalien u. ausgewählten tierischen u. pflanzlichen Organismen. Erfassung des abiotischen Verhaltens von Chemikalien und bioaktiven Verbindungen in ausgewählten Umweltkompartimenten; Erfassung und Reaktionsverhalten ökologisch wichtiger Chemikalien; Analytik und methodische Studien zur Belastung und Belastbarkeit ausgewählter Umweltbereiche mit organischen Chemikalien; Methoden zum gezielten Einsatz von biologisch aktiven Verbindungen (spez. landwirtschaftsnaher Applikation von Pestiziden).

Institut f. Strahlenschutz
B.5.6. Prof. Dr. W. Jacobi
A.: Erfassung und Bewertung der Strahlenexposition des Menschen durch natürliche und zivilisatorische Strahlenquellen und Analyse des Risikos von somatischen Spätschäden.

Projektgruppe Bayern zur Erforschung d. Wirkung von Umweltschadstoffen
B.5.7. Dr. S. Schulte-Hostede
A.: Koordinierung der Waldschadensforschung in Bayern, Entwicklung von Programmen für die Wirkungsforschung von Umweltschadstoffen (Ökosystemen und Mensch).

Institut f. Toxikologie und Biochemie

Abteilung f. Toxikologie
B.5.8. Prof. Dr. H. Greim
A.: Entwicklung, Standardisierung und Anwendung von Testsystemen zur Erfassung zelltoxischer Wirkungen, Mutagenität und Kanzerogenität; Aktivierung und Entgiftung von Fremdstoffen; Wirkung und Verbleib von Umweltchemikalien in Versuchstieren.

Abteilung f. Enzymchemie
B.5.9. Prof. Dr. H. Holzer
A.: Schadwirkung von SO_2 und anderen luftverunreinigenden Substanzen auf verschiedene Organismen.

Abteilung f. Zellchemie

B.5.10. Prof. Dr. J. Berndt
A.: Untersuchungen zum molekularen Mechanismus der Tumorpromovierenden Wirkung von Umweltchemikalien; Fichtenzellkulturen zum Studium von Schutz- und Abwehrmechanismen nach Schadstoffeinwirkung.

Institut f. Pharmakologie

B.5.11. Prof. Dr. M. Reiter
A.: Analyse substanzeigener Wirkmuster von Umweltchemikalien (chemische Struktur – biologische Wirkung) und Entwicklung spezifischer Gegengifte.

Institut f. Säugetiergenetik

B.5.12. Prof. Dr. U. Ehling
A.: Bestimmung der verschiedenen biologischen, physikalischen und chemischen Faktoren, welche die induzierte Mutationsrate der rezessiven Allele bei Mäusen beeinflussen, mit Hilfe der spezifischen Locusmethode.

Institut f. Molekulare Genetik
Griesebachstr. 6
3400 Göttingen

B.5.13. Prof. Dr. H. Prell
A.: Aufbau eines homologen Transformationssystems bei einem phytopathogenen Pilz; Identifizierung, Charakterisierung und Isolierung von phytopathologisch relevanten Genen von Phytophthora spp. (Fungicid-Resistenz, Toxinproduktion, Wirtsspezifität usw.).

Institut f. Hämatologie
Landwehrstr. 61
8000 München 2

B.5.14. Prof. Dr. P. Dörmer
A.: Charakterisierung normaler und krankhafter Blutzellbildung; Erkennung und Analyse von Schäden der Hämopoese unter zytotoxischen Einflüssen.

Institut f. Hämatomorphologie
Ziemssenstr. 1a
8000 München 2

B.5.15. Prof. Dr. R. Burkhardt
A.: Myeloproliferation; Lymphoproliferation; Mark-Aplasie; Osteoporose; Metabolische Osteopathien.

Institut f. Immunologie
Landwehrstr. 61
8000 München 2

B.5.16. Prof. Dr. St. Thierfelder
A.: Hämatologie; Transplantationsimmunologie.

Institut f. Biophysikalische Strahlenforschung
Paul-Ehrlich-Str. 15+20
6000 Frankfurt/M. 70

B.5.17. Prof. Dr. W. Pohlit
A.: Aerosolbiophysik der Lunge; Deposition und Transport von Teilchen und Gasen in verschiedenen Bereichen der Lunge; Zellkybernetik; Grundlagen der Wirkung von ionisierenden Strahlen auf DNS in vivo; Reparatur von Schäden an der DNS in vivo; neue Methoden der Tumortherapie.

B.6. Hahn-Meitner-Institut f. Kernforschung GmbH
Glienicker Str. 100
1000 Berlin 39
Tel. 030-80091

Fachgebiet 3:
B.6.1. Prof. Dr. P. Brätter
A.: Spurenelementforschung in der Biomedizin (Funktion und Stoffwechsel von Bio-Elementen im Organismus; Spurenelementanalyse biologischmedizin. Proben).

B.7. Kernforschungszentrum Karlsruhe GmbH
Leopoldshafener Allee
7514 Eggenstein-Leopoldshafen 2
Tel. 07247-821

Institut f. Genetik u. f. Toxikologie von Spaltstoffen

B.7.1. Prof. Dr. P. Herrlich
A.: Biochemische Grundlagen der Regulation von Rekombination und reparaturgenetischem Material; Biologische Cancerogenese; Molekulargenetik von Parasiten; Regulation von Genen durch Hormone und Cancerogene.

B.7.2. Prof. Dr. P. Herrlich / Prof. Dr. H. J. Rahmsdorf
A.: Isolierung von DNA-Reparaturgenen; Genamplifikation nach Bestrahlung; Cancerogen induzierte Genaktivierung (Collagenase, Metallothiamin, Protooncogen c-fos, Klasse III / MHC-assoziierte invariante Kette).

B.7.3. Prof. Dr. H. Ponto
A.: Regulation der Genexpression durch Steroidhormone; Klonierung von metastasenspezifischen Genen; Fos-Oncogen-induzierte Gene.

B.7.4. Dr. R. O. William
A.: Induktion unkontrollierter Proliferation in Lymphozyten, die durch den Parasiten Theileria p. infiziert wurden, Untersuchung des molekularen Mechanismus.

B.7.5. Dr. G. Ryffel
A.: Genregulation bei Eukaryoten: a) Erfassung der DNA-Elemente, die die leberspezifische und östrogenabhängige Genexpression steuern; b) Nachweis der Faktoren, die diese Elemente erkennen; c) Molekulare Mechanismen der regulierten Transkription.

B.8. Kernforschungsanlage Jülich GmbH
Wilhelm-Johnen-Str.
5170 Jülich
Tel. 02461-610

Institut f. Biotechnologie

Abteilung Sahm
B.8.1. Prof. Dr. H. Sahm / Dr. S. Springer / Dr. Eggerling / Dr. Schoberth
A.: Gewinnung von Ethanol mit Hilfe von Bakterien; Mikro-

bielle Gewinnung von L-Aminosäuren aus chemisch-synthetischen Vorstufen; Reinigung von organisch hochbelasteten Abwässern mit Hilfe von anaeroben Bakterien, mikrobielle Essigsäuregewinnung.

Abteilung Wandrey

B.8.2. Prof. Dr. Ch. Wandrey

A.: Entwicklung enzymatischer und fermentativer Verfahren zur Aminosäuregewinnung; Anaerobe Fermentation (insbes. anaerobe Abwasserreinigung); Enzymproduktion.

Abteilung Soeder

B.8.3. Prof. Dr. C. J. Soeder / Prof. Dr. H. Kneifel

A.: Mikrobiologie: Physiologie von Abwasserbakterien; Populationsdynamik von Abwasserbakterien; Identifizierung von Metaboliten; Routineanalysen von Substraten usw.

B.8.4. Dr. J. Groeneweg

A.: Aerobe Abwasserbehandlung: Modelluntersuchungen zum Belebtschlammverfahren; Abwassertechnologie; Biogene Belüftung von Abwasser in Algengräben;

B.8.5. Dr. E. Stengel

A.: Elimination von Laststoffen aus Wasser: Nitratelimination durch künstliche Feuchtbiotope; Denitrifikation; N-Haushalt von Feuchtbiotopen; Desulfonierung von Feuchtbiotopen.

Institut f. Radioagronomie

B.8.6. Prof. Dr. F. Führ

A.: Bestimmung von Transferfaktoren für verschiedene Radionuklide in Böden sowie landwirtschaftlichen und gärtnerischen Kulturen; Untersuchung der Reaktionen von Pflanzen auf externe Streßbedingungen (Salzbelastung, Trockenheit) in bezug auf Assimilatverteilung, Nährstoffaufnahme, interner Transport etc.; Untersuchungen zum Verbleib von Pflanzenschutzmittel-Wirkstoffen im Agrarökosystem.

Institut f. Biologische Informationsverarbeitung

B.8.7. Prof. Dr. E. Hildebrand

A.: Zelluläre Signalverarbeitung; Photorezeption einzelliger Organismen.

B.8.8. Dr. P. J. Bauer

A.: Ionale Prozesse an Membranen, insbes. Photorezeptormembranen.

B.8.9. Dr. W. Schroeder

A.: Photorezeption (Elektronenmikroskopie und Mikrobereichsanalyse).

B.8.10. Dr. H. Kühn

A.: Lichtaktive Enzyme an Photorezeptormembranen; Enzym-Regulation; Protein-Phosphorylierung.

B.8.11. Dr. C. Kirscher

A.: Leseforschung und Leseförderung.

C. Institute der Max-Planck-Gesellschaft

C.1. **MPI f. Biochemie**
Am Klopferspitz 18a
8033 Martinsried
Tel.: 089-85781

Abteilung Bindegewebsforschung
C.1.1. Prof. Dr. H. Hörmann
A.: Struktur und Funktion von Fibronektin: Umwandlung von löslichem in fibrilläres Fibronektin, Bindung von Zellrezeptoren oder an extrazelluläre Matrixproteine (Fibrin, Kollagen); Mithilfe bei Phagocytose; Bedeutung für Expression von Kollagenfibrillen durch Zellen.
C.1.2. Prof. Dr. K. Kühn
A.: Elektronenmikroskopie; Proteinchemie; Molekularbiologische Untersuchungen über die Struktur und Funktion extrazellulärer Matrixproteine, sowie der Struktur ihrer Gene (Schwerpunkt: Basalmembrankollagen und Laminin).
C.1.3. Dr. R. Deutzmann
A.: Proteinchemie, Proteinsequenzierung, Molekularbiologie; Struktur und Funktion von Basalmembranproteinen.
C.1.4. Dr. K. von der Mark
A.: Zell-Matrix-Wechselwirkungen in Differenzierung und Morphogenese; Biosynthese und Struktur der extrazellulären Matrix; Differenzierung von Chondrozyten und Myoblasten; Rolle von Laminin und Fibronektin bei Proliferation und Differenzierung von Myoblasten; Struktur und Funktion von Matrix-Rezeptorproteinen.
C.1.5. Dr. P. Müller
A.: Biochemie und Molekularbiologie des Bindegewebes.
C.1.6. Dr. R. Timpl
A.: Strukturmodelle von Proteinen der extrazellulären Matrix; Analyse des Wechselwirkungspotentials und Zellbindevermögens.

Abteilung Biochemische Arbeitsmethoden
C.1.7. Prof. Dr. K. Hanning
A.: Entwicklung von neuen analytischen und präparativen biologisch-chemischen Trennverfahren; Aufklärung von Zellfunktionen an isolierten Zellpopulationen des Immunsystems, an Nierenzellpopulationen und Malariaparasiten; Isolierung und Charakterisierung von Zellorganellen und Membransystemen; Beteiligung von spez. Proteinen an der nukleo-zytoplasmatischen Informationsübertragung in normalen und transformierten Zellen.

Abteilung Membranbiochemie
C.1.8. Prof. Dr. D. Oesterhelt
A.: Lichtenergiewandelnde Systeme, wie die Retinalproteine der Halobakterien (Bakteriorhodopsin und Halorhodopsin) und die Reaktionszentren der Photosynthese; Biologische Signalketten, die durch Licht ausgelöst werden (Phototaxis, Phytochrom); Bioenergetische Enzymsysteme.

Abteilung Molekulare Biologie der Genwirkung
C.1.9. Prof. Dr. W. Zillig
A.: Analyse der Evolution und Phylogenie am Beispiel der Transkription der Archaebakterien.

Abteilung Peptidchemie
C.1.10. Prof. Dr. E. Wünsch
A.: Synthese von biologisch wichtigen Naturstoffen, insbes. von Peptidhormonen.

Abteilung Proteinchemie
C.1.11. Prof. Dr. G. Braunitzer
A.: Primärstruktur der Proteine; Kontrolle der Sauerstoffaffinität der Hämoglobine; Hypotoxie-Toleranz und molekulare Mechanismen der Anpassung.

Abteilung Strukturforschung II
C.1.12. Prof. Dr. R. Huber
A.: Röntgenstrukturanalyse von Biomolekülen (Proteine, Enzyme).

Abteilung Viroidforschung
C.1.13. Prof. Dr. H. L. Sänger
A.: Untersuchung der Struktur von Viroiden, der Mechanismen ihrer Vermehrung und Pathogenität.

Abteilung Virusforschung
C.1.14. Prof. Dr. Dr. P. H. Hofschneider
A.: Untersuchung viraler Pathogenitätsmechanismen auf molekularer Ebene; physiologische Effekte, die Viren oder virusartigen Elementen zuzuschreiben sind.

Abteilung Zellbiologie
C.1.15. Prof. Dr. G. Gerisch
A.: Untersuchung der Signalübertragungsmechanismen von Zellen (durch diffundierende Stoffe und durch Membran-Membran-Kontakt).

Arbeitsgruppe Molekulare Strukturbiologie
C.1.16. Prof. Dr. W. Baumeister
A.: Untersuchung der räumlichen Struktur von Biomakromolekülen, sowie der Topographie supramolekularer Molekülverbände.

Arbeitsgruppe Genetik
C.1.17. Dr. D. Kamp
A.: Untersuchung mobiler Gene und der dafür verantwortlichen Rekombinationsmechanismen.

Arbeitsgruppe Entwicklungsgenetik
C.1.18. Dr. K. Williams
A.: Untersuchung des Problems der experientellen Embryogenese, der Verhaltensformen und der Genetik des Schleimpilzes Dictyostelium discoideum.

Arbeitsgruppe Insektenbiochemie
C.1.19. Prof. Dr. H. Rembold
A.: Insektendokrinologie, Chemie und Biologie der Wechselwirkung Pflanze – Insekt; Biologi-

sche Funktion der Pterine; Mikroanalytik von Naturstoffen; Biotests mit Insekten.

Arbeitsgruppe Krebszellforschung (Mildred-Scheel-Labor f. Krebszellforschung)
C.1.20. Prof. Dr. G. Valet
A.: Biochemie komplexer Zellsysteme (Tumoren, Immunsystem, Hämatopoese); Automatische Krebszellidentifizierung und Charakterisierung mit Hilfe der Mehrparameter-Durchflußcytometrie; Prätherapeutische Cytostatikatestung an Patiententumorzellen mittels Durchflußcytometrie; Entwicklung von Durchflußcytometern; Entwicklung selbstlernender automatischer Diagnostiksoftware.

C.2. MPI f. Biologie
Corrensstr. 42
7400 Tübingen
Tel.: 07071-6011

Abteilung Henning
C.2.1. Prof. Dr. U. Henning
A.: Untersuchungen über die Spezifität der Erkennung einer Zelle durch bakterielle Viren; Untersuchung der biologischen Spezifität von Membranproteinen.

Abteilung Immungenetik
C.2.2. Prof. Dr. J. Klein
A.: Untersuchung der Serologie, Genetik, Biochemie und Funktion der Haupthistokompatibilitäts- (Mhc)-Gene und anderer an den Mhc gekoppelter Gene.

Abteilung Overath
C.2.3. Prof. Dr. P. Overath
A.: Untersuchung der Struktur und Funktion biologischer Membranen; Entwicklungsbiologie und Immunologie bei afrikanischen Trypanosomen.

Abteilung Beermann
C.2.4. Prof. Dr. W. Beermann
A.: Genetische und molekularbiologische Untersuchungen der Struktur und Funktion der Chromosomen höherer Organismen.

C.3. MPI f. Biophysik
Kennedyallee 70
6000 Frankfurt/Main 70
Tel.: 069-63031

C.3.1. Prof. Dr. H. Passow / Prof. Dr. K. J. Ullrich / Prof. Dr. R. Schlögl
A.: Struktur und Funktion von Hormonrezeptoren in Zellmembranen; Mechanismen des Ionentransportes durch Membranen; Identifikation von Membranproteinen; Herstellung monoklonaler Antikörper gegen Membranproteine; Elektrophysiologische Untersuchungen an Epithelien; Intrazelluläre Mechanismen bei der hormonstimulierten Enzymsekretion im Pankreas; Elektronenoptische Darstellung von Nieren- und Pankreasgewebe; Zell- und elektrophysiologische, biochemische Untersuchungen an Membranen, speziell: Anionentransport an Erythrocyten.

C.4. MPI f.
Biophysikalische Chemie
Am Faßberg
3400 Göttingen
Tel.: 0551-2011

Abteilung Molekulare Biologie
C.4.1. Prof. Dr. T. M. Jovin
A.: Untersuchungen der Struktur und Funktion von Nukleinsäuren und Proteinen; Untersuchungen über Differentiation und Transformation im zellbiologischen Bereich.

Abteilung Molekulare Zellbiologie (Leiter Dr. Gruss)
C.4.2. Dr. G. Q. Fox
A.: Embryonale Entwicklung des elektromotorischen Systems der Zitterrochen in vivo und in vitro.

Abteilung Molekulare Genetik (Leiter Dr. Gallwitz)
C.4.3. Dr. H. Stadler
A.: Zusammensetzung und axonaler Transport cholinerger synaptischer Vesikel.

Abteilung Zellphysiologie (Leiter Dr. Sakmann)
C.4.4. Dr. V. Wizemann
A.: Charakterisierung von Calelectrin; Struktur und Funktion des Acetylcholinrezeptors.

Abteilung Molekularer Systemaufbau
C.4.5. Prof. Dr. H. Kuhn
A.: Aufbau von Molekülen zu organisierten Einheiten.

Abteilung Biochemische Kinetik
C.4.6. Prof. Dr. M. Eigen
A.: Quantitative reaktionskinetische Untersuchungen der katalytischen Mechanismen, der Strukturumwandlungen und der Regeleigenschaften von Proteinen und Nukleinsäuren im Rahmen der Selbstorganisation eines lebenden Systems; Mechanismen der biologischen Selbstorganisation und Evolution (mathemat. und experimentell).

Abteilung Biochemie
C.4.7. Prof. Dr. K. Weber
A.: Untersuchungen zur Organisation und Regulation des Zytoskeletts, Charakterisierung der beteiligten Proteine; Verankerung des Zytoskeletts an der Plasmamembran und Regulation dieser Organisation.

Abteilung Neurobiologie
C.4.8. Prof. Dr. O. D. Creutzfeldt
A.: Untersuchung der Verschaltung von Nervenzellen zu Systemen und der Informationsverarbeitung im Nervensystem unter verschiedenen Aspekten.

Abteilung Membranbiophysik
C.4.9. Dr. E. Neher
A.: Mechanismen des Ionentransports durch biologische Membranen, insbes. in Nerven-, Muskel- und Drüsenzellen; Mechanismen der Transmitterfreisetzung und deren Steuerung durch intrazelluläre Vorgänge.

C.4.10. Dr. H. Eibl
A.: Synthesen von Phospholipiden; Erforschung des Einflusses von

Lipideigenschaften auf Struktur und Barrierenfunktion der Membran; Einflüsse spezieller Lipide auf das Tumorwachstum.

Arbeitsgruppe Neurochemie
C.4.11. Prof. Dr. V. P. Whittaker
A.: Stimulus-induziertes Recycling cholinerger synaptischer Vesikel; cholinerg-spezifische Antigene und ihre neurohistologische Anwendung; Isolierung von Growth-Clones; Identifizierung von Neuropeptiden, die als Co-Transmitter dienen.

C.4.12. Dr. D. W. Schmid (Laboratoire de Neurobiologie et Physiologie Comparees, Place du Docteur Peyneau, F-33120 Arcachon)
A.: Erfassung einer cDNA-Bibliothek aus cholinergen Nervenzellen des Lobus electricus der Zitterrochen (Torpedo marmorata); Selektion cholinerg-spezifischer Klone.

C.5. MPI f. biologische Kybernetik
Spemannstr. 38
7400 Tübingen
Tel.: 07071-6011

Abteilung Götz
C.5.1. Prof. Dr. K. G. Götz
A.: Informationsaufnahme und -verarbeitung im Nervensystem der Fliege mit verhaltensphysiologischen, elektrophysiologischen, verhaltensgenetischen, histochemischen und neuroanatomischen Methoden.

Abteilung Kirschfeld
C.5.2. Prof. Dr. K. Kirschfeld
A.: Primärprozesse in Lichtsinneszellen; Informationsaufnahme und -verarbeitung im visuellen System mit verhaltens-elektrophysiologischen und neuroanatomischen Methoden.

C.6. MPI f. Entwicklungsbiologie
Spemannstr. 35
7400 Tübingen
Tel.: 07071-6011

Abteilung Physikalische Biologie
C.6.1. Prof. Dr. Bonhoeffer
A.: Untersuchung der Mechanismen, die der Entstehung spezifischer neuronaler Verschaltungen zugrunde liegen; Entwicklungsbiologie der Nematoden.

C.7. MPI f. Ernährungsphysiologie
Rheinlanddamm 201
4600 Dortmund 1
Tel.: 0231-12061

C.7.1. Prof. Dr. B. Hess
A.: Untersuchung der molekularen Grundlagen des Stoffwechsels, des Energie- und Materieaustauschs der Zelle und der interzellulären Kommunikation.

C.8. MPI f. experimentelle Endokrinologie
Feodor-Lynen-Str. 7
3000 Hannover 61
Tel.: 0511-5325958

C.8.1. Prof. Dr. P. W. Jungblut
A.: Biochemische Zellbiologie; Zelldifferenzierung am Beispiel der Untersuchung des Wirkungsmechanismus der Steroidhormone; Wirkungsmechanismus der Prostaglandine; Projekt zur Sicherung des Zusammenhangs der Hormonempfindlichkeit von Brustkrebs und seiner erfolgreichen endokrinen Behandlung.

C.9. MPI f. experimentelle Medizin
Hermann-Rein-Str. 3
3400 Göttingen
Tel.: 0511-3031

Abteilung Physiologie
C.9.1. Prof. Dr. J. Piiper / Dr. M. Meyer
A.: Physiologie und Pathophysiologie der Atmung und des Atemgastransportes.

C.9.2. Prof. Dr. N. Heisler
A.: Vergleichende Physiologie der Atmung und des Säure-Basen-Gleichgewichts bei Tieren.

Abteilung Chemie
C.9.3. Prof. Dr. F. Cramer
A.: Oberflächenstrukturen von Tumorzellen; Mutagenese von Enzymen; Probleme der Steuerung von Zellteilung; Untersuchung verschiedener Probleme der von Genen gesteuerten Eiweißsynthese; Biophysikalische Untersuchungen an Nukleinsäuren und Proteinen.

Abteilung Immunchemie
C.9.4. Prof. Dr. N. Hilschmann
A.: Chemische Analyse der spezifischen Immunantwort, insbes. des Mechanismus der Antikörperbildung; Strukturaufklärung von Transplantationsantigenen von menschlichen Lymphozyten vom HLA-D-Typ.

Abteilung Neurochemie
C.9.5. Prof. Dr. V. Neuhoff
A.: Untersuchung der molekularen und zellulären Grundlagen der neuronalen Signalübertragung; Biochemische Untersuchung der Membranproteine des Zentralnervensystems während der Entwicklung; Untersuchung der Wirkung genereller Stoffwechselstörungen auf die Entwicklung des Zentralnervensystems.

C.10. MPI f. Hirnforschung
Deutschordenstr. 46
6000 Frankfurt/Main 71
Tel.: 069-67041

Abteilung Neuroanatomie
C.10.1. Prof. Dr. H. Wäßle
A.: Pharmakologie der Nervenzellen.

C.10.2. Dr. L. Peichl
A.: Neuroanatomische und Neurophysiologische Untersuchungen zur Aufklärung der neuronalen Elemente und ihrer möglichen Verschaltung und Funktion in der Netzhaut des Säugerauges.
C.10.3. Dr. J. Schnitzer
A.: Neuroimmunologie, Histologie, Zellkultur von Glia-Zellen im Zentralnervensystem von Säugern.
C.10.4. Dr. H. D. Hofmann
A.: Biochemie von Nervenzellen im Gehirn von Säugern; Zellkultur.

Abteilung Neurophysiologie
C.10.5. Prof. Dr. W. Singer
A.: Entwicklung und Funktion des visuellen Systems von Säugetieren.

C.11. MPI f. Immunbiologie
Stübeweg 51
7800 Freiburg
Tel.: 0761-51081

C.11.1. Prof. Dr. O. Lüderitz
A.: Struktur, Immunologie und biologische Aktivitäten von Endotoxinen gramnegativer Bakterien, Analyse der Wirkungsmechanismen, Charakterisierung von Pathogenitätsfaktoren.
C.11.2. Prof. Dr. K. Eichmann
A.: Untersuchung der Mechanismen der Antigenerkennung und Aktivierung von T-Lymphocyten; Funktionelle und molekulare Charakterisierung von T-Zell-Effektorfunktionen; Untersuchung von T-Zell-relevanten Antigenen bei mykobakteriellen Infektionen.
C.11.3. Prof. Dr. G. Köhler
A.: B-Zell-Differenzierung: Regulation der gewebespezifischen Expression und Feedback-Kontrolle des allelen Ausschlusses von Immunglobulingenen; Analyse von Maus-Immunoglobulin-Mutanten; Homologe Rekombination nach Gentransfer; Toleranzuntersuchungen an transgenen Mäusen.

C.12. MPI f. Limnologie
August-Thienemann-Str. 2
2320 Plön
Tel.: 04522-5021

Abteilung Mikrobenökologie
C.12.1. Prof. Dr. J. Overbeck
A.: Ökosystemforschung (Plußsee) mit besonderem Schwerpunkt aquatische Mikrobiologie.

Abteilung Ökophysiologie
C.12.2. Prof. Dr. W. Lampert
A.: Biotische Interaktionen im Freiwasserraum von Seen, Konkurrenz um Ressourcen, Prädation, physiologische Ökologie von Planktonorganismen, Populationsgenetik, mathematische Modelle.

Arbeitsgruppe Tropenökologie
C.12.3. Dr. W. Junk
A.: Ökologie tropischer Überschwemmungsgebiete, zoologi-

sche und botanische Bestandsaufnahme, morphologische, anatomische, physiologische und ethologische Anpassung an den Land-Wasserwechsel; Produktion und Anbau; Nährstoff- und Energiekreisläufe.

C.13. MPI f. Medizinische Forschung
Jahnstr. 29
6900 Heidelberg
Tel.: 06221-4861

Abteilung Organische Chemie
C.13.1. Prof. Dr. Dr. H. A. Staab
A.: Untersuchung der Beziehungen zwischen der Struktur organisch-chemischer Moleküle und ihren physikalischen, chemischen und biologischen Eigenschaften.

Abteilung Biophysik
C.13.2. Prof. Dr. K. C. Holmes
A.: Untersuchung der Struktur von großen biologischen Molekülen oder Molekülverbänden.

Abteilung Molekulare Biologie
C.13.3. Prof. Dr. H. Hoffmann-Berling
A.: Enzyme mit Wirkung auf DNA, speziell DNA-Helicasen.

C.13.4. Prof. Dr. H.-P. Vosberg
A.: Wirkungsmechanismen eukaryontischer DNA-Topoisomerasen; Isolierung und Charakterisierung der Gene für menschliches Myosin.

C.13.5. Prof. Dr. K. Geider
A.: Wechselwirkung von Ti-Plasmid-DNA aus Agrobacterium tumefaciens mit den Zellen höherer Organismen.

Abteilung Physiologie
C.13.6. Prof. Dr. W. Hasselbach
A.: Untersuchung der Energieumwandlung in kontraktilen Geweben (Chemomechanik) und an Zellmembranen (Chemoosmose); Untersuchungen über die Speicherung von Adrenalin in Speicherbläschen des Nebennierenmarks; Mikromorphologie der Strukturen der Membran und des Zytoskeletts.

C.14. MPI f. Molekulare Genetik
Ihnestr. 63
1000 Berlin 33
Tel.: 030-83071

Abteilung Schuster
C.14.1. Prof. Dr. H. Schuster
A.: Untersuchung der molekularen Mechanismen der DNA-Replikation, der für die Replikation von Plasmid-, Bakteriophagen- und bakteriellen DNA essentiellen Gene und Enzyme; Regulation der Replikation, die Transferreplikation während der Konjugation von Bakterien sowie der Funktionen die den Wirtsbereich von Plasmiden bestimmen; Untersuchung tumorspezifischer Proteine.

Abteilung Trautner
C.14.2. Prof. Dr. T. A. Trautner
A.: Untersuchung der Initiation der DNA-Replikation, des Transfers externer DNA durch Zellwand und Zellmembran; Analysen der DNA-Methylierung bei Prokaryonten; Molekulare Interpretation von bakterieller Pathogenität; Untersuchung genregulatorischer Prozesse am Modellsystem nied. Pilze.

Abteilung Wittmann
C.14.3. Prof. Dr. H.-G. Wittmann
A.: Biochemische, physikalische, genetische und immunologische Untersuchungen über die Struktur und Funktion von Ribosomen sowie über den molekularen Mechanismus der Proteinsynthese.

C.15. MPI f. Neurologische Forschung
Ostmerheimer Str. 200
5000 Köln 91
Tel.: 0221-892091

Abteilung f. Experimentelle Neurologie
C.15.1. Prof. Dr. K.-A. Hossmann
A.: Zerebrale Reanimation, experimenteller Hirninfarkt, experimentelles Hirnödem.
C.15.2. Dr. W. Paschen
A.: Regionale Biochemie der Hirntumoren, der zerebralen Ischämie und des Hirnödems.
C.15.3. Dr. G. Mies
A.: Radioautographie (Durchblutung, Glukoseutilisation, Proteinsynthese) der experimentellen Hirntumoren, der zerebralen Ischämie und des Hirnödems.

Abteilung f. Allgemeine Neurologie
C.15.4. Prof. Dr. W.-D. Heiss
A.: Positronen-Emissions-Tomographie, angeschlossen an die Neurologische Universitätsklinik mit klinisch orientierter Grundlagenforschung und klinisch ausgerichteter Forschung; Elektrophysiologie pathophysiologischer Veränderungen im Säuger-ZNS, insbes. während Ischämie, unter Einbeziehung morphologischer und stoffwechselphysiologischer Gesichtspunkte: Elektrophysiologie multimodaler Verarbeitung in den afferenten sensorischen Systemen des Säuger-ZNS.

C.16. MPI f. physiologische u. klinische Forschung
Parkstr. 1
6350 Bad Nauheim
Tel.: 06032-6015

Physiologische Abteilung I
C.16.1. Prof. Dr. E. Simon
A.: Regulationsphysiologie beim Wirbeltier, einschließlich des Menschen, insbes. Temperaturregulation.

Physiologische Abteilung II
C.16.2. Prof. Dr. E. Dodt
A.: Physiologische Untersuchungen des menschlichen und tierischen Auges; Untersuchung der extraokularen Lichtrezeptoren bei niederen Wirbeltieren.

Abteilung f. Experimentelle Kardiologie
C.16.3. Prof. Dr. W. Schaper
A.: Untersuchungen über die Degeneration und Regeneration des Herzens und seiner Blutversorgung.

C.17. MPI f. Psychiatrie
Theoretisches Institut
Am Klopferspitz 18a
8033 Martinsried
Tel.: 089-85781

Abteilung Neuropharmakologie
C.17.1. Prof. Dr. A. Herz
A.: Neuropharmakologie, speziell Opioide, Sucht, Abhängigkeit.

Abteilung Neuromorphologie
C.17.2. Prof. Dr. G. W. Kreutzberg
A.: Nervenzellregeneration, Neuromodulation durch Adenosin, Astrozytenfunktion, Neuroanatomie des visuellen Systems, klinische und experimentelle Neuropathologie.

Abteilung Neurochemie
C.17.3. Prof. Dr. H. Thoenen
A.: Molekulare Neurobiologie, insbes. Entwicklungsneurobiologie; Isolierung und Charakterisierung von neurotrophen Molekülen, Abklärung ihrer zellulären Lokalisation und Regulation ihrer Synthese, Wirkungsmechanismus auf Effektorzellen.

Abteilung Experimentelle Verhaltensforschung
C.17.4. Prof. Dr. D. Ploog
A.: Ethologie und Neuroethologie der Kommunikation von Totenkopfaffen (Saimiri sciureus): Ontogenese des Sozialverhaltens, Funktionen und Klassifikationen sozialer Signale, insbes. der Vokalisationen; Neurobiologie der Phonation und des zentralen Hörens arteigener Laute.

C.18. MPI f. Systemphysiologie
Rheinlanddamm 201
4600 Dortmund 1
Tel.: 0231-12061

Abteilung Physiologie 1
C.18.1. N.N.
A.: Systemanalyse der Sauerstoffversorgung des Organismus im Hinblick auf Austausch- und Transportprozesse sowie Regulation in der Gefäßstrombahn der Organe.

Abteilung Physiologie 2
C.18.2. Prof. Dr. R. Kinne
A.: Analyse epithelialer Transportvorgänge auf zellulärer und subzellulärer Ebene.

Zentrales Laboratorium f. Funktionelle Morphologie
C.18.3. Dr. D. Schäfer
A.: Feinstrukturanalyse und Ionenlokalisation in Zellen und Zellbestandteilen.

Zentrale Einrichtung Elektronik
C.18.4. Dipl.-Ing. M. Grothe
A.: Entwicklung von elektronischen Meßgeräten zur Messung biologischer Signale; Datenerfassung und -übertragung elektrischer Meßwerte aus biologischen Systemen zur Auswertung in Rechenanlagen.

C.19. MPI f. Verhaltensphysiologie
8130 Seewiesen b. Starnberg
Tel.: 08157-291

Abteilung Huber
C.19.1. Prof. Dr. F. Huber
A.: Nervöse Grundlagen des Verhaltens: Verarbeitung verhaltensrelevanter Signale durch Sinnes- und Nervenzellen; Genese und Kontrolle motorischer Muster; Entwicklung und Plastizität von Verhaltensleistungen.

Abteilung Mittelstaedt
C.19.2. Prof. Dr. H. Mittelstaedt
A.: Kybernetik des Verhaltens im Raum; Prinzipien und Mechanismen der Nachrichtenverarbeitung im Organismus.

Abteilung Schneider
C.19.3. Prof. Dr. D. Schneider
A.: Physiologie, Biochemie und Biophysik des Geruchssinns von Insekten; Feinstruktur von Sinnesorganen; Biosynthese von Pheromonen; Chemische Orientierung und Kommunikation; Schweresinn bei Tieren und Menschen. Raumorientierung allgemein; Verhalten von Krebstieren.

Abteilung Kaißling
C.19.4. Prof. Dr. K.-E. Kaißling
A.: Chemorezeption und chemische Kommunikation.

Abteilung Wickler
C.19.5. Prof. Dr. W. Wickler
A.: Evolutionsorientierte Verhaltensforschung, spez. am Sozial- und Kommunikationsverhalten der Tiere; Öko-Soziologie.

Forschungsstelle Humanethologie
C.19.6. Prof. Dr. I. Eibl-Eibesfeldt
A.: Humanethologie.

Vogelwarte Radolfzell
C.19.7. Prof. Dr. W. Wickler / Prof. Dr. E. Gwinner
A.: Biologie des Vogels; Etho-Ökologie; Biologische Rhythmen; Vogelzugforschung; Stoffwechselphysiologie; Populationsdynamik; Grundlagenforschung für Umweltschutz; Bioakustik.

C.20. MPI f. Virusforschung
Spemannstr. 35
7400 Tübingen
Tel.: 07071-6011

Abteilung Biochemie
C.20.1. Dr. U. Schwarz
A.: Entstehung und kontrollierte Modifikation der Zellgestalt (Morphogenese) am Modellsystem Bakterien; Untersuchung

der Entstehung des Nervensystems im sich entwickelnden Organismus.

Abteilung Molekularbiologie
C.20.2. Prof. Dr. A. Gierer
A.: Untersuchung der physikalischen Prinzipien und molekularen Prozesse bei der Entwicklung höherer Organismen-Genregulation, Zellwechselwirkungen, biologische Gestaltbildung.

Abteilung Zellbiologie
C.20.3. Prof. Dr. P. Hausen
A.: Zell- und entwicklungsbiologische Untersuchungen an Vertebratensystemen; strukturelle Organisation des Zellkerns; Regulation der Genexpression während der Embryogenese; Musterbildung und Stammzellkinetik bei der Entstehung eines Organsystems.

C.21. MPI f. Zellbiologie
Rosenhof
6802 Ladenburg b. Heidelberg
Tel.: 06203-5097

Abteilung Traub
C.21.1. Prof. Dr. P. Traub
A.: Struktur und Funktion der Intermediärfilamente und ihrer Untereinheiten in eukaryontischen Zellen; Struktur und Funktion des Plasmamembranskeletts.

C.22. MPI f. Züchtungsforschung
Egelspfad
5000 Köln 30
Tel.: 0221-506 21

Abteilung Genetische Grundlagen d. Pflanzenzüchtung
C.22.1. Prof. Dr. J. St. Schell
A.: Molekularbiologische Untersuchungen des Wurzelhalsgallenkrebses (Gentechnik mit tumorinduzierenden Plasmiden aus Agrobacterium tumefaciens). Untersuchung der Rolle von DNA-Plasmiden beim Zustandekommen der Symbiose Pflanze – Stickstoff-fixierende Bakterien mit Hilfe gentechnologischer Methoden.

Abteilung Molekulare Pflanzengenetik
C.22.2. Prof. Dr. H. Saedler
A.: Molekularbiologische Untersuchungen über „springende Gene" (transposable elements) in Pflanzen.

Abteilung Biochemie
C.22.3. Prof. Dr. K. Hahlbrock
A.: Untersuchung der biochemischen und molekularbiologischen Grundlagen der natürlichen Resistenz höherer Pflanzen gegen Pathogene.

Abteilung Züchtungsforschung
C.22.4. Prof. Dr. Salamini
C.22.5. Dr. Rohde
A.: Molekulargenetik bei Gerste.
C.22.6. Dr. Hesselbach
A.: Züchtung und Genetik von Gerste.

C.22.7. Dr. Uhrig
A.: Cytogenetik von Kartoffeln.
C.22.8. Dr. Bartels
A.: Streß- und Ertragsphysiologie
C.22.9. Dr. Gebhardt
A.: Molekulargenetik bei Kartoffeln.

C.23. Friedrich-Miescher-Laboratorium in der Max-Planck-Gesellschaft
Spemannstr. 37–39
7400 Tübingen
Tel.: 07071-601460

Biologische Arbeitsgruppen
C.23.1. Dr. W. Birchmeier
A.: Zelluläre Wechselwirkungen unter normalen Bedingungen und bei der Metastasierung von Tumorzellen.
C.23.2. Dr. P. Ekblom
A.: Differenzierung der Niere.
C.23.3. Dr. R. Kemler
A.: Untersuchung der Zelldifferenzierungsvorgänge während der frühen Embryonalentwicklung in der Maus.

Abteilung Anderer
C.23.4. Prof. Dr. A. Anderer
A.: Molekularbiologische und biochemische Untersuchung der neoplastischen Transformation animaler und humaner Zellen (Molekulare Vorgänge der Wachstumsregulierung in Tumorzellen, Charakterisierung von Komponenten der Zelloberfläche und potentielle Regulationsänderungen bei der Metastasierung von Tumorzellen); Biochemie der Zelltransformation; Tumorimmunologie und Immunchemie von Tumorantigenen; Biochemie der Proteine und Membranen; Biochemische Virusforschung.

C.24. Forschungsstelle Matthaei in der Max-Planck-Gesellschaft
Hermann-Rein-Str. 3
3400 Göttingen
Tel.: 0551-303271

C.24.1. Prof. Dr. J. H. Matthaei
A.: Neurochemie von Emotionen, Angst und Ruhe, Schlaf; beim Menschen und bei Säugetieren greifbare Emotionen (Problem Tatkraft); Rolle von Endorphinen und Enkephalinen bei Depressionen, Euphorien; Natürliche Liganden der Benzodiazeptin-Rezeptoren.

C.25. Klinische Forschungsgruppe f. Reproduktionsmedizin d. MPG
an d. Frauenklinik d. Universität Münster
Steinfurter Str. 107
4400 Münster
Tel.: 0251-836096

C.25.1. Prof. Dr. E. Nieschlag
A.: Gynäkologische Endokrinologie; Physiologie und Pathophysiologie der männlichen reproduktiven Funktionen und Fertilitätskontrolle beim Mann; Interaktion zwischen männlichen und weiblichen reproduktiven Funktionen.

D. Institute der Fraunhofer Gesellschaft, Forschungsstätten in priv. Rechtsform und sonstige Einzelinstitute

D.1. Fraunhofer-Institut f. Umweltchemie u. Ökotoxikologie
5948 Schmallenberg/Grafschaft
Tel.: 02972-49496

Abteilung Angewandte Toxikologie
D.1.1. Dr. H. Oldiges
A.: Einwirkung von Schadstoffen auf biologische Systeme.

D.2. Fraunhofer Institut f. Toxikologie u. Aerosolforschung
Nikolai-Fuchs-Str. 1
3000 Hannover 61
Tel.: 0511-53500

D.2.1. Prof. Dr. H. Marquardt / Prof. Dr. U. Mohr / Prof. Dr. W. Stöber
A.: Toxikologie von Umweltchemikalien, Inhalationstoxikologie von Luftverunreinigungen, Schadstoffwirkungen in Zell- und Gewebekulturen.

D.3. Fraunhofer-Institut f. Grenzflächen- u. Bioverfahrenstechnik
Nobelstr. 12
7000 Stuttgart 80
Tel.: 0711-686801

D.3.1. Prof. Dr. R. Reiter
A.: Biologische Grenzflächenprobleme, Biorheologie, Biotechnologie.

D.4. Fraunhofer-Institut f. Lebensmitteltechnologie u. -verpackung
Schragenhofstr. 35
8000 München 50
Tel.: 089-1411091

D.4.1. Prof. Dr. G. Schricker
A.: Lebensmitteltechnologie (chem., phys., mikrobiol. Prozesse).

D.5. Forschungsinstitut Borstel Institut f. Experimentelle Biologie u. Medizin
Parkallee 1-42
2061 Borstel
Tel. 04537-7771

D.5.1. Prof. Dr. E.-T. Rietschel
A.: Bakterielle Endotoxine (Biochemie); Arachidonsäuremetabolismus in Phagocyten.

D.6. Forschungsanstalt f. Meeresgeologie u. Meeresbiologie „Senckenberg"
Schleusenstr. 39a
2940 Wilhelmshaven
Tel.: 04421-44081

D.6.1. Dr. B. W. Flemming / Dr. J. Dörjes
A.: Faunistisch-ökologische Untersuchungen verschiedener Flachwasserfaziessysteme; Populationsdynamische Erhebungen und Untersuchungen der Faunenfluktuationen in Abhängigkeit von natürlichen und anthropogen bedingten Parametern.

D.7. Institut f. Honigforschung
Schlachte 15/18
2800 Bremen 1
Tel.: 0421-12449

D.7.1. Dr. B. Talpay
A.: Chemische, physikalische und sensorische Untersuchung von Importhonigen; Ermittlung und Archivierung von ca. 20 ausgewählten Kennzahlen des Honigs; Mitarbeit im Rahmen der Codex Alimentarius Commission, des Deutschen Institutes f. Normung, Beratung des Gesetzgebers in einschlägigen Fragen; Honig als biologischer Indikator (Untersuchung und Auswertung internationaler Honigproben).

D.8. Institut f. Mikroökologie
Kornmarkt 34
6348 Herborn/Dill
Tel.: 02772-41033

D.8.1. Dr. V. Rusch / Dr. K. Zimmermann
A.: Kultivierung von Mikroorganismen für pharmazeutische Belange; Erarbeitung neuer Untersuchungstechniken zur Abklärung immunologischer Fragestellungen im Humanbereich; Vergleichende physiologische Untersuchungen bei verschieden kultivierten Pflanzen.

D.9. Zentralinstitut f. Versuchstierzucht
Hermann-Ehlers-Allee 57
3000 Hannover 91
Tel.: 05 11-49 20 75

D.9.1. Direktor Prof. Dr. W. Heine
D.9.2. Dr. F. Deerberg / Dr. J. Kaspareit
A.: Pathologie und Histologie von Maus, Ratte und Hamster.
D.9.7. Prof. Dr. V. Kraft / Dr. M. Wullenweber
A.: Virologie, Bakteriologie und Parasitologie von Maus, Ratte und Hamster, Tierhygiene in Zucht und Haltung.
D.9.3. Dr. H. J. Hedrich / Dr. I. Reetz
A.: Inzuchten und Immungenetik von Maus, Ratte und Hamster; Genetische Steuerung und Überwachung von Inzuchten; Kryokonservierung von Embryonen von Maus und Ratte.
D.9.4. Dr. E. Sickel
A.: Entwicklung, Aufzucht und Haltung gnotobiotischer Tiere.
D.9.5. Dr. K. Rapp
A.: Populationsgenetik, Biometrie und Statistik.
D.9.6. Prof. Dr. K. Lörcher
A.: Information u. Dokumentation.

E. Forschungsstätten des Bundes

E.1. Biologische Bundesanstalt f. Land- u. Forstwirtschaft
Messeweg 11/12
3300 Braunschweig
Tel.: 0531-3991

Institut f. Pflanzenschutz in Ackerbau und Grünland
E.1.1. Prof. Dr. F. Schütte
A.: Biologie, Auftreten, Ausbreitung und wirtschaftliche Bedeutung von Krankheitserregern und Schädlingen landwirtschaftlicher Kulturpflanzen, Möglichkeiten der Bekämpfung im Rahmen des integrierten Pflanzenschutzes.

Institut f. Viruskrankheiten der Pflanzen
E.1.2. Prof. Dr. H. L. Paul
A.: Entwicklung und Verbesserung von Verfahren zur Diagnose von Virusinfektionen durch Testpflanzen-Reaktionen, mit Hilfe der Morphologie sowie von serologischen und physikalisch-chemischen Eigenschaften.
Ermittlung von Übertragungsarten (Kontakt, Insekten, Nematoden, Samen, Pollen).
Untersuchung der Epidemiologie von Virosen.
Verfahren zur Eliminierung von Viren aus totalinfizierten Kulturpflanzensorten (Wärmetherapie, Meristemkultur, Chemotherapie).
Registrierung von Virusreservoiren, bes. in Unkräutern und Wildpflanzen. Untersuchungen des Resistenzverhaltens von Kulturpflanzen gegenüber Viren.
Herstellung von Virenpräparaten zwecks Erfassung chemisch-physikalischer Daten sowie Herstellung von Antiseren.
Klassifikation von Viren.
Erfassung der pathologischen Zytologie virusinfizierter Pflanzenzellen mit Hilfe der EM.
Bio- und gentechnologische Methoden für den Einbau von Virusresistenzen in Pflanzen und zur Virusdiagnose mittels Nucleinsäurehybridisierungen.
Überwachungsprüfungen und Bestimmung von Resistenzen gegenüber Viren bei verschiedenen Kulturpflanzen.
Beratungen im Hinblick auf Gesunderhaltung der Kulturpflanzen.

Institut f. Biochemie
E.1.3. Prof. Dr. H. Stegemann
A.: Entwicklung chemotherapeutischer Verfahren gegen pflanzenpathogene Viren zur Sanierung von Vermehrungsmaterial.

Elektrophoretische Nucleinsäuremuster als Hilfsmittel in der Virusdiagnostik.
Vergleich verschiedener Nachweismethoden für beet necrotic yellow vein virus (BNYVV).
Herstellung und Klonierung komplementärer DNA zum Nachweis des BNYVV.
Antisera und Proteinmuster zum Nachweis der Kartoffelnematoden.
Protein- und Glykoproteinmuster von Mais-Sorten und -Mutanten und Samen anderer Pflanzen zwecks Aussonderung von Duplikaten in Gen-Banken.

Fachgruppe f. Zoologische Mittelprüfung
E.1.4. Prof. Dr. H. Rothert
A.: Wissenschaftliche und administrative Arbeiten im Zulassungsverfahren für Pflanzenschutzmittel.

Institut f. Biologische Schädlingsbekämpfung
Heinrichstr. 243
6100 Darmstadt
Tel.: 06151-44061

E.1.5. Prof. Dr. F. Klingauf
A.: Untersuchungen über die Wirksamkeit von Prädatoren und Parasiten als natürliche Gegenspieler von Schädlingen.
Diagnose und Untersuchungen über Vorkommen und Bedeutung von Krankheiten bei Schaderregern, verursacht durch Viren, Bakterien, Pilze und Protozoen.
Entwicklung von Verfahren zur Produktion und zum Einsatz von heimischen und importierten Prädatoren, Parasiten und Pathogenen zur Bekämpfung von Schaderregern.
Untersuchungen zur Verwendung biotechnischer und anderer nichtchemischer Verfahren im Pflanzenschutz.
Erhebungen zur Populationsdynamik von Schaderregern als Grundlage für den integrierten Pflanzenschutz.
Untersuchungen zum nützlingsschonenden, umweltverträglichen und hygienisch unbedenklichen integrierten Einsatz von Pflanzenbehandlungsmitteln.
Begleitende Forschungen im Zusammenhang mit Zulassung von Pflanzenbehandlungsmitteln unter bes. Berücksichtigung biologischer Verfahren.

Institut f. Nematologie u. Wirbeltierkunde
Toppheideweg 88
4400 Münster
Tel.: 0251-862532

E.1.6. Dr. J. Müller
Abteilung Nematologie
A.: Taxonomie und Diagnose; Resistenzforschung und -prüfung bei Kulturpflanzen; Entwicklung integrierter Verfahren zur Schadensabwehr; Einfluß von Agrochemikalien auf Nematoden und deren Antagonisten.
Abteilung Wirbeltierkunde
A.: Vorkommen, Verbreitung und Diagnose bei Schadnagern;

Methoden zur Prognose der Populationsentwicklung und zur Schadenserfassung; Entwicklung integrierter Verfahren zur Schadensabwehr; Auswirkungen von Pflanzenschutzmitteln auf Wirbeltiere.

Institut f. Resistenzgenetik
Grünbach
8059 Bockhorn
Tel.: 08122-1651

E.1.7. Dr. G. Wenzel
A.: Erstellung von krankheitsresistentem Ausgangsmaterial für die Pflanzenzüchtung mit Hilfe klassischer Züchtungsmethoden, Zell- und Gewebekultur und molekulargenetischer Methoden.

Abteilung f. ökologische Chemie
Königin-Luise-Str. 19
1000 Berlin 33
Tel.: 030-83041

E.1.8. Prof. Dr. W. Ebing
A.: Schäden an Straßenbegleitgrün und an Straßenbäumen durch abiotische Umwelteinflüsse; Versuche zur Sanierung schwerbelasteter Standorte; Kulturpflanzenernährungsstörungen; Untersuchung des Verhaltens von Fremdchemikalien in Ökosystemen; Schädliche Einflüsse von Pflanzenschutzmitteln auf Nutzarthopoden in Wirt/Parasit- und Beutetier/Nützlings-Beziehungen.

E.2. Bundesforschungsanstalt f. Ernährung
Engesserstr. 20
7500 Karlsruhe 1
Tel.: 0721-601146

Umorganisation in folgende Institute:

Institut f. Hygiene u. Toxikologie
E.2.1. Leiter: N. N.

Institut f. Chemie u. Biologie
E.2.2. Leiter: Prof. Dr. B. Tauscher

Institut f. Ernährungsphysiologie
E.2.3. Leiter: Prof. Dr. J. F. Diehl

Arbeitsgebiete noch nicht festgelegt

E.3. Bundesforschungsanstalt f. Fischerei
Palmaille 9
2000 Hamburg 50
Tel.: 040-381601

E.3.1. Leiter: Prof. Dr. K. Tiews

Institut f. Seefischerei
E.3.2. Prof. Dr. D. Sahrhage
A.: Biologische Überwachung der von der deutschen Hochseefischerei genutzten Fischbestände. Erforschung und Erschließung neuer Fangplätze und mariner Nutztierarten.
Ichthyo-ökologische Arbeiten.

Institut f. Küsten- und Binnenfischerei
E.3.3. Prof. Dr. K. Tiews
A.: Untersuchungen über die Bedeutung der Watten als Auf-

wuchsgebiet für Jungfische und Krebstiere.
Beifanguntersuchungen in der Garnelenfischerei.
Überwachung der Herzmuschel- und Miesmuschelbestände im deutschen Wattengebiet.
Bestandskundliche Untersuchungen an Scholle, Kabeljau, Seezunge, Dorsch, Plattfisch, Hering und Sprott.
Untersuchungen zur Meeresverschmutzung (Speicherung von chlorierten Kohlenwasserstoffen und einigen Schwermetallen, sowie deren Auswirkungen auf Fische und Nährtiere).
Aquakultur und Binnenfischerei (Versuche zur kommerziellen Aalzucht; Ernährungsphysiologische Untersuchungen an Warmwasser-Nutzfischen; Beratung für eine Entwicklung der Austernkultur).

Labor f. Radioökologie der Gewässer
E.3.4. Leiter: Prof. Dipl.-Phys. W. Feldt
A.: Radioökologische Untersuchungen im Meer und in Binnengewässern.
Untersuchung der Verteilung, Anreicherung und Auswirkung von Schadstoffen in den Organismen des Meeres und der Binnengewässer.
Anwendung von Radioisotopen und kerntechnischen Verfahren zur Klärung von Grundsatzfragen in der Fischereiökologie.

E.4. Bundesanstalt f. Fleischforschung
E.-C.-Baumann-Str. 20
8650 Kulmbach
Tel.: 09221-8031

Institut f. Mikrobiologie, Toxikologie und Histologie
E.4.1. Dr. L. Leistner
A.: Verminderung der mikrobiellen Belastung von Lebensmitteln; Vorhersage des Risikos von Lebensmittelvergiftungen; Vorhersage der Haltbarkeit von Fleisch und Fleischerzeugnissen; Neue Nutzanwendungen von Mikroorganismen im Bereich Fleisch.

E.5. Bundesforschungsanstalt f. Forst- u. Holzwirtschaft
Leuschnerstr. 91
2050 Hamburg 80
Tel.: 040-739191

Institut f. Weltforstwirtschaft
E.5.1. Prof. Dr. E. F. Brünig
A.: Ökosystemforschung; Ökophysiologie; Forstwirtschaft; Wirtschaftsgeographie; Bodenkunde; Ertragskunde; Waldinventur.

Institut f. Holzbiologie u. Holzschutz
E.5.2. Prof. Dr. W. Liese
A.: Holzbiologie; Feinstrukturforschung; Zytobiologie; Mikrobiologie.

Institut f. Forstgenetik u. Forstpflanzenzüchtung
(Sieker Landstr. 2, 2070 Großhansdorf, Tel. 04102-61070/79)
E.5.3. Dr. G. H. Melchior
A.: Kreuzungszüchtung; Resistenzforschung; Provenienzforschung; Biotechnologie.

E.6. Bundesforschungsanstalt f. Gartenbauliche Pflanzenzüchtung
Bornkampsweg 31
2070 Ahrensburg
Tel.: 04102-51121-24

Arbeitsgebiet Angewandte Cytogenetik
E.6.1. Prof. Dr. R. Reimann-Philipp / Dipl.-Ing. M. Santory
A.: Cytologie und Züchtungstechnik bei Blumen- und Gemüsearten.

Arbeitsgebiet Biochemie
E.6.2. Dr. H. Junge
A.: Untersuchungen von Inhaltsstoffen bei Gemüsearten; Biochemische Analyse physiologischer Reaktionsnormen von Gartenbau-Gewächsen.

Arbeitsgebiet Angewandte Pflanzenphysiologie
E.6.3. Dr. W. Preil
A.: Biotechnologie.

Arbeitsgebiet Grundlagen der Obstzüchtung
E.6.4. Prof. Dr. H. Schmidt
A.: Züchtung von Kirsch- und Apfelunterlagen sowie Grundlagen der Züchtung von Süßkirsch- und Apfelsorten.

Arbeitsgebiet Obstkrankheiten
E.6.5. Dr. J. Krüger
A.: Resistenzzüchtung, insbes. gegen Apfelschorf.

Arbeitsgebiet Zierpflanzen- u. Gemüsekrankheiten
E.6.6. Dipl.-Gärtn. F. Persiel
A.: Resistenzzüchtung bei Zierpflanzen- und Gemüsekrankheiten.

Arbeitsgebiet Gemüsezüchtung
E.6.7. Dipl.-Gärtn. E. Baumunk-Wende
A.: Verbesserung von Gemüsesorten, insbes. hinsichtlich Resistenz.

Arbeitsgebiet Induktion von Mutationen
E.6.8. Prof. Dr. F. Walther
A.: Induktion von Mutationen in in-vitro-Kulturen.

E.7. Bundesforschungsanstalt f. Getreide- u. Kartoffelverarbeitung
Schützenberg 12
4930 Detmold 1
Tel.: 05231-23451

Institut f. Müllereitechnologie
E.7.1. Prof. Dr. H. Bolling
A.: Qualität des Brotgetreides; Qualitätssicherung; Verarbeitungswert von Getreidearten wie Mais, Reis, Gerste, Hafer für die Nährmittel-, Futtermittel- und Stärkeindustrie.

Institut f. Bäckereitechnologie
E.7.2. Prof. Dr. W. Seibel
A.: Angewandte Mikrobiologie auf den Gebieten Getreide, Produktionshygiene, Kontamination und Schimmelschutz, Sauerteig.

Institut f. Stärke- u. Kartoffeltechnologie
E.7.3. Prof. Dr. W. Kempf
A.: Stärkerohstoffe, Stärkegewinnung, Stärkemodifizierung und Stärkeverzuckerung; Nachwachsende Rohstoffe; Kartoffelnaß-, Kartoffeltrocken-, Kartoffelfritierprodukte.

E.8. Bundesanstalt f. Gewässerkunde
Kaiserin-Augusta-Anlagen 15–17
5400 Koblenz
Tel.: 0261-12431

Abteilung Physik, Chemie u. Biologie, Fischereiangelegenheiten
E.8.1. Dr. P. Kothe
A.: Ökosystemforschung in Bezug auf angewandte Fragestellungen der Gewässerkunde, Gewässerwirtschaft und des Gewässerschutzes.

Abteilung Allgemeine u. Technische Wassergütefragen, Gewässerradiologie, Pflanzungen
E.8.2. Dipl.-Ing. H. Rödiger
A.: Wasserbeschaffenheit von Binnengewässern: Chemische und biologische Flußwasseruntersuchungen, Stoffhaushalt, Selbstreinigung. Gütemodellrechnungen; Besondere Inhaltsstoffe: Chlorkohlenwasserstoffe und Tenside, Radioaktivität. Landschaftspflege, Naturschutz und Vegetation; Wasserbeschaffenheit von Küstengewässern.

E.9. Bundesforschungsanstalt f. Landwirtschaft Braunschweig-Völkenrode
Bundesallee 50
3300 Braunschweig
Tel.: 0531-5963

Institut f. Pflanzenbau u. Pflanzenzüchtung
F.9.1. Leiter: Prof. Dr. M. Dambroth
E.9.2. Prof. Dr. M. Dambroth / J. Hetzler
A.: Sammlung pflanzengenetischer Ressourcen, Dokumentation, Vermehrung und Evaluierung des Bestandes.
E.9.3. Dr. A. Grahl
A.: Keimphysiologische Untersuchungen an Industriepflanzen.
E.9.4. Dr. U. Menge-Hartmann
A.: Lichtmikroskopische und REM-Untersuchungen zur Regeneration von Zichorienpflanzen aus Explantaten und Kallus; Erstellung eines Kataloges cytologischer Merkmale, die der Differenzierung und Zellteilungsaktivität vorausgehen.
E.9.5. Dr. G. Rühl
A.: Bestimmung von Inhaltsstoffen pflanzlicher Materialien; Gentechnologische Manipulation zur Verbesserung bestimmter Qualitätsmerkmale von Speicherstoffen.

E.9.11. Dr. C. Sator
A.: Aufbau von Genbanksammlungen zur Sicherung des gegenwärtig vorhandenen Genpools für züchterische Bearbeitung in Zukunft.

Institut f. Pflanzenernährung u. Bodenkunde
E.9.7. Leiter: Prof. Dr. D. Sauerbeck
A.: Bodenbelastung und Gefügezustand; Nährstoffausnutzung, Düngung und Abfallverwertung; Stoffbilanz und Ökochemie von Agrarböden; Stoffwechsel, Ernährung und Qualität von Kulturpflanzen.

Institut f. Tierernährung
E.9.8. Prof. Dr. H. J. Oslage
A.: Ernährungsphysiologie: Energie-, Eiweißstoffwechsel, sowie Stoffumsatz im Verdauungstrakt von Wiederkäuern und Schweinen.
Futtermittelkunde: Mineralstoffe und Wirkstoffe; Physiologische Futtermittelbewertung.
Fütterung und Produktion: Nährstoffhaushalt und tierische Leistung bei Wiederkäuern und Schweinen.

Institut f. Tierzucht u. Tierverhalten
3057 Neustadt 1, Tel.: 05034-8710
E.9.9. Prof. Dr. Dr. D. Smidt
A.: Tierproduktion, Endokrinologie und Neuroendokrinologie, Biotechnologie, in vivo – Analytik biologischer Systeme, Ethologie/Verhaltensphysiologie, Genetik/Züchtung.

Institut f. Kleintierzucht
Dörnbergstr. 25–27, 3100 Celle, Tel.: 05141-310312
E.9.10. Prod. Dr. R.-M. Wegner
A.: Untersuchung der Verhaltensweisen von Geflügel unter verschiedenen Haltungsbedingungen.

E.10. Bundesanstalt f. Milchforschung
Hermann-Weigmann-Str. 1
2300 Kiel 1
Tel.: 0432-6091

E.10.1. Leiter: Prof. Dr. A. Tolle

Institut f. Physiologie u. Biochemie der Ernährung
E.10.2. Prof. Dr. C. A. Barth
A.: Humanernährung und Stoffwechselphysiologie.

E.11. Bundesforschungsanstalt f. Naturschutz u. Landschaftsökologie
Konstantinstr. 110
5300 Bonn 2
Tel.: 0228-330041/44

Institut f. Naturschutz und Tierökologie
E.11.1. Prof. Dr. W. Erz
A.: Anwendungsorientierte Forschung auf den Gebieten Naturschutz und Tierökologie, insbes. Biozönologie, Biotopbewertung, Eingriffe in Natur und Landschaft; Beratung der Bun-

desregierung als Entscheidungshilfe für die Umweltpolitik (Gesetzgebung, Programme, Einzelmaßnahmen, internat. Naturschutz); Wissenschaftl. Dokumentation von Schutzgebieten.

Institut f. Vegetationskunde
E.11.2. Prof. Dr. K. Meisel
A.: Artenschutz; Biotopschutz; Vegetationskunde; Vegetationsökologie.

E.12. Bundesanstalt f. Rebenzüchtung Geilweilerhof
6741 Siebeldingen
Tel.: 06345-445/46

Abteilung Genetik u. Zytologie
E.12.1. Leiter: Prof. Dr. R. Blaich
A.: Frühdiagnosen zur Feststellung der Resistenz gegen Schaderreger; Rebsortenkunde; Genbank für Rebsorten.

Abteilung Züchtungsforschung
E.12.2. Leiter: Prof. Dr. Dr. G. Alleweldt
A.: Zell- und Gewebekultur der Rebe; Frühdiagnosen zur Ermittlung der Resistenz gegen abiotische Faktoren; Genetik und Züchtung der Rebe.

Abteilung Biochemie u. Physiologie
E.12.3. Leiter: Prof. Dr. A. Rapp
A.: Frühdiagnosen zur Feststellung der Most- und Weinqualität.

E.13. Bundesamt f. Sera u. Impfstoffe (Paul-Ehrlich-Institut)
Paul-Ehrlich-Str. 42–44
6000 Frankfurt/Main 70
Tel.: 069-63 60 16

E.13.1. Präs.: Prof. Dr. R. Kurth
A.: Zulassung und Chargenprüfung von Sera, Impfstoffen, Testallergenen, Testantigenen und Testsera gemäß Arzneimittelgesetz, sowie tierseuchenrechtlicher Vorschriften.
Entwicklung von Standardpräparaten und Festlegung von Standardwerten. Forschung auf dem Gebiet AIDS, Allergene und gentechnologischer Produkte.

E.14. Bundesforschungsanstalt f. Viruskrankheiten der Tiere
Paul-Ehrlich-Str. 28
7400 Tübingen
Tel.: 07071-6031

Institut f. Impfstoffe
E.14.1. Leiter: Dr. G. Wittmann
E.14.2. Dr. H.-J. Rziha
A.: Molekulare Mechanismen zur Latenz und Virulenz von Herpesviren; Klonierung und Expression herpesviraler Gene; Funktionelle Studien zu herpesviralen Glykoproteinen.

E.14.3. Dr. H.-J. Thiel
A.: Charakterisierung von Epitopen, die zur Bildung Virus neutralisierender Antikörper führen; Untersuchungen zum Transformationsmechanismus eines Säuger-Retrovirus (simian sarcoma virus).

E.15. Bundesgesundheitsamt
Thielallee 88–92
1000 Berlin 33
Tel.: 030-83080

E.16. Robert-Koch-Institut
Nordufer 20
1000 Berlin 65
Tel.: 030-45031

E.16.1. Leiter: Prof. Dr. W. Weise
Abteilung Bakteriologie
E.16.2. Prof. Dr. F. Fehrenbach
A.: Untersuchung von Pathogenitätsmechanismen, spez. Mechanismus Bakterien-Toxine/Cytokinine.
Abteilung Biochemie
E.16.3. Prof. Dr. H. Kröger
A.: Studien zur: DNA-Methylierung, Adenoribosylierung von Proteinen; Genese des Rheumas.
Abteilung Zytologie
E.16.4. Prof. Dr. P. Giesbrecht
E.16.5. Dr. P. Blümel
A.: Bedeutung autolytischer Zellwand-Enzyme für die Wirkungsweise von Antibiotika.

E.16.6. Dr. H. Labischinski
A.: Versuche zur Durchbrechung der Diffusionsbarriere für Antibiotika, die in der „outer-membrane" liegt, in gram-negativen Bakterien.
E.16.7. Dr. J. Wecke
A.: Abbau der Zellwände von Bakterien, die +/− resistent gegenüber Zellwand-lytischen Enzymen sind durch Phagocyten: Analyse des Wirkungsmechanismus.

E.17. Institut f. Wasser-, Boden- u. Lufthygiene
Corrensplatz 1
1000 Berlin 33
Tel.: 030-83080

E.17.1. Leiter: Prof. Dr. G. von Niedig
Abteilung Lufthygiene
E.17.2. Prof. Dr.-Ing. E. Lahmann
A.: Ermittlung der Wirkungen von Luftverunreinigungen auf Pflanzen – Versuche in Gewächshäusern.
Abteilung Trink- u. Betriebswasserhygiene
E.17.3. Prof. Dr. U. Hässelbarth / Dr. G. Klein
A.: Entwicklung biologischer Verfahren in der Wasseraufbereitung; Entwicklung von Meßverfahren für biologische Parameter; Untersuchung von Gewässern bei Sanierungs- und Restaurierungsmaßnahmen; Aus-

wirkungen von Luftschadstoffen auf Gewässer.

Abteilung Abwasser- u. Umwelthygiene beim Gewässerschutz
E.17.4. Dr. J. Hahn
A.: Entwicklung und Erprobung eines kombinierten Untersuchungsverfahrens zum Nachweis und zur Bewertung mutagener Stoffe im Wasser; Umweltchemikalien zur Bewertung der Umweltgefährlichkeit in aquatischen Systemen; Elimination schwer abbaubarer Stoffe durch weiterentwickelte biologische Abwasserreinigungsverfahren am Beispiel Flockungshilfsmittel.

Abteilung Bodenhygiene, Hygiene der Wassergewinnung
E.17.5. Prof. Dr. G. Milde
A.: Ökotoxikologische Untersuchungen zum Schutz des Bodens und des Grundwassers, Schutzzonen für die Trinkwassergewinnung; Untersuchung der Grundwasseranreicherung mit Oberflächenwasser zur Trinkwassergewinnung, insbes. Feststellung von Mikroverunreinigungen; Hygienische Geohydrochemie, insbes. zur Erfassung von Grundwasserkontaminationen und der Erarbeitung von Sanierungskonzepten; Hygiene der landwirtschaftlichen Schlammverwertung und der Schlamm- und Flußsedimentdeponien; Bodenmikrobiologische Untersuchungen zur Charakterisierung des Belastungsgrades und der Reinigungskapazität; Verhalten von Chemikalien einschl. Pflanzenschutzmittel im Wasser und Boden auch im Hinblick auf die Trinkwassergewinnung.

E.18. Max-von-Pettenkofer-Institut
Unter den Eichen 82–84
1000 Berlin 45
Tel.: 030-8 30 80

E.18.1. Leiter: Prof. Dr. A. Hildebrandt

Abteilung Toxikologie der Lebensmittel und Bedarfsgegenstände
E.18.2. Dr. W. Grunow
A.: Toxikologische Untersuchungen und gutachterliche Beurteilung: von Lebensmitteln, deren natürlicher Inhaltsstoffe und deren Zusatzstoffe, Genußmitteln, Kunststoffen, Kosmetika und Schwermetallen.

E.19. Institut f. Sozialmedizin u. Epidemiologie
General-Pape-Str. 62–66
1000 Berlin 42
Tel.: 030-7 85 20 41

E.19.1. Leiter: Prof. Dr. H. Hoffmeister
A.: Epidemiologische Untersuchungen als Grundlage für die Erkennung und Bewertung gesundheitlicher Risiken.

E.20. Institut f. Strahlenhygiene
Ingolstädter Landstr.
8042 Neuherberg
Tel.: 089-3 87 40

E.20.1. Leiter: Prof. Dr. A. Kaul

Abteilung Radioaktive Stoffe und Umwelt

E.20.2. Prof. Dr. J. Schwibach / Dr. E. Wirth
A.: Verhalten von radioaktiven Stoffen in der Umwelt; Metabolismus von Radionukliden in Säugetieren; Fragen der Beseitigung von radioaktiven Abfällen.

F. Forschungsstätten der Länder

Baden-Württemberg

F.1. Landesanstalt f. Umweltschutz
Griesbachstr. 3
7500 Karlsruhe 21
Tel.: 0721-84061

F.1.1. Leiter: Dr. A. Kiessler
A.: Maßnahmen zur Feststellung der Belastung von Boden, Gewässer und Luft durch Umweltschadstoffe und -einflüsse in Baden-Württemberg.

F.2. Landesanstalt f. Pflanzenschutz
Reinsburgstr. 107
7000 Stuttgart 1
Tel.: 0711-6470

F.2.1. Leiter: Dr. G. Meinert
F.2.2. Dr. G. Neuffer
A.: Integrierter Pflanzenschutz – Biologische Schädlingsbekämpfung – Entomologie: Entwicklung integrierter Pflanzenschutzverfahren in Landwirtschaft, Obst- und Gartenbau; Entomologische Tierbestimmungen von Schädlingen, Nützlingen und Indifferenten; Arbeiten zur biologischen Schädlingsbekämpfung mit Arthropoden, Viren, Pilzen, Bakterien und biochemische Verfahren.
F.2.3. Dr. M. Häfner
A.: Phytopathologische Grundlagen – Rückstandsuntersuchungen: Entwickung von Verfahren zur Nematodenbekämpfung, Untersuchungen von Bodenproben auf Nematoden. Befallskontrollen im Obst- und Weinbau, Untersuchungen von Pflanzenmaterial aus Anbaubetrieben versch. Art (Acker-, Obstbau usw.) auf Pilze, Bakterien, Viren und nichtparasitäre Schäden; Rückstandsuntersuchungen von Boden-, Wasseru. Pflanzenproben auf Pflanzenschutzmittel.

F.3. Staatliche Landwirtschaftliche Untersuchungs- u. Forschungsanstalt Augustenberg
Nesslerstr. 23
7500 Karlsruhe 41
Tel.: 0721-48021

F.3.1. Leiter: Dr. Timmermann

Abteilung Saatgutuntersuchung u. Angewandte Botanik
F.3.2. Dr. B. Schmidt
A.: Untersuchung von Saatgut landwirtschaftlich, gärtnerisch

und forstlich genutzter Pflanzenarten u. a. auf folgende Qualitätskriterien: Reinheit, Keimfähigkeit (biochemisch mittels Tetrazoliumverfahren), Arten- und Sortenechtheit, Gesundheitszustand, Tausendkorngewicht, Wassergehalt, Siebsortierung.

Abteilung Futtermitteluntersuchung und Mikrobiologie
F.3.3. Dr. A. Thalmann
A.: Mikrobiologische Bestimmung von Antibiotika, Vitaminen und Aminosäuren; Keimgehaltsbestimmungen zur Beurteilung des Frischezustandes von Futtermitteln; Nachweis von Salmonellen und anderen hygienisch bedeutsamen Bakterien; Bodenmikrobiologie.

F.4. Staatliche Milchwirtschaftliche Lehr- und Forschungsanstalt
Am Maierhof 7
7988 Wangen/Allgäu
Tel.: 07522-3061

F.4.1. Leiter: Dr. M. Krattenmacher
F.4.2. Dr. Münch
A.: Bakteriologie: Verbesserung und Vervollkommnung der direkten Keimzahlbestimmung in Rohmilch.

Bayern

F.5. Akademie f. Naturschutz u. Landespflege
Seethaler Str. 6
8229 Laufen
Tel.: 08682-7097/98

F.5.1. Direktor Dr. W. Zielonkowsky
F.5.2. H. Krauss / M. Fuchs
A.: Publikationen, Öffentlichkeitsarbeit, Naturschutz-Aus- und Fortbildung; Anwendungsorientierte ökologische Forschung; Forschungsdokumentation, -koordination und -vergabe.

F.6. Bayerisches Landesamt f. Umweltschutz
Rosenkavalierplatz 3
8000 München 81
Tel.: 089-92141

F.6.1. Leiter: Dr.-Ing. W. Rückdeschel

Abt. Naturhaushalt
F.6.2. K. Pfeiffer
A.: Grundlagenerhebungen im Bereich Naturschutz (Biotopkartierung, Artenerfassungsprogramme, Wirkfeststellungen für Immissionsbelastungen im Naturhaushalt). Zustandserfassung geschützter Bereiche. Beratung von Naturschutzbehörden, Gutachten, Pflege- und Entwicklungsplanung für geschützte Bereiche.

Abt. Landschaftspflege
F.6.3. H.-G. Brandes
A.: Landschaftspflege bei Eingriffsvorhaben, Landschaftsinformationssysteme; Landschaftsplanung; Landschaftsökologie; Ökologie im Siedlungsbereich, Freizeit und Erholung.

F.7. Bayerische Landesanstalt f. Bienenzucht
Burgbergstr. 70
8520 Erlangen
Tel.: 09131-20031

F.7.1. Leiter: Dr. D. Mautz
F.7.1. Dr. D. Mautz
A.: Bienenkrankheiten und Vergiftungen: Ätiologie der Bienenkrankheiten; Diagnose und Bekämpfung; Biene und Pflanzenschutz; Bienenverträglichkeit von Behandlungsmitteln; Imkerliche Betriebstechnik: Erprobung von Betriebsmitteln; Methoden der Völkerführung; Zuchtauslese: Leistungsprüfung bei Bienen.
F.7.2. Dr. Schaper
A.: Bienenprodukte: Gewinnung, Behandlung, Qualitätskontrolle (Honig, Pollen, Propolis, Bienengift); Bienenweide: Trachtwert der Nutz- und Wildpflanzen; Verbesserung der Bienenweide.
F.7.3. Dr. Moritz
A.: Soziobiologie: Bienengenetik; Verhaltensgenetik; Paarungsbiologie der Honigbiene: künstliche Besamung.

F.8. Bayerische Landesanstalt f. Bodenkultur u. Pflanzenbau
Vöttinger Str. 38
8050 Freising
Tel.: 0861-711

F.8.1. Leiter: Dr. L. Melian

Abteilung Boden- u. Landschaftspflege
F.8.2. Dr. B. Dancau / Dr. Bauchhenß / Dr. Th. Beck
A.: Bodenzoologie: Auswirkungen von Landbaumaßnahmen auf die Bodenfauna und hydrologisch-faunistische Untersuchungen; Bodenbiologie und Humus: Mikrobiologische Untersuchungen zur Prüfung des Einflusses von landwirtschaftlichen Kulturmaßnahmen u. von Zivilisationseinwirkungen auf das Bodenleben.

Abteilung Pflanzenbau u. Pflanzenzüchtung
F.8.4. Dr. G. Schramm / Dr. F. Keydel / Dr. Munzert
A.: Grundlagen der Pflanzenzüchtung: Erarbeitung von Zuchtmethoden, zytologische Untersuchungen, Zell- und Gewebekultur (Gentechnik); Hackfrüchte, Sonderkulturen: Kartoffeln (angewandte Züchtungsforschung, Virustestung von Kartoffelpflanzgut, in vitro-Kultur, Anbau- und Qualitätsfragen, Beratung von Züchtern und Landwirten); Zucker- und Futterrüben (Sortenprüfung.

Anbaufragen, Beratung von Züchtern und Landwirten); Forschungs- und Versuchstätigkeit zur Entwicklung moderner Erzeugertechniken bei Heil- und Gewürzpflanzen und bei Freilandgemüse.

Abteilung Pflanzenschutz
F.8.5. Dr. W. Hunnius / Dr. Rintelen / Dr. E. Naton / Dr. H. Hecht / Dr. Pawlizki
A.: Parasitäre Krankheiten: Untersuchung von parasitären Krankheiten an Kulturpflanzen (ohne Virosen); Krankheitsdiagnosen; Bestimmung von Pilzen und Bakterien; Untersuchungen zur Ätiologie und Epidemiologie von Pflanzenkrankheiten; Resistenzprüfungen an Kulturpflanzen.
Zoologie: Prüfung von Nebenwirkungen von Pflanzenschutzmitteln auf in Dauerzucht gehaltene Nutzinsektenarten; Faunistische Untersuchungen an Spinnen; Bestimmung von im Acker-, Gartenbau und für den Vorratsschutz wichtiger Tiere und ggf. Beratung zu deren Bekämpfung.
Virologie: Virosen landwirtschaftlicher Kulturpflanzen (Physiopathologie, Diagnostik, Bekämpfung, Resistenzfragen usw.).
Physiologie und Toxikologie: Untersuchungen zum Abbau organischer Fremdstoffe in Nahrungspflanzen; Untersuchungen zur Bioverfügbarkeit gebundener Rückstände; Herbizidverträglichkeitsuntersuchungen mit pflanzlichen Zellkulturen der wichtigsten Kulturpflanzen.

Sachgebiet Hopfenforschung
F.8.6. Dr. G. Gmelch
A.: Produktionstechnik und Pflanzenschutz im Hopfenbau, chemische und technologische Fragen.

Abteilung Landwirtschaftliches Untersuchungswesen.
F.8.7. Dr. A. Süß
A.: Untersuchung von landwirtschaftlichen Produkten auf verschiedene Inhaltsstoffe; Entwicklung geeigneter Nachweismethoden für Toxine, Antibiotika und pathogene Keime.

F.8.8. Dr. E. Bucher
A.: Futtermitteluntersuchungen: Mikrobiologie (Keimzahlerfassung von Bakterien, Hefen, Schimmelpilzen mittels Differenzialnährböden und biochemischer Identifizierung, Nachweis von E. coli und Salmonellen); Mikrobielle Analytik (Identifizierung und Gehaltsbestimmung von Antibiotika, Chemobiotika, Probiotika); Chemische Untersuchungen (Bestimmung von Vitaminen u. Chemotherapeutika); Mikroskopie (Identifizierung von Gemengeteilen und verbotenen Stoffen, Nachweis von Vorratsschädlingen und Zusatzstoffen).

F.38. Institut f. Vogelkunde
Steigstr. 43
8100 Garmisch-Partenkirchen
Tel.: 08822-2330

F.38.1. Dr. E. Bezzel
A.: Populationsökologie und Avifaunistik; Erprobung von Maßnahmen zum Arten- und Biotopschutz.

F.9. Bayerische Landesanstalt f. Ernährung
Menzinger Str. 54
8000 München 19
Tel.: 089-17990

Abteilung Ernährung, Umwelttoxikologie
F.9.1. Prof. Dr. Wallnöfer
A.: Mykotoxinforschung; Mikrobieller Abbau von Schadstoffen; Lebensmittelhygiene; Schadstoffbelastung von Nahrungsmitteln.

F.10. Bayerische Landesanstalt f. Forstliche Saat- u. Pflanzenzucht
Forstamtsplatz
8221 Teisendorf
Tel.: 80686-7611

F.10.1. Leiter: Dr. R. Dimflmeier
F.10.2. Dr. W. F. Ruetz / A. Behm
A.: Anlage, Betreuung, Auswertung von Versuchsflächen; Herkunftsversuche, Nachkommenschaftsprüfungen, Pflanzenfrische, Untersuchung von Isoenzymen in Waldbäumen; Untersuchungen über Wurzelmorphologie von Kleinballen (Container)-Pflanzen; Pflanzenernährung bei Anzuchten. Blühstimulierung, Saatgutreife, -extraktion, -lagerung, -stratifizierung.

F.11. Bayerisches Landesamt f. Wasserwirtschaft
Lazarettstr. 67
8000 München 19
Tel.: 089-12591

F.11.1. Leiter: Prof. Dr. L. Strobel
Fachbereich Chemie u. Biologie
F.11.2. Dr. Schmeing
A.: Gewässerüberwachung und -beurteilung, Taxonomie, Biomonitoring, Physiologie, org. Chemie; Ausgleichsmaßnahmen bei Gewässerausbau; Teichwirtschaft; allg. ökologische, mathematisch-statistische Fragen (EDV). Erarbeitung von Eutrophierungsranderscheinungen, Rekonstruktion der Versauerungsgeschichte ungepufferter Seen. Beratung in fischereilichen Fragen; Überprüfung saprobiologischer Indikatororganismen und Bestimmungshilfen.

Hessen

F.12. Hessische
Forschungsanstalt f.
Weinbau, Gartenbau,
Getränketechnologie u.
Landespflege
Von-Lade-Str. 1
6222 Geisenheim
Tel.: 06722-5021

F.12.1. Leiter: Prof. Dr. K. Schaller

Institut f. Botanik
F.12.2. Prof. Dr. G. Reuther
A.: Pflanzliche Entwicklungsphysiologie; Zell- und Gewebekulturmethoden zwecks Untersuchung von Differenzierungsprozessen und somaklonaler Variabilität; Ökophysiologie; Messung der Photosynthese und des Wasserhaushaltes; Geobotanische Untersuchungen in Kulturpflanzenarealen.

Institut f. Mikrobiologie u. Biochemie
F.12.3. Prof. Dr. H. H. Dittrich
A.: Mikrobiologie der Säfte und Weine, insbes. Stoffwechsel von Hefen, spez. Saccharomyces cerevisiae, von Milchsäure- u. Essigsäurebakterien und von Schimmelpilzen, spez. Botrytis cinerea.

Institut f. Obstbau
F.12.4. Prof. Dr. H. Jacob
A.: Obstbau und Obstzüchtung, Pflanzenphysiologie, Produktionstechnik, Virologie (Obst).

Institut f. Gemüsebau
F.12.5. Prof. Dr. H. D. Hartmann
A.: Bewässerung im Gemüsebau (Bedarf, Zeitpunkt, Einfluß auf äußere und innere Qualität); Düngung im Gemüsebau (Aufnahme, Auswaschung, NO_3-Haushalt usw.); Saatgutuntersuchungen (Reifeverlauf, Nachreife, Einfluß ökologischer Faktoren auf Saatgutqualität, Biochemie usw.).

Institut f. Zierpflanzenbau
F.12.6. Prof. Dr. W.-U. von Hentig
A.: Erarbeitung neuer Kulturmethoden (Steinwolle-, Sprüh-, Hydrokultur, CO_2-Düngung; Assimilationsbeleuchtung); Pflanzenvermehrung; Einführung neuer Zierpflanzen.

Institut f. Weinbau
F.12.7. Prof. Dr. W. Kiefer
A.: CO_2-Gaswechsel und Fragen des Wasserhaushaltes der Rebe.

Institut f. Rebenzüchtung u. Rebenveredelung
F.12.8. Prof. Dr. H. Becker
A.: Klonenselektion bei V. vinifera-Sorten; Züchtung resistenter Unterlagsreben; Kreuzungszüchtung von Ertragssorten; Forschungs- und Entwicklungsarbeiten bei der Vermehrung und Rebenveredelung.

F.13. Hessische Forstliche Versuchsanstalt
Prof.-Oelkers-Str. 6
3510 Hann.-Münden
Tel.: 05541-1032

F.13.1. Leiter: Dr. E. Gärtner

Institut f. Forstpflanzenzüchtung
F.13.2. Dr. H. Weisgerber
A.: Nachkommenschaftsprüfung; Provenienzforschung; Resistenzzüchtung; Vegetative Vermehrung.

Institut f. Forsthydrologie
F.13.3. Prof. Dr. H. M. Brechtel
A.: Einfluß des Waldes und seiner Bewirtschaftung auf die Wasserbilanz (quantitativ und qualitativ); Untersuchungsprogramme bei Eingriffen in den Wasserhaushalt von Waldbeständen; Quantifizierung des Eintrages anorganischer Inhaltsstoffe des Niederschlages in Waldgebieten.

Arbeitsgruppe Waldbelastung durch Immission
F.13.4. Prof. Dr. E. J. Gärtner
A.: Durchführung der Waldschadenserhebung; Betreuung von Dauerbeobachtungsflächen (Messung, Aufbereiten und Interpretation der Ergebnisse); Luftbildinterpretation; Baumartenbezogene flächige Sondererhebungen. Morphologische, biochemische und chemische Untersuchungen an immissionsbelasteten Waldbäumen und Ökosystemen.

F.14. Landesanstalt f. Bienenkunde (Universität Hohenheim)
August-von Hartmann-Str. 13
7000 Stuttgart 70
Tel.: 0711-4501-2659

F.14.1. Leiter: Dr. G. Vorwohl
F.14.2. Dr. G. Vorwohl / Dr. G. Liebig / D. H. Horn
A.: Qualitätsuntersuchung an Honig, Herkunftsbestimmung an Hand der im Honig vorhandenen Pollenkörper.
Toxizitätsprüfung von Pflanzenschutzmitteln: LD-50 Bestimmung für adulte Honigbienen; Kontaktwirkung; Wirkung der gasförmigen Phase. Methodenverbesserung auf beiden Gebieten.
Populationsdynamik von Honigtau erzeugenden Insekten in ihrer Beziehung zum Nährstoffhaushalt der Wirtsbäume.
Varroatose der Honigbiene. Populationsdynamik der Milbe. Varroa jacobsoni auf der Honigbiene und Möglichkeiten ihrer medikamentösen, biotechnischen und biologischen Bekämpfung.

Niedersachsen

F.15. Niedersächsische Forstliche Versuchsanstalt
Grätzelstr. 2
3400 Göttingen
Tel.: 0551-64036

F.15.1. Leiter: Prof. Dr. H. A. Gussone

Abteilung Waldwachstum
F.15.2. Prof. Dr. H. A. Gussone / Dr. Reemtsma / Dr. Spellmann
A.: Waldbautechnik; Standort, Waldernährung, Umweltkontrolle; Ertragskundliches Versuchswesen, Biometrie, terrestrische und ariale Waldschadensinventuren.

Abteilung Forstpflanzenzüchtung
F.15.3. Dr. J. Kleinschmit / A. Meier-Dinkel / Dr. W. Spetmann
A.: In vitro-Vermehrung von Forstbaumarten (Gewebekultur); Vegetativvermehrung von Waldbaumarten, Stecklingsvermehrung, Massenvermehrung, Betreuung des forstl. Großarboretums.

Abteilung Waldschutz
F.15.4. Dr. H. Niemeyer
A.: Forstschutz gegen tierische und pflanzliche Schädlinge (spez. Insekten u. Pilze), einschl. Erarbeitung von Grundlagen (Populationsdynamik/Epidemiologie, Verfahren zur Überwachung, Prognose und Bekämpfung, Mittelprüfung).

F.16. Niedersächsisches Landesinstitut f. Bienenforschung u. Bienenwirtschaftliche Betriebslehre
Wehlstr. 4a
3100 Celle
Tel.: 05141-22456

F.16.1. Leiter: Prof. Dr. J. H. Dustmann
A.: Bestäubungstätigkeit der Honigbiene, chemisch-biologische Analysen von Wirkstoffen in Honig, Pollen, Propolis, Antibiotische Wirkung von Bienenprodukten auf Mikroben; Rückstandsanalysen; Trachtwert von Nektar und Honigtau; Zuchtauswahl – Imkerliche Betriebsweisen; Varroatose und allg. Bienenphysiologie.
Kontrolle/Überwachung: Untersuchung von Bienenprodukten, Prüfung v. Pestiziden auf Bienengefährlichkeit.
Beratung: Bienenkunde, Bienenhaltung.

F.17. Norddeutsche Naturschutzakademie
Hof Möhr
3043 Schneverdingen
Tel.: 05199-318

F.17.1. Leiter: Prof. Dr. H. Köpp
A.: Weiterbildung der mit Aufgaben des Naturschutzes und der Landschaftspflege befaßten Personen

durch Lehr- und Fortbildungsveranstaltungen in Form von Lehrgängen, Seminaren und Tagungen.

F.18. Landwirtschaftskammer Hannover
Obstbauversuchsanstalt
Westerminnerweg 22
2155 Jork/Niederelbe 1
Tel.: 04162-7004

F.18.1. Leiter: Dr. K.-H. Tiemann
F.18.1. Dr. K.-H. Tiemann
A.: Erprobung neuer Unterlagen und Anbausysteme im Obstbau; Erprobung neuer Sorten auf Eignung für den Standort N.-Elbe, regionale Selektion von Sämlingen.
Beratung: Anbau von Obstgehölzen.
F.18.2. H. Graf
A.: Bestimmung und Isolierung viröser, mykoplasmatischer, bakterieller und pilzlicher Krankheitserreger im Obstbau; Anlage von Pflanzenschutzversuchen zur Verhütung u. Bekämpfung von Pflanzenkrankheiten; Versuche zum Einsatz von Wachstumsregulatoren im Obstbau.

F.19. Samenprüfstelle
Johannssenstr. 10
3000 Hannover 1
Tel.: 0511-1665376

F.19.1. Leiter: Dr. P. Rietzel
A.: Untersuchung verschiedener Saatgutproben verschiedener Pflanzenarten auf Qualität (Reinheit, Keimfähigkeit, Besatz mit anderen Arten usw.).

F.20. Landwirtschaftliche Untersuchungs- u. Forschungsanstalt
Finkenborner Weg 1a
3250 Hameln 1
Tel.: 05151-65073

F.20.1. Leiter: Dr. W. Köster
A.: Untersuchungen von Böden auf Nähr- und Schadstoffgehalte und weitere physikalische und chemische Eigenschaften; Untersuchung von Düngemitteln, Futtermitteln und landwirtschaftlichen Produkten auf wertbestimmende Inhaltssstoffe und Schadstoffe; Bestimmung von Sortenechtheit und -reinheit mittels Elektrophorese an Kartoffeln, Getreide- und Gemüsearten.

F.21. Landwirtschaftskammer Weser-Ems
Landwirtschaftliche Untersuchungs- und Forschungsanstalt
Mars-la-Tour-Str. 4
2900 Oldenburg
Tel.: 0441-801390

F.21.1. Leiter: Prof. Dr. H. Vetter
A.: Untersuchung von Böden, gärtnerischen Substraten, Düngern, Gießwasser, Tränkwasser, Futtermitteln, Pflanzen, Tierorga-

nen, landwirtschaftlichen Produkten auf Nährstoffe, Schadstoffe und Rückstände zum Zweck der Beratung und Kontrolle; Saatgutuntersuchung; Vegetations- und Fütterungsversuche; Umgebungsüberwachung und Beweissicherung bei Industrieanalgen, Aufklärung von Schäden, z. B. an Bäumen. Untersuchungen über den Einfluß von Luftverunreinigungen auf den Wuchs von Pflanzen; Einfluß auf die Bestandzusammensetzung und die Anreicherung mit Schadstoffen; Umgebungsüberwachung in der Nachbarschaft von Industriebetrieben.

Nordrhein-Westfalen

F.22. Landesamt f. Wasser u. Abfall
Auf dem Draap 25
4000 Düsseldorf 1
Tel.: 0221-15900

F.22.1. Leiter: Dipl.-Ing. Dr. H. Irmer
Abt. II
F.22.2. Dr. G. Friedrich
A.: Erprobung und Entwicklung von Untersuchungs- und Meßverfahren zur Gewässer- und Einleiterüberwachung; Erarbeitung von Bewertungssystemen. Kontrolle/Überwachung: Güteüberwachung stehender und fließender Gewässer, Gewässersanierung, -ausbau und Renaturierung, Schadstoffbewertung, Ökotoxikologie.
Mitarbeit bei der Erarbeitung nationaler und supranationaler Normen.

F.23. Landesanstalt f. Immissionsschutz
Wallneyer Str. 6
4300 Essen 1
Tel.: 0201-79951

F.23.1. Leiter: Prof. Dr. H. Stratmann
Abteilung Wirkung von Luftverunreinigungen
F.23.2. Dr. B. Prinz
A.: Wirkung von Luftverunreinigungen auf Pflanze, Boden, Materialien; Ursachenanalyse der durch Luftverunreinigungen hervorgerufenen Umweltschäden mittels Bioindikatoren.

F.24. Landesanstalt f. Ökologie, Landschaftsentwicklung u. Forstplanung NW
Leibnizstr. 10
4350 Recklinghausen
Tel.: 02361-3051

F.24.1. Leiter: Dipl.-Ing. A. Schmidt
Abteilung Forstplanung u. Waldökologie
F.24.2. Dr. Richter
A.: Standortkundliche Aufnahme von Waldflächen (Standortkartierung).

F.25. Hygiene-Institut d. Ruhrgebiets
Rotthauser Str. 19
4650 Gelsenkirchen
Tel.: 0209-15861

A.25.1. Leiter: Prof. Dr. C. A. Primavesi / Prof. Dr. H. Althaus
A.: Ökotoxikologie, Verhalten von Bakterien und Viren in Grundwasserleitern, Denitrifikation im Untergrund, Zusammensetzung von Niederschlägen in der BRD. Kontrolle/Überwachung: Wasserhygiene; Ortsbesichtigungen (Wassergewinnung, Talsperren, Kläranlagen); Laboratoriumsdiagnostik (Mikrobiologie, Virologie, Immunologie, Limnologie).

F.26. Landwirtschaftskammer Rheinland
Lehr- u. Versuchsanstalt f. Garten-, Landschaftsbau u. Friedhofsgärtnerei
Külshammerweg 20
4300 Essen 1
Tel.: 0201-774649

F.26.1. Leiter: Dr. J. Rehbogen
A.: Pflanzenproduktion, Pflanzenverwendung, Landschaftspflege, Dachgartenbegrünung, Ingenieurbiologie, Botanik usw.

F.27. Versuchsanstalt f. Pilzanbau
Hüttenallee 235-239
4150 Krefeld
Tel.: 02151-580051

F.27.1. Leiter: Dr. J. Lelley
A.: Untersuchungen über die mykologischen Aspekte der Waldschäden unter besonderer Berücksichtigung der Mykorrhiza.

F.28. Pflanzenschutzamt
Ludwig-Erhard-Str. 99
5300 Bonn 2
Tel.: 0228-37690

F.28.1. Leiter: Dr. Schmidt
A.: Überwachung und Kontrolle im Rahmen des Pflanzenschutzgesetzes; Beratung: Pflanzenschutz im Obstbau; Amtliche Mittelprüfungen, Öffentlichkeitsarbeit.

F.29. Landwirtschaftskammer Westfalen-Lippe
Lehr- u. Versuchsanstalt f. Gartenbau
Münsterer Str. 24
4400 Münster
Tel.: 02506-1041

F.29.1. Leiter: Dr. H. Peper
A.: Anzucht gärtnerischer Kulturen, Technik und ökonomische Fragen.

Rheinland-Pfalz

**F.30. Landespflanzen-
schutzamt**
Essenheimer Str. 144
6500 Mainz
Tel.: 06131-34081-83

F.30.1. Leiter: Dr. R. Schietinger
Fachbereich 1
F.30.2. Dr. W. Beicht
A.: Integrierter Pflanzenschutz (Gartenbau), Prognose und Warndienst.
Fachbereich 2
F.30.3. Dr. L. Gündel
A.: Überwachung und Kontrolle; Nicht-parasitäre Krankheiten.
Fachbereich 3
F.30.4. Dr. H. Koch
A.: Applikationstechnik in Pflanzenschutz und Geräteprüfung.
Fachbereich 4
F.30.5. Dr. Anderl
A.: Mittelprüfung, EDV.
Fachbereich 5
F.30.6. Dr. F. Burghause
A.: Bekämpfung tierischer Schaderreger.
Fachbereich 6
F.30.7. Dr. B. Augustin
A.: Untersuchungen zu Nematoden; Diagnosen von Einsendungen; Unkrautbekämpfung.
Fachbereich 7
F.30.8. Dr. H.-G. Prillwitz
A.: Bekämpfung von Pilzkrankheiten, Getreidemykosen.
Fachbereich 8
F.30.9. Dr. G. Hamdorf

A.: Viruskrankheiten der Obstgehölze, an Mais, Rüben und Zierpflanzen.

Schleswig-Holstein

**F.31. Landesamt f.
Naturschutz u.
Landschaftspflege**
Hansaring 1
2300 Kiel 14
Tel.: 0431-711069

F.31.1. Leiter: Dr. Rabius
A.: Tierökologie, Tierartenschutz; Pflanzenökologie, Pflanzenartenschutz; Landschaftsökologie, Landschaftspflege; Landschaftsinformation (Biotopkartierung); Erstellung und Koordination neuer Entwicklungskonzepte; Fachliche Planungs- und Entscheidungshilfen für Behörden, Bürger und Verbände.

**F.32. Landesamt f. d.
Nationalpark
„Schleswig-Holsteinisches
Wattenmeer"**
Am Hafen 40a
2253 Tönning
Tel.: 04861-758/759

F.32.1. Leiter: Dr. F. H. Andresen
A.: Ökosystemforschung: Zustandsbeschreibungen, Bestandsaufnahmen, Kartierungen (Gesamtfauna, -flora und abiotische Faktoren); Langzeitüberwa-

chungen (Monitoring); Konfliktforschung in zahlreichen Problembereichen (Naturschutz vs Naturnutzung etc.); Aufbau eines Informations- und Bewertungssystems Wattenmeer in Form eines weiterentwickelten geographischen Informationssystems.
Öffentlichkeitsarbeit: Informationszentren, Ausstellungen, Informationsschriften, Vortragstätigkeit, Führungen, Seminare, Kurse, Schulungen, Kongresse.

F.33. Landesamt f. Wasserhaushalt u. Küsten
Saarbrückenstr. 38
2300 Kiel 1
Tel.: 0431-676097

F.33.1. Leiter: Dipl.-Ing. P. Petersen
F.33.2. Dr. E. Brandt
A.: Ermittlung des Ausmaßes und der Quellen der Gewässerbelastungen einschl. der Stoffwechselvorgänge im Gewässer.

F.34. Staatliche Vogelschutzwarte Schleswig-Holstein
Olshausenstr. 40-60
2300 Kiel 1
Tel.: 0431-8804502

F.34.1. Leiter: Prof. Dr. W. Schultz
A.: Ornitho-Ökologie und Avifaunistik; Bestandsüberwachung ausgewählter Vogelarten (Monitoring); Rückstandsanalysen (Schwermetalle, Organochlorverbindungen).

Berlin

F.35. Pflanzenschutzamt Berlin
Altkircher Str. 1-3
1000 Berlin 33
Tel.: 030-8313082

F.35.1. Leiter: Prof. Dr. H.-P. Plate
A.: Erhebung über Art und Menge der in Kleingärten eingesetzten Pflanzenbehandlungsmittel; Prüfung von Pflanzenschutzmitteln im Zulassungsverfahren.

F.36. Versuchs- u. Lehranstalt f. Spiritusfabrikation u. Fermentationstechnologie Berlin
Seestr. 16
1000 Berlin 65
Tel.: 030-4509 1

F.36.1. Leiter: Dr. J. Heinricht

Forschungsinstitut f. Mikrobiologie
Prof. Dr. U. Stahl
A.: Herstellung optimierter Hefestämme für verschiedene Anwendungen (Brauerei, Biotechnologie) durch Klonierung und Exprimierung von Genen verschiedener Herkunft; Isolierung

und Charakterisierung von mitochondrialer DNA aus Hefezellen zur Untersuchung der extrachromosomalen Steuerung der Flockulation; Entwicklung von Vektor-Wirt-Systemen bei Hefen; Molekularbiologische Charakterisierung des „Auslösemechanismus" der zum Tod führenden Alterung bei dem Hyphenpilz Podospora anserina.

Hamburg

F.37. Institut f. Impfwesen u. Virologie
Hinrichsenstr. 1
2000 Hamburg 26
Tel.: 040-2488

F.37.1. Leiter: Dr. G. Nielsen A.: Klinisch-virologische Diagnostik; Epidemiologie.

F.38 siehe S. 214

Register 1 Forschungseinrichtungen

Aachen, Rheinisch-Westfälische Technische Universität, A1
Ahrensburg, Bundesforschungsanstalt f. Gartenbauliche Pflanzenzüchtung, E6
Bad Nauheim, MPI f. Physiologische und Klinische Forschung, C16
Bayreuth, Universität, A2
Berlin, Bundesgesundheitsamt, E15
Berlin, Freie Universität, A3
Berlin, Hahn-Institut f. Kernforschung GmbH, B6
Berlin, Institut f. Sozialmedizin u. Epidemiologie, E19
Berlin, Institut f. Wasser-, Boden- u. Lufthygiene, E17
Berlin, Max-von-Pettenkofer-Institut, E18
Berlin, MPI f. Molekulare Genetik, C14
Berlin, Pflanzenschutzamt, F35
Berlin, Robert-Koch-Institut, E16
Berlin, Technische Universität, A4
Berlin, Versuchs- u. Lehranstalt f. Spiritusfabrikation u. Fermentationstechnologie, F36
Bielefeld, Universität, A5
Bochum, Ruhr-Universität, A6
Bonn, Bundesforschungsanstalt f. Naturschutz und Landschaftsökologie, E11
Bonn, Pflanzenschutzamt, F28
Bonn, Rheinische Friedrich-Wilhelms-Universität, A7
Borstel, Institut f. Experimentelle Biologie u. Medizin, D5
Braunschweig, Biologische Bundesanstalt f. Land- u. Forstwirtschaft, E1
Braunschweig, Bundesanstalt f. Landwirtschaft (Braunschweig-Völkerode), E9
Braunschweig, Gesellschaft f. Biotechnologische Forschung mbH, B4
Braunschweig, Technische Universität Carola-Wilhelmina, A8
Bremen, Inst. f. Honigforschung, D7
Bremen, Universität, A9
Bremerhaven, Alfred-Wegener-Institut f. Polar- und Meeresforschung, B1

Celle, Niedersächsisches Landesinstitut f. Bienenforschung u. Bienenwirtschaftl. Betriebslehre, F16
Darmstadt, Technische Hochschule, A10
Detmold, Bundesforschungsanstalt f. Getreide u. Kartoffelverarbeitung, E7
Dortmund, MPI f. Ernährungsphysiologie, C7
Dortmund, MPI f. Systemphysiologie, C18
Dortmund, Universität, A11
Düsseldorf, Landesamt f. Wasser und Abfall, F22
Düsseldorf, Universität, A12
Eggenstein-Leopoldshafen, Kernforschungszentrum (Karlsruhe GmbH), B7
Erlangen, Bayerische Landesanstalt f. Bienenzucht, F7
Erlangen-Nürnberg, Friedrich-Alexander-Universität, A13
Essen, Landesanstalt f. Immissionsschutz, F23
Essen, Landwirtschaftskammer Rheinland – Lehr- u. Versuchsanstalt f. Garten-, Landschaftsbau u. Friedhofsgärtnerei, F26
Essen, Universität-Gesamthochschule, A14
Frankfurt, Bundesamt f. Sera u. Impfstoffe, E13
Frankfurt, MPI f. Biophysik, C3
Frankfurt, MPI f. Hirnforschung, C10
Frankfurt, Johann-Wolfgang-Goethe-Universität, A15
Freiburg, Albert-Ludwigs-Universität, A16
Freiburg, MPI f. Immunologie, C11
Freising, Bayerische Landesanstalt f. Bodenkultur u. Pflanzenbau, F8
Garmisch-Partenkirchen, Institut f. Vogelkunde, F38
Geisenheim, Hessische Forschungsanstalt f. Weinbau, Gartenbau, Getränketechnologie u. Landespflege, F12
Gelsenkirchen, Hygiene-Institut d. Ruhrgebiets, F25
Gießen, Justus-Liebig-Universität, A17

Göttingen, Forschungsstelle Matthaei in der Max-Planck-Gesellschaft, C24
Göttingen, Georg-August-Universität, A17
Göttingen, MPI f. Biophysikalische Chemie, C4
Göttingen, MPI f. Experimentelle Medizin, C9
Göttingen, Niedersächsische Forstliche Versuchsanstalt, F15
Hamburg, Bundesforschungsanstalt f. Fischerei, E3
Hamburg, Bundesforschungsanstalt f. Forst- u. Holzwirtschaft, E5
Hamburg, Institut f. Impfwesen u. Virologie, F37
Hamburg-Harburg, Technische Universität, A20
Hamburg, Universität, A19
Hameln, Landwirtschaftskammer Hannover – Landwirtschaftl. Untersuchungs- und Forschungsanstalt, F20
Hann.-Münden, Hessische Forstliche Versuchsanstalt, F13
Hannover, Fraunhofer-Institut f. Toxologie u. Aerolsolforschung, D2
Hannover, Landwirtschaftskammer Hannover – Samenprüfstelle, F19
Hannover, MPI f. Experimentelle Endokrinologie, C8
Hannover, Universität, A21
Hannover, Zentralinstitut f. Versuchstierzucht, D9
Heidelberg, Deutsches Krebsforschungszentrum, B3
Heidelberg, MPI f. Medizinische Forschung, C13
Heidelberg, Ruprecht-Karls-Universität, A22
Herborn/Dill, Institut für Mikroökologie, D8
Hohenheim, Universität, A23
Jork/Niederelbe, Landwirtschaftskammer Hannover, Obstbauversuchsanstalt, F18
Jülich, Kernforschungsanlage Jülich GmbH, B8
Kaiserslautern, Universität, A24
Karlsruhe, Bundesforschungsanstalt f. Ernährung, E2
Karlsruhe, Kernforschungszentrum (Karlsruhe GmbH), B7
Karlsruhe, Landesamt f. Umweltschutz, F1
Karlsruhe-Durlach, Staatl. Landwirtschaftliche Untersuchungs- u. Forschungsanstalt Augustenberg, F3
Karlsruhe, Universität Fridericiana, A25
Kassel, Gesamthochschule, A26
Kiel, Bundesanstalt f. Milchforschung, E10
Kiel, Christian-Albrechts-Universität, A27
Kiel, Landesamt f. Naturschutz u. Landschaftspflege, F31
Kiel, Landesamt f. Wasserhaushalt u. Küsten, F33
Kiel, Staatliche Vogelschutzwarte Schleswig-Holstein, F34
Koblenz, Bundesanstalt f. Gewässerkunde, E8
Köln, Deutsche Forschungs- u. Versuchsanstalt f. Luft- u. Raumfahrt e.V., B2
Köln, MPI f. Neurologische Forschung, C15
Köln, MPI f. Züchtungsforschung, C22
Köln, Universität, A28
Konstanz, Universität, A29
Krefeld, Landwirtschaftskammer Rheinland, Versuchsanstalt f. Pilzanbau, F27
Kulmbach, Bundesanstalt f. Fleischforschung, E4
Ladenburg b. Heidelberg, MPI f. Zellbiologie, C21
Laufen, Akademie f. Naturschutz u. Landschaftspflege, F5
Mainz, Johannes-Gutenberg-Universität, A30
Mainz, Landespflanzenschutzamt, F30
Marburg, Philipps-Universität, A31
Martinsried, MPI f. Psychiatrie, C17
Martinsried-München, MPI f. Biochemie, C1
München, Bayerisches Landesamt f. Ernährung, F9
München, Bayerisches Landesamt f. Umweltschutz, F6
München, Bayerisches Landesamt f. Wasserwirtschaft, F11
München, Fraunhofer-Institut f. Lebensmitteltechnologie u. -Verpackung, D4
München, Ludwig-Maximilians-Universität, A32
München, Technische Universität, A33
Münster, Klinische Forschungsgruppe f. Reproduktionsmedizin, C25

Münster, Landwirtschaftskammer Westfalen-Lippe – Lehr- u. Versuchsanstalt f. Gartenbau, F29
Münster, Westfälische Wilhelms-Universität, A34
Neuherberg, Gesellschaft f. Strahlen- u. Umweltforschung mbH, B5
Neuherberg, Institut f. Strahlenhygiene, E20
Oldenburg, Landwirtschaftskammer Weser-Ems, Landwirtschaftliche Untersuchungs- u. Forschungsanstalt, F21
Oldenburg, Universität, A35
Osnabrück, Universität, A36
Paderborn, Universität-Gesamthochschule, A37
Plön, MPI f. Limnologie, C12
Recklinghausen, Landesanstalt f. Ökologie, Landschaftsentwicklung u. Forstplanung NW, F24
Regensburg, Universität, A38
Saarbrücken, Universität, A39
Schmallenberg, Fraunhofer-Institut f. Umweltchemie u. Ökotoxikologie, D1
Schneverdingen, Norddeutsche Naturschutzakademie, F17
Seewiesen b. Starnberg, MPI f. Verhaltensphysiologie, C19
Siebeldingen, Bundesanstalt f. Rebenzüchtung Geilweilerhof, E12
Stuttgart, Fraunhofer-Institut f. Grenzflächen u. Bioverfahrenstechnik, D3
Stuttgart, Landesanstalt f. Bienenkunde (Univ. Hohenheim), F14
Stuttgart, Landesanstalt f. Pflanzenschutz, F2
Stuttgart, Universität, A40
Teisendorf, Bayerische Landesanstalt f. Forstliche Saat- u. Pflanzenzucht, F10
Tönning, Landesamt f. d. Nationalpark „Schleswig-Holsteinisches Wattenmeer", F32
Tübingen, Bundesforschungsanstalt f. Viruskrankheiten der Tiere, E14
Tübingen, Eberhard-Karls-Universität, A41
Tübingen, Friedrich-Miescher-Laboratorium in der Max-Planck-Gesellschaft, C23
Tübingen, MPI f. Biologie, C2
Tübingen, MPI f. Biologische Kybernetik, C5
Tübingen, MPI f. Entwicklungsbiologie, C6
Tübingen, MPI f. Virusforschung, C20
Ulm, Universität, A42
Wangen/Allgäu, Staatl. Milchwirtschaftl. Lehr- u. Forschungsanstalt, F4
Wilhelmshaven, Forschungsanstalt f. Meeresgeologie u. Meeresbiologie „Senckenberg", D6
Würzburg, Bayerische Julius-Maximilians-Universität, A43

Register 2 Wissenschaftler

A

Abel, G., Dr.   A 13.3
Abel, W. O., Prof. Dr.
    A 19.3
Abraham, R., Prof. Dr.
    A 19.16
Abs, M., Prof. Dr.   A 6.12
Achazi, R., Prof. Dr.
    A 3.18
Acker, G., Prof. Dr.   A 2.1
Adam, G., Prof. Dr.
    A 29.13
Adelung, D., Prof. Dr.
    A 27.34
Agerer, R., Prof. Dr.
    A 32.6
Ahmadi, M. R.   A 18.32
Aktories, K., Prof. Dr.
    A 17.28
Al-Sakka, H.   A 18.35
Albers, C., Prof. Dr.
    A 38.13
Albers, F., Prof. Dr.
    A 34.1
Alkämper, J., Prof. Dr.
    A 17.32, 17.40
Alleweldt, G., Prof. Dr.
    Dr.   E 12.2
Altendorf, K., Prof. Dr.
    A 36.7
Altenvogt, R., Prof. Dr.
    A 34.17
Althaus, H., Prof. Dr.
    F 25.1
Altmann, G., Prof. Dr.
    A 39.4
Altner, H., Prof. Dr.
    A 38.7
Amelunxen, Prof. Dr.
    A 27.45
Anderer, A., Prof. Dr.
    C 23.4

Anderl, Dr.   F 30.5
Anders, F., Prof. Dr.
    A 17.19
Andresen, F. H., Dr.
    F 32.1
Anke, T., Prof. Dr.   A 24.8
Anton, J., Prof. Dr.
    A 28.5
Antoni, H., Prof. Dr.
    A 16.12
Apel, K., Prof. Dr.   A 27.5
Apfelbach, R., Prof. Dr.
    A 41.21
Arndt, U., Prof. Dr.
    A 23.25
Arnold, G. C., Prof. Dr.
    A 13.3
Augustin, B., Dr.   F 30.7
Auling, G., Prof. Dr.
    A 21.5
Aumüller, G., Prof. Dr.
    A 31.24
Aust, H. J., Prof. Dr.
    A 8.6
Ax, P., Prof. Dr.   A 18.13

B

Bade, E. G., Prof. Dr.
    A 29.14
Bader, H., Prof. Dr.
    A 42.17
Bässler, U., Prof. Dr.
    A 24.5
Baisch, H., Prof. Dr.
    A 19.45
Baitsch, H., Prof. Dr.
    A 42.25
Bardele, D. F., Prof. Dr.
    A 41.17
Bardtke, D., Prof. Dr.
    A 40.9

Barndt, D., Prof. Dr.
    A 4.11
Bartel, D., Dr.   A 27.33
Bartels, Dr.   C 22.8
Barth, C. A., Prof. Dr.
    E 10.2
Barth, F., Prof. Dr.
    A 15.13
Barz, W., Prof. Dr.   A 34.2
Bathlott, W., Prof. Dr.
    A 7.6
Bauchhenß, Dr.   F 8,2
Bauer, P. J., Dr.   B 8.8
Bauer, Th., Prof. Dr.
    A 2.11
Baum, E., Prof. Dr.
    A 19.30
Baum, M.   A 18.36
Baumann, C., Prof. Dr.
    A 17.21
Baumeister, W., Prof. Dr.
    C 1.16
Baumstark-Khan, Chr.,
    Dr.   A 7.19
Baumuk-Wende, E., Dipl.-
    Gärtn.   E 6.7
Bautz, E. K. F., Prof. Dr.
    A 22.15
Bayreuther, K., Prof. Dr.
    A 23.6
Beato, M., Prof. Dr.
    A 31.30
Becht, H., Prof. Dr.
    A 17.43
Beck, C. F., Prof. Dr.
    A 16.9
Beck, E., Dr.   A 22.23
Beck E., Prof. Dr.   A 2.2
Beck, E. G., Prof. Dr.
    A 17.29, 17.30, 17.31
Beck, Th., Dr.   F 8.2
Becker, B., Dr.   A 23.4

227

Becker, H., Prof. Dr.
A 22.9
Becker, W., Prof. Dr.
A 19.17
Beermann, W., Prof. Dr.
C 2.4
Beicht, W., Dr. F 30.2
Beier, H. M., Prof. Dr.
Dr. A 1.13
Behm, A. F 10.2
Beinbrecht, G., Prof. Dr.
A 34.20
Bellin, U. A 18.32
Bent, Prof. Dr. A 27.47
Bentrup F.-W., Prof. Dr.
A 17.1
Bereiter-Hahn, J., Prof.
Dr. A 15.14
Bergmann, L., Prof. Dr.
A 28.3
Berking, S., Prof. Dr.
A 3.40
Berndt, J., Prof. Dr.
B 5.10
Bernhard, W., Prof. Dr.
mult. A 30.15
Bertsch, A., Prof. Dr.
A 31.10
Berzborn, J. R., Prof. Dr.
A 6.3
Betz, E., Prof. Dr.
A 41.28
Betz, H., Prof. Dr.
A 22.16
Beug, H.-J., Prof. Dr.
A 18.22
Bezzel, E., Dr. F 38.1
Bick, H., Prof. Dr. A 7.23
Biehl, B., Prof. Dr. A 8.1
Binding, H., Prof. Dr.
A 27.9
Birchmeier, W., Prof. Dr.
C 23.1
Bischof, H.-J., Dr. A 5.9
Bischofsberger, W., Prof.
Dr.-Ing. A 33.19
Blähser, Prof. Dr. A 17.20
Blaich, R., Prof. Dr.
E 12.1
Blanz, P., Prof. Dr.
A 2.10
Blöcker, H., Dr. B 4.6

Blühm, V., Prof. Dr.
A 6.19
Blümel, P., Dr. E 16.5
Bock, A., Prof. Dr. A 19.6
Bodenmüller, H., Dr.
A 22.21
Böck, A., Prof. Dr.
A 32.10
Böckler, W., Prof. Dr.
A 27.16
Böger, P., Prof. Dr.
A 29.11
Böhlmann, D., Prof. Dr.
A 4.13
Bösing-Schneider, R., Prof.
Dr. A 29.25
Böttcher, H., Prof. Dr.
A 37.1
Böttger, K., Prof. Dr.
A 27.14
Bogenrieder, Prof. Dr.
A 16.6
Boheim, G., Prof. Dr.
A 6.23
Bohlken, H., Prof. Dr.
A 27.27, 27.31
Bolling, H., Prof. Dr.
E 7.1
Bolt, H. M., Prof. Dr. Dr.
A 11.4
Bommer, W., Prof. Dr.
A 18.28
Bonhoeffer, Prof. Dr
C 6.1
Boos, W., Prof. Dr.
A 29.24
Bopp, M., Prof. Dr.
A 22.1
Bornkamm, R., Prof. Dr.
A 4.4
Bothe, H., Prof. Dr.
A 28.3
Bottke, W., Prof. Dr.
A 34.5
Braasch, D., Prof. Dr.
A 31.29
Brändle, K., Prof. Dr.
A 15.15
Brätter, P., Prof. Dr.
B 6.1
Bräuer, G., Prof. Dr.
A 19.43

Brand, K., Prof. Dr.
A 13.16
Brandes, H.-G., Prof. Dr.
F 6.3
Brandt, E., Dr. F 33.2
Braun, V., Prof. Dr.
A 41.13
Braune, H. J., Dr.
A 27.24
Braunitzer, G., Prof. Dr.
C 1.11
Brdiczka, D., Prof. Dr.
A 29.5
Brechtel, H. M., Prof. Dr.
F 13.3
Breckle, S.-W., Prof. Dr.
A 5.4
Brendel, M., Prof. Dr.
A 15.22
Brennicke, A., Dr. A 41.5
Bresch, C., Prof. Dr.
A 16.9
Bresinsky, A., Prof. Dr.
A 38.1
Bretfeld, G., Dr. A 27.17
Bretting, H., Prof. Dr.
A 19.18
Breunig, K., Dr. A 12.5
Briegleb, W., Dr. B 2.9
Brinkmann, K., Prof. Dr.
A 7.4
Bruch, Prof. Dr. A 14.8
Bruchmann, E.-E., Prof.
Dr. A 23.17
Brück, K., Prof. Dr.
A 17.21
Brümmer, G. W., Prof.
Dr. A 7.25
Brünig, E. F., Prof. Dr.
E 5.1
Brune, K., Prof. Dr.
A 13.19
Bruns, V., Prof. Dr.
A 15.16
Bucher, E., Dr. F 8.8
Buchholtz, Ch., Prof. Dr.
A 31.14
Buchholz, H., Dr. A 19.9
Buchner, R. A 18.32
Bücher, H., Prof. Dr.
A 15.30

Register 2 Wissenschaftler

Bücker, H., Prof. Dr.
B 2.2
Bückmann, D., Prof. Dr.
A 42.1
Bühner, M., Prof. Dr.
A 43.13
Büttner, W. H., Prof. Dr.
A 18.25
Bugge, G., Dr.   A 18.25
Bujard, H., Prof. Dr.
A 22.17
Burghause, F., Dr.   F 30.6
Burkhardt, D., Prof. Dr.
A 38.8
Burkhardt, R., Prof. Dr.
B 5.15
Burrichter, E., Prof. Dr.
A 34.1
Buschinger, A., Prof. Dr.
A 10.7
Buse, G., Prof. Dr.   A 1.16
Buselmaier, W., Prof. Dr.
A 22.10
Butterfass, T., Prof. Dr.
A 15.1

C

Campenhausen, C. v.,
Prof. Dr.   A 30.12
Campos-Ortega, J. A.,
Prof. Dr.   A 28.8
Castenholz, A., Prof. Dr.
A 26.6
Cavonius, C. R., Prof.
Dr.   A 11.2
Chopra, V., Prof. Dr.
A 19.43
Christen, U., Prof. Dr.
A 19.1
Claus, D., Dr.   B 4.10
Clauss, W., Dr.   A 23.14
Cleffmann, G., Prof. Dr.
A 17.16
Clemen, G., Prof. Dr.
A 34.13
Cleve, H., Prof. Dr.
A 32.12
Collatz, K. G., Prof. Dr.
A 16.1
Collin, J., Prof. Dr.   B 4.3

Cordes, H., Prof. Dr.
A 9.5
Cramer, F., Prof. Dr.
C 9.3
Cremer, T., Dr.   A 22.11
Creutzfeldt, O. D., Prof.
Dr.   C 4.8
Cruse, H., Prof. Dr.   A 5.5
Curio, E., Prof. Dr.
A 6.18
Czygan, F.-C., Prof. Dr.
A 43.3

D

Dahlmann, B., Dr.
A 12.15
Dambach, M., Prof. Dr.
A 28.6
Dambroth, M., Prof. Dr.
E 9.1, 9.2
Dancau, B., Dr.   F 8.2
Dancker, P., Prof. Dr.
A 10.8
Darnhofer-Demar, B.,
Prof. Dr.   A 38.9
Daunicht, W. J. Dr.
A 12.10
Daut, J., Dr.   A 33.20
Deckwer, N. D., Prof.
Dr.   B 4.9
Deerberg, F., Dr.   D 9.2
Degkwitz, Prof. Dr.
A 17.22
de Groot, H., Dr. Dr.
A 12.12
Denckhahn, D., Prof. Dr.
Dr.   A 31.25
Denker, H.-W., Prof. Dr.
A 1.14
Deppert, W., Prof. Dr.
A 42.16
Dettner, K., Prof. Dr.
A 2.13
Deutzmann, R., Dr.   C 1.3
D'Haese, Dr.   A 12.4
Diehl, H., Prof. Dr.
A 9.18
Diehl, J. F., Prof. Dr.
E 2.3

Diekmann, H., Prof. Dr.
A 21.6
Dierschke, H., Prof. Dr.
A 18.8
Dierßen, K., Prof. Dr.
A 27.10
Diesfeld, H. J., Prof. Dr.
A 22.13
Dimflmeier, R., Dr.
F 10.1
Dingermann, T., Dr.
A 13.18
Dittrich, H. H., Prof. Dr.
F 12.3
Dittrich, P., Prof. Dr.
A 32.1
Dobat, K., Dr.   A 41.7
Dodt, E., Prof. Dr.   C 16.2
Döhler, G., Prof. Dr.
A 15.2
Dönges, J., Prof. Dr.
A 43.4
Dörffling, K., Prof. Dr.
A 19.2
Doerfler, W., Prof. Dr.
A 28.9
Dörjes, J., Dr.   D 6.1
Dörmer, P., Prof. Dr.
B 5.14
Doerr, Prof. Dr.   A 15.33
Dörrscheidt, G. J., Dr.
A 6.14
Dohle, W., Prof. Dr.
A 3.15
Domagk, G. F., Prof. Dr.
A 18.24
Domdey, H., Dr.   A 32.15
Dorn, E., Prof. Dr.
A 30.5
Dose, K., Prof. Dr.
A 30.18
Dress, O., Prof. Dr.
A 19.44
Drescher, W., Prof. Dr.
A 7.23
Drews, G., Prof. Dr.
A 16.4
Dreyer, F., Prof. Dr.
A 17.28
Dröge, W., Prof. Dr.
B 3.1

Drögemüller, E.-M.
  A 18.36
Dudel, J., Prof. Dr.
  A 33.20
Dücker, G., Prof. Dr.
  A 34.18
Dulce, H.-J., Prof. Dr.
  A 3.39
Duntze, W., Prof. Dr.
  A 6.37
Dustmann, J. H., Prof.
  Dr. F 16.1
Dzwillo, M., Prof. Dr.
  A 19.19

E

Eber, W., Prof. Dr.
  A 35.1
Ebing, W., Prof. Dr.
  E 1.8
Ebmeyer, E., Dr. A 18.34
Eckel, J., Dr. A 12.16
Eckmiller, R., Prof. Dr.
  A 12.10
Eder, E., Dr. A 43.10
Egelhaaf, A., Prof. Dr.
  A 28.5
Eggerling, Dr. B 8.1
Eghbal, Prof. Dr. A 23.18
Ehling, U., Prof. Dr.
  B 5.12
Ehrlein, H., Prof. Dr.
  A 23.12
Eibl, H., Dr. C 4.10
Eibl-Eibesfeldt, I., Prof.
  Dr. C 19.6
Eichelberg, D., Prof. Dr.
  A 17.9, 17.11
Eichmann, K., Prof. Dr.
  C 11.2
Eigen, M., Prof. Dr. C 4.6
Ekblom, P. C 23.2
Elbertzhagen H., Dr.
  A 33.26
El-Shamarka, S. A 18.35
Elsner, N., Prof. Dr.
  A 18.11
Elstner, E. F., Prof. Dr.
  A 33.1

Emeis, C.-C., Prof. Dr.
  A 1.8
Emmert, W., Prof. Dr.
  A 43.4
Engel, W., Prof. Dr.
  A 18.29
Engelmann, W., Prof. Dr.
  A 41.1
Engels, W., Prof. Dr.
  A 41.27
Erber, H., Prof. Dr.
  A 41.22
Erber, J., Prof. Dr. A 4.12
Ernst, D., Prof. Dr.
  A 21.7
Ernst, K.-D., Prof. Dr.
  A 38.10
Erz, W., Prof. Dr. E 11.1
Eschrich, W., Prof. Dr.
  A 18.42
Esser, G., Prof. Dr.
  A 36.6
Esser, K., Prof. Dr. Dr.
  A 6.1
Essigmann-Capesius, I.,
  Prof. Dr. A 22.1
Estler, C.-J., Prof. Dr.
  A 13.20

F

Faber, H. v., Prof. Dr.
  Dr. A 23.13
Fahsold, R., Dr. A 13.22
Faillard, H., Prof. Dr.
  A 39.11
Falke, D., Prof. Dr.
  A 30.22
Fasold, H., Prof. Dr. Dr.
  A 15.27
Fehrenbach, F., Prof. Dr.
  E 16.2
Fehrmann, H., Prof. Dr.
  A 18.40
Feierabend, J., Prof. Dr.
  A 15.3
Feige, G. B., Prof. Dr.
  A 14.4
Feindt, F., Dr. A 19.4
Feix, G., Prof. Dr. A 16.8

Fekete, M., Prof. Dr.
  A 10.1
Feldt, W., Prof. Dipl.-
  Phys. E 3.4
Fendrik, I., Dr. A 21.8
Ferenz, H.-J., Dr. A 35.4
Feuerstein, U. A 18.35
Fiedler, F., Prof. Dr.
  A 32.10
Fiedler, K., Prof. Dr.
  A 15.21
Fiedler, T. M., Prof. Dr.
  A 42.19
Finger, W., Dr. A 33.20
Fink, E., Prof. Dr.
  A 32.16
Fioroni P., Prof. Dr.
  A 34.14
Fischbach, K. F., Prof.
  Dr. A 16.9
Fischer, A., Prof. Dr.
  A 28.5
Fischer, A. B., Dr.
  A 17.30
Fischer, E., Dr. A 41.14
Fischer F. P., Dr. A 33.16
Fleissner, G., Prof. Dr.
  A 15.17
Flemming, B. W., Dr.
  D 6.1
Fliedner, T. M., Prof. Dr.
  A 42.18
Flohr, H., Prof. Dr.
  A 9.11
Florey, E., Prof. Dr.
  A 29.16
Flügel, H. J., Prof. Dr.
  A 27.34
Fock, H., Prof. Dr.
  A 24.2
Follmann, G., Prof. Dr.
  A 28.2
Fortnagel, P., Prof. Dr.
  A 19.6
Fox, G. Q., Dr. C 4.2
Franck, D., Prof. Dr.
  A 19.20
Frank, W., Prof. Dr.
  A 23.11
Franz, G., Prof. Dr.
  A 38.25

Register 2 Wissenschaftler

Freitag, H., Prof. Dr.
A 26.3
Frenzel, B., Prof. Dr. Dr.
A 23.1, 23.2
Frey, W., Prof. Dr.   A 3.1
Friedrich, B., Prof. Dr.
A 3.8
Friedrich, G., Dr.   F 22.2
Friess, A., Prof. Dr.
A 38.16
Frimmel, F. H., Dr.
A 33.18
Fritz, D., Prof. Dr.
A 33.22
Fritz, H., Prof. Dr.
A 32.16
Fröbe, H. A., Prof. Dr.
A 1.1
Frömter, E., Prof. Dr.
A 15.34
Frösch, D., Dr.   A 42.20
Frohne, D., Prof. Dr.
A 27.43
Fromherz, P., Prof. Dr.
A 42.13
Fuchs, G., Prof. Dr.
A 42.12
Fuchs, M.   F 5.2
Führ, F., Prof. Dr.   B 8.6
Fürst, P., Prof. Dr.
A 23.16
Fuldner, D., Prof. Dr.
A 43.4
Funke, W., Prof. Dr.
A 42.6
Furch, B., Prof. Dr.
A 27.6

G

Gärtner, E., Dr.   F 13.1
Gärtner, E. J., Prof. Dr.
F 13.4
Gaffel, P., Dr.   A 13.3
Gal, A., Dr.   A 7.20
Galling, G., Prof. Dr.
A 8.2
Ganten, D., Prof. Dr.
A 22.12
Gateff, E., Prof. Dr.
A 30.17

Gebhard, E., Prof. Dr.
A 13.21
Gebhard, Dr.   C 22.9
Gebhard, H., Prof. Dr.
A 35.3
Gebhard, W., Dr.   A 32.16
Geider, K., Prof. Dr.
C 13.5
Geiger, H. H., Prof. Dr.
A 23.20
Geiger, R., Dr.   A 32.16
Geißler, U., Prof. Dr.
A 3.3
Gemmrich, A., Prof. Dr.
A 42.3
Gemsa, D., Prof. Dr.
A 31.23
Gerhardt, A., Prof. Dr.
A 5.24
Gerhardt, B., Prof. Dr.
A 34.1
Gerisch, G., Prof. Dr.
C 1.15
Gerken, B., Prof. Dr.
A 37.3
Gerlach, S., Prof. Dr.
A 27.33
Gewecke, M., Prof. Dr.
A 19.21
Geyer, E., Prof. Dr.
A 31.16
Ghisla, S., Prof. Dr.
A 29.1
Giere, O., Prof. Dr.
A 19.22
Gierer, A., Prof. Dr.
C 20.2
Giesbrecht, P., Prof. Dr.
E 16.4
Gietzen, K., Dr.   A 42.17
Gimmler, H., Prof. Dr.
A 43.1
Glavac, V., Prof. Dr.
A 26.4
Glitsch, H., Dr.   A 6.23
Glombitza, K.-W., Prof. Dr.   A 7.17
Glück, E., Dr.   A 1.10
Gmelch, G., Dr.   F 8.6
Gocke, K., Dr.   A 27.37
Goebel, W., Prof. Dr.
A 43.8

Görner, P., Prof. Dr.
A 5.12
Görtz, H. D., Prof. Dr.
A 34.6
Gössner, W., Prof. Dr.
B 5.2
Götting, K.-J., Prof. Dr.
A 17.9, 17.45
Götz, E., Dr.   A 23.5
Götz, K. G., Prof. Dr.
C 5.1
Götz, P., Prof. Dr.   A 3.13
Götze, O., Prof. Dr.
A 18.27
Golenhofen, K., Prof. Dr.
A 31.29
Gothe, R., Prof. Dr.
A 32.19
Gottsberger, G., Prof. Dr.
A 17.2
Gottschalk, G., Prof. Dr.
A 18.7
Gradmann, D., Prof. Dr.
A 18.1
Graebe, J. E., Prof. Dr.
A 18.2
Gräßmann, A., Prof. Dr.
A 3.35
Graf, G., Dr.   A 27.33
Graf, H., Dr.   F 18.2
Grahl, A., Dr.   E 9.3
Grambow, H. J., Dr.
A 1.4
Graszynski, K., Prof. Dr.
A 3.19
Gratzl, M., Prof. Dr.
A 42.14
Grau, J., Prof. Dr.
A 32.20
Greim, H., Prof. Dr.
B 5.8
Greuter, W., Prof. Dr.
A 3.2
Greven, H., Prof. Dr.
A 12.3
Griesbrecht, P., Prof. Dr.
E 16.4
Griesebach, H., Prof. Dr.
A 16.3
Grimm, K., Dr.   A 25.2, 25.5
Grimm, R., Dr.   A 19.41

Grimme, L. H., Prof. Dr. A 9.3
Groeneweg, J., Dr. B 8.4
Gross, G. G., Prof. Dr. A 42.4
Gross, H.-J., Prof. Dr. A 43.9
Grossbach, Prof. Dr. A 18.14
Große-Brauckmann, Prof. Dr. A 10.2
Großmann, F., Prof. Dr. A 23.23
Grothe, M., Dipl.-Ing. C 18.4
Grunewald, J., Prof. Dr. A 21.11
Grunow, W., Dr. E 18.2
Grunz, H., Prof. Dr. A 14.5
Gruppe, W., Prof. Dr. A 17.33
Gruss, P., Prof. Dr. A 22.18
Guderian, R., Prof. Dr. A 14.1
Gülch, R. W., Prof. Dr. A 41.29
Gündel, L., Dr. F 30.3
Günther, E., Prof. Dr. A 18.30
Günzl, H., Dr. A 41.18
Gundlach, G., Prof. Dr. A 17.23
Gundler, T., Dr. A 33.21
Gussone, H. A., Prof. Dr. F 15.1, 15.2
Gutensohn, W., Prof. Dr. A 32.12
Gutz, H., Prof. Dr. A 8.9
Gwinner, E., Prof. Dr. C 19.7

H

Haas, K., Dr. A 23.2
Haas, W., Prof. Dr. A 13.5
Haase, E., Prof. Dr. A 27.28
Haber, W., Prof. Dr. A 33.25
Habermann, E. R., Prof. Dr. A 17.28
Hachtel, W., Dr. A 7.1
Hackenthal, E., Prof. Dr. A 22.12
Hadeler, K. P., Prof. Dr. A 41.9
Häfner, M., Dr. F 2.3
Haeseler, V., Prof. Dr. A 35.5
Hässelbarth, U., Prof. Dr. E 17.3
Haeupler, H., Prof. Dr. A 6.9
Hagedorn, H., Prof. Dr. A 34.1
Hagen, U., Prof. Dr. Dr. B 5.1
Hagen, v. H.-O., Prof. Dr. A 31.11
Hager, A., Prof. Dr. A 41.1
Hager, H. D., Dr. A 22.11
Hahlbrock, K., Prof. Dr. C 22.3
Hahn, H., Prof. Dr. A 19.8
Hahn, J., Dr. E 17.4
Hamann, U., Prof. Dr. A 6.10
Hamdorf, G., Dr. F 30.9
Hamdorf, K., Prof. Dr. A 6.20
Hameister, H., Prof. Dr. A 42.23
Hampp, R., Prof. Dr. A 41.2
Handwerker, H. O., Prof. Dr. A 13.14
Hanert, H., Prof. Dr. A 8.7
Hanke, W., Prof. Dr. A 25.9
Hanke, W., Dr. A 36.9
Hanning, K., Prof. Dr. C 1.7
Hansen, K., Prof. Dr. A 38.11
Hanstein, W. G., Prof. Dr. A 6.32

Hantke, K., Dr. A 41.15
Hartmann, E., Prof. Dr. A 30.1
Hartmann, G., Prof. Dr. A 19.23
Hartmann, G., Prof. Dr. A 32.14
Hartmann, H., Dr. A 19.4
Hartmann, H. D., Prof. Dr. F 12.5
Hartmann, K. M., Prof. Dr. A 13.1
Hartmann, K.-U., Prof. Dr. A 31.28
Hartmann, L., Prof. Dr. A 25.13
Hartmann, R., Prof. Dr. A 16.1
Hartmann, R. T., Prof. Dr. A 8.10
Hartmeier, W., Prof. Dr. A 1.9
Harzer, K., Prof. Dr. A 41.31
Hasenfuß, I., Prof. Dr. A 13.6
Hasselbach, W., Prof. Dr. C 13.6
Hassenstein, B., Prof. Dr. A 16.1
Hatt, H., Dr. A 33.20
Haupt, W., Prof. Dr. A 13.1
Hausen, P., Prof. Dr. C 20.3
Hauser, H., Dr. B 4.5
Hauser, M., Prof. Dr. A 6.5
Hauska, G., Prof. Dr. A 38.2
Hausmann, K., Prof. Dr. A 3.16
Hausmann, R., Prof. Dr. A 16.9
Havsteen, B., Prof. Dr. A 27.47
Heber, U., Prof. Dr. A 43.1
Hecht, H., Dr. F 8.5
Heckmann, K., Prof. Dr. A 34.7

Hedewig, R., Prof. Dr. A 26.1
Hedrich, H. J., Dr. D 9.3
Heerd, E., Prof. Dr. A 17.21
Heilmeyer, L., Prof. Dr. A 6.29, 6.30, 6.31, 6.33, 6.34
Heine, W., Prof. Dr. D 9.1
Heinricht, J., Dr. F 36.1
Heinze, W., Prof. Dr. A 4.5
Heisenberg, M., Prof. Dr. A 43.7
Heisler, N., Prof. Dr. C 9.2
Heiss, W.-D., Prof. Dr. C 15.4
Heitefuss, R., Prof. Dr. A 18.38
Heldt, H. W., Prof. Dr. A 18.10
Heller, K. J., Dr. A 41.16
Heltmann, H., Dr. A 7.17
Helversen, O. v., Prof. Dr. A 13.9
Hemleben, V., Prof. Dr. A 41.10
Hempel, G., Prof. Dr. A 27.38
Hempel, G., Prof. Dr. B 1.1
Hendrichs, H., Dr. Dr. A 5.10
Hengstenberg, W., Prof. Dr. A 6.24
Henning, U., Prof. Dr. C 2.1
Henschler, D., Prof. Dr. A 43.10
Henssen, A., Prof. Dr. A 31.5
Hentig, von W.-U., Prof. Dr. F 12.6
Herrlich, P., Prof. Dr. A 25.11
Herrlich, P., Prof. Dr. B 7.1, 7.2
Herrmann, Prof. Dr. A 18.19

Herrmann, R., Prof. Dr. A 32.2
Herrmann, R., Dr. A 22.24
Hertel, R., Dr. A 16.9
Herz, A., Prof. Dr. C 17.1
Herzfeld, F., Prof. Dr. A 21.1
Hesemann, C. U., Prof. Dr. A 23.7
Hess, B., Prof. Dr. C 7.1
Hess, D., Prof. Dr. A 23.8
Hess, O., Prof. Dr. A 12.6
Hesselbach, Dr. C 22.6
Hetzler, J. E 9.2
Heumann, H.-G., Prof. Dr. A 25.2, 25.3
Heydemann, B., Prof. Dr. A 27.15
Heyland, K. U., Prof. Dr. A 7.26
Heyser, W., Prof. Dr. A 9.2
Hijazi, A. L., Dr. A 23.18
Hildebrand, E., Prof. Dr. B 8.7
Hildebrandt, A., Prof. Dr. E 18.1
Hildebrandt, A., Prof. Dr. A 9.10
Hilgenberg, W., Prof. Dr. A 15.4
Hilgenfeld, U., Dr. A 22.12
Hillen, W., Prof. Dr. A 12.8
Hillen, W., Prof. Dr. A 13.11
Hilschmann, N., Prof. Dr. C 9.4
Hilse, K., Prof. Dr. A 16.9
Himstedt, W., Prof. Dr. A 10.9
Hippe, S., Dr. A 1.7
Hirsch, P., Prof. Dr. A 27.40
Hobom, G., Prof. Dr. A 17.18
Hock, B., Prof. Dr. A 33.24

Höfer, M., Prof. Dr. A 7.2
Höfle, G., Prof. Dr. B 4.8
Höhn, H., Prof. Dr. A 43.12
Höll, W., Prof. Dr. A 33.2
Höpner, T., Prof. Dr. A 35.12
Hörmann, H., Prof. Dr. C 1.1
Hörnicke, H., Prof. Dr. A 23.14
Höster, H.R. A 21.15
Hofer, H.-W., Prof. Dr. A 29.2
Hoffmann, K. H., Prof. Dr. A 42.2
Hoffmann, K. P., Prof. Dr. A 6.14a
Hoffmann, Prof. Dr. Dr. A 32.9
Hoffmann-Berling, H., Prof. Dr. C 13.3
Hoffmeister, H., Prof. Dr. E 19.1
Hofmann, D. K., Prof. Dr. A 6.15
Hofmann, H. D., Dr. C 10.4
Hofmann, K. P., Prof. Dr. A 16.13
Hofschneider, P. H., Prof. Dr. Dr. C 1.14
Hohenester, A., Prof. Dr. A 13.4
Hohorst, H. J., Prof. Dr. A 15.32
Holl, A., Prof. Dr. A 17.15
Holldorf, A. W., Prof. Dr. A 6.37
Hollenberg, C. P., Prof. Dr. A 12.5
Holler, E., Prof. Dr. A 38.24
Holmes, K. C., Prof. Dr. C 13.2
Holst, v. D., Prof. Dr. A 2.20
Holzer, H., Prof. Dr. B 5.9

Honegger, H.-W., Prof. Dr.   A 33.13
Hoppe, H.-G., Prof. Dr.   A 27.37
Hoppe, J., Dr.   B 4.4
Horak, J., Prof. Dr.   A 43.11
Horbert, M., Prof. Dr.   A 4.6
Horn, D. H.   F 14.2
Horn, W., Prof. Dr.   A 33.23
Horst, Dr.   A 27.9
Horst, J., Prof. Dr.   A 42.22
Hossmann, K.-H., Prof. Dr.   C 15.1
Hovemann, B., Dr.   A 22.25
Huber, F., Prof. Dr.   C 19.1
Huber, H., Prof. Dr.   A 24.1
Huber, R., Prof. Dr.   C 1.12
Hülser, D. F., Prof. Dr.   A 40.6
Hüning, T., Dr.   A 32.15
Hüttermann, A., Prof. Dr.   A 18.41
Hultsch, H., Dr.   A 3.17
Hunnius, W., Dr.   F 8.5
Hurka, H., Prof. Dr.   A 36.1
Huth, W., Prof. Dr.   A 18.23

I

Ihlenfeldt, H.-D., Prof. Dr.   A 19.4, 19.5
Immelmann, K., Prof. Dr.   A 5.7
Irmer, H., Dipl.-Ing., Dr.   F 22.1

J

Jacob, H., Prof. Dr.   F 12.4
Jacob, R., Prof. Dr.   A 41.29
Jacobi, W., Prof. Dr.   B 5.6
Jaenicke, L., Prof. Dr.   A 28.14
Jaenicke, R., Prof. Dr.   A 38.23
Jakobs, K. H., Prof. Dr.   A 22.12
Janiesch, P., Prof. Dr.   A 35.7
Jankowsky, D., Prof. Dr.   A 27.21
Janning, W., Prof. Dr.   A 34.8
Jannsen, S., Prof. Dr.   A 35.9
Jantzen, H., Dr.   A 22.4
Jensen, U., Prof. Dr.   A 2.8
Jeschke, W. D., Prof. Dr.   A 43.1
Jessen, C., Prof. Dr.   A 17.21
Jochimsen, M., Prof. Dr.   A 14.2
Johnen, A. G., Prof. Dr.   A 28.5
Jokusch, H., Prof. Dr.   A 5.22
Jost, E., Prof. Dr.   A 17.44
Jovin, T. M., Prof. Dr.   C 4.1
Jürgens, H. W., Prof. Dr.   A 27.42
Jung, H., Prof. Dr.   A 19.45
Jungblut, P. W., Prof. Dr.   C 8.1
Junge, H., Dr.   E 6.2
Junge, W., Prof. Dr.   A 36.9
Jungermann, K., Prof. Dr.   A 18.23
Jungwirth, C., Dr.   A 43.11
Junk, W., Prof. Dr.   C 12.3
Jurzitza, G., Prof. Dr.   A 25.3, 25.4

K

Käufer, N., Dr.   A 3.34
Kahl, G., Prof. Dr.   A 15.5
Kahnt, G., Prof. Dr.   A 23.18
Kaiser, Prof. Dr.   A 41.32
Kaiser, G., Dr.   A 43.1
Kaiser, P., Prof. Dr.   A 31.27
Kaiser, W., Prof. Dr.   A 10.10
Kaißling, K. E., Prof. Dr.   C 19.4
Kaja, H., Prof. Dr.   A 34.1
Kaldewey, H., Prof. Dr.   A 39.1
Kalmring, K., Prof. Dr.   A 31.15
Kaltwasser, H., Prof. Dr.   A 39.7
Kammermeier, H., Prof. Dr.   A 1.15
Kamp, D., Dr.   C 1.17
Kamp, G., Dr.   A 34.22
Kappen, L., Prof. Dr.   A 27.7, 27.39
Karpe, H.-J., Prof. Dr.   A 11.1
Kasche, V., Prof. Dr.   A 20.1
Kaspareit, J., Dr.   D 9.2
Kaul, A., Prof. Dr.   E 20.1
Kaupp, U. B., Prof. Dr.   A 36.9
Kausch, H., Prof. Dr.   A 19.31
Kauss, H., Prof. Dr.   A 24.3
Keller, R., Prof. Dr.   A 7.12
Kemler, R., Dr.   C 23.3
Kempf, W., Prof. Dr.   E 7.3
Kern, H., Prof. Dr.   A 21.1
Kersten, W., Prof. Dr.   A 13.15
Kerszberg, M., Dr.   A 12.10
Kerth, K., Prof. Dr.   A 43.4

Register 2 Wissenschaftler

Kessler, E., Prof. Dr. A 13.2
Keydel, F., Dr. F 8.4
Kiefer, W., Prof. Dr. F 12.7
Kies, L., Prof. Dr. A 19.1
Kiessler, A., Dr. F 1.1
Kilimann, M., Dr. A 6.30
Kimstedt, H., Prof. Dr. A 21.14
Kinne, R., Prof. Dr. C 18.2
Kinzelbach, R., Prof. Dr. A 10.11
Kirchner, C., Prof. Dr. A 31.8
Kirscher, C., Dr. B 8.11
Kirschfeld, K., Prof. Dr. C 5.2
Kirst, G. O., Prof. Dr. A 9.4
Kirti, B. P., Dr. A 18.37
Kissling, G., Prof. Dr. A 41.29
Klämbt, D., Prof. Dr. A 7.5
Klautke, S., Prof. Dr. A 2.18
Klein, G., Dr. E 17.3
Klein, J., Prof. Dr. B 4.1
Klein, J., Prof. Dr. C 2.2
Klein, K. E., Prof. Dr. B 2.1
Kleiner, D., Prof. Dr. A 2.15
Kleinig, H., Prof. Dr. A 16.5
Kleinkauf H., Prof. Dr. A 4.2
Kleinow, W., Prof. Dr. A 28.6
Kleinschmidt, A. K., Prof. Dr. A 42.27
Kleinschmit, J., Dr. F 15.3
Klemme, J.-H., Prof. Dr. A 17.14
Klenk, H.-D., Prof. Dr. A 31.22
Klingauf, F., Prof. Dr. E 1.5

Klingel, H., Prof. Dr. A 8.3
Klingmüller, W., Prof. Dr. A 2.14
Klipp, W., Dr. A 5.16
Kloppstech, K., Prof. Dr. A 21.1
Kloskowski, J., Dr. A 33.21
Klostermeyer, H., Prof. Dr. A 33.26
Klotz, G., Prof. Dr. A 42.26
Kluge, M., Prof. Dr. A 10.3
Kneifel, H., Prof. Dr. B 8.3
Knippers, R., Prof. Dr. A 29.23
Knobloch, K., Prof. Dr. A 13.2
Knöchel, W., Prof. Dr. A 3.36
Knöpfl, R. A 18.32
Knösel, D., Prof. Dr. A 19.11
Knülle, W., Prof. Dr. A 3.22
Knußmann, R., Prof. Dr. A 19.43
Kobabe, G., Prof. Dr. A 18.35
Koch, H., Dr. F 30.4
Koch, P., Prof. Dr. A 31.17
Koch, Prof. Dr. A 32.17
Koch, W., Prof. Dr. A 23.24
Köhler, G., Prof. Dr. C 11.3
Köhler, K., Prof. Dr. A 40.5
Köhler, W., Prof. Dr. A 17.34
König, R., Dr. A 27.18
Koeniger, N., Prof. Dr. A 15.25
Köpp, H., Prof. Dr. F 17.1
Körber-Grohne, U., Prof. Dr. A 23.3

Kössel, H., Prof. Dr. A 16.9
Köster, W., Dr. F 20.1
Kohlenbach, W., Prof. Dr. A 15.6
Kolb, H.-A., Prof. Dr. A 29.6
Kollmann, R., Prof. Dr. A 27.1
Komnick, H., Prof. Dr. A 7.11
Komor, E., Prof. Dr. A 2.3
Koolmann, J., Prof. Dr. A 31.31
Korge, G., Prof. Dr. A 3.28
Korn, H., Prof. Dr. A 13.7
Korte, F., Prof. Dr. B 5.5
Koschel, K., Dr. A 43.11
Kost, G., Dr. A 41.6
Kothe, P., Dr. E 8.1
Kowallik, W., Prof. Dr. A 5.3
Krälin, K. A 18.32
Kraepelin, G., Prof. Dr. A 4.1
Kraft, V., Prof. Dr. D 9.7
Kramer, B., Prof. Dr. A 38.12
Kramer, Dr. A 2.9
Kraml, M., Dr. A 13.1
Kranz, A., Prof. Dr. A 15.7
Kranz, J., Prof. Dr. A 17.39
Krattenmacher, M., Dr. F 4.1
Kraus, O., Prof. Dr. A 19.24
Krause, G. H., Prof. Dr. A 12.1
Krauss, G., Prof. Dr. A 2.16
Krauss, H. F 5.2
Kreeb, K. M., Prof. Dr. A 9.6
Kreutzberg, G. W., Prof. Dr. C 17.2
Kreuzberg, K., Dr. A 7.1

Kriegel, H., Prof. Dr.
B 5.3
Kröger, A., Prof. Dr.
A 15.22
Kroeger, H., Prof. Dr.
A 39.9
Kröger, H., Prof. Dr.
E 16.3
Krolow, K.-D., Prof. Dr.
A 3.31
Krone, W., Prof. Dr.
A 42.21
Krüger, J., Dr.   E 6.5
Krumbein, W. E., Prof.
Dr.   A 35.8
Kruska, D., Prof. Dr.
A 27.29
Kubeczka, K.-H., Prof.
Dr.   A 43.3
Kubitzki, K., Prof. Dr.
A 19.4
Kühn, H., Dr.   B 8.10
Kühn, H., Prof. Dr.   C 1.2
Kuhn, H., Prof. Dr.   C 4.5
Kull, Prof. Dr.   A 40.2
Kulzer, E., Prof. Dr.
A 41.25
Kunau, W.-H., Prof. Dr.
A 6.36
Kunze, C., Prof. Dr.
A 17.8
Kunze, P., Prof. Dr.
A 40.3
Kurth, R., Prof. Dr.
E 13.1
Kutsch, W., Prof. Dr.
A 29.19
Kutzner, H. J., Prof. Dr.
A 10.15

L

Labischinski, H., Dr.
E 16.6
Läuger, P., Prof. Dr.
A 29.7
Lahmann, E., Prof. Dr.
E 17.2
Lampert, W., Prof. Dr.
C 12.2

Lamprecht, I., Prof. Dr.
A 3.29
Lange, O. L., Prof. Dr.
A 43.2
Lange, V., Prof. Dr.
A 15.23
Lange-Bertalot, H., Prof.
Dr.   A 15.8
Langenbeck, U., Prof.
Dr.   A 15.36
Langer, H., Prof. Dr.
A 6.21
Larink, O., Prof. Dr.
A 8.4
Laskowski, W., Prof. Dr.
A 3.27
Latzko, E., Prof. Dr.
A 34.1
Laudien, H., Prof. Dr.
A 27.22
Lauterbach, F., Prof. Dr.
A 6.40
Lecher, K., Prof. Dr.
A 21.9
Legler, G., Prof. Dr.
A 28.15
Lehmann, J., Prof. Dr.
A 27.3
Lehmann, U., Prof. Dr.
A 28.7
Leibenguth, F., Prof. Dr.
A 39.10
Lein, V.   A 18.35
Leistikow, K. U., Prof.
Dr.   A 15.9
Leistner, E., Prof. Dr.
A 7.18
Leistner, L., Dr.   E 4.1
Lelley, J., Dr.   F 27.1
Lelley, T., Dr.   A 18.36
Lemke, H., Dr.   A 27.47
Lendzian, K., Dr.   A 33.6
Lengeler, J., Prof. Dr.
A 36.2
Leppelsack, H.-J., Prof.
Dr.   A 33.14
Lessmann-Schoch, U.,
Dr.   A 7.25
Leuckert, C., Prof. Dr.
A 3.4
Lichtenthaler, H., Prof.
Dr.   A 25.7

Lieberei, R., Prof. Dr.
A 8.1
Liebig, G., Dr.   F 14.2
Liese, W., Prof. Dr.   E 5.2
Lieth, H., Prof. Dr.
A 36.6
Lillelund, K., Prof. Dr.
A 19.29
Lindauer, M., Prof. Dr.
Dr.   A 43.5
Lingens, F., Prof. Dr.
A 23.15
Link, G., Prof. Dr.   A 6.2
Linnert, G., Prof. Dr.
A 3.32
Linsenmair, K. E., Prof.
Dr.   A 43.6
Lipps, H. J., Prof. Dr.
A 41.20
Lochmann, E.-R., Prof.
Dr.   A 3.34
Löffler, G., Prof. Dr.
A 38.18
Löffler, W., Prof. Dr.
A 41.12
Lörcher, K., Prof. Dr.
D 9.6
Lohmann, K., Prof. Dr.
A 16.1
Loos-Frank, B., Prof. Dr.
A 23.11
Lorenzen, H., Prof. Dr.
A 18.3
Lorenzen, S., Dr.   A 27.19
Loris, K., Dr.   A 23.2
Lotz, W., Prof. Dr.
A 13.12
Lucius, R., Dr.   A 22.14
Ludwig, H. W., Prof. Dr.
A 22.3
Lücke, E., Dr.   A 19.12
Lüderitz, O., Prof. Dr.
C 11.1
Lüeken, W., Prof. Dr.
A 36.4
Lüttgau, H.-C., Prof. Dr.
A 6.23
Lüttge, U. E., Prof. Dr.
A 10.4
Lumper, Prof. Dr. Dr.
A 17.24

Register 2 Wissenschaftler

Lusky, M., Dr. A 22.26
Lysek, G., Prof. Dr. A 3.5

M

Machemer, Prof. Dr.
A 6.11
Märkel, K., Prof. Dr.
A 6.16
Malchow, D., Prof. Dr.
A 29.9
Manley, G. A., Prof. Dr.
A 33.15
Mannesmann, R., Prof.
Dr. A 5.23
Mannheim, W., Prof. Dr.
A 31.21
Mark, von der K., Dr.
C 1.4
Markel, H., Prof. Dr.
A 29.18
Marks, F., Prof. Dr. B 3.2
Marme, D., Prof. Dr.
A 16.9
Markquardt, H., Prof.
Dr. D 2.1
Marschner, H., Prof. Dr.
A 23.27
Martens, J., Prof. Dr.
A 30.9
Martin, H. H., Prof. Dr.
A 10.16
Martin, H., Prof. Dr.
A 43.5
Martin, R., Prof. Dr.
A 42.20
Maschwitz, U., Prof. Dr.
A 15.18
Masoga, C. B. A 18.34
Mathias, R., Dr. A 18.32, 18.37
Matthaei, J. H., Prof. Dr.
C 24.1
Mautz, D., Dr. F 7.1
Mayer, F., Prof. Dr.
A 18.18
Mayr, G., Dr. A 6.34
Mechelke, F., Prof. Dr.
A 23.9
Megnet, R., Prof. Dr.
A 35.11

Mehlhorn, H., Prof. Dr.
A 6.17
Meier-Dinkel, A. F 15.3
Meinel, W., Prof. Dr.
A 26.5
Meinert, G., Dr. F 2.1
Meisel, K., Prof. Dr.
E 11.2
Melber, A., Prof. Dr.
A 21.3
Melchior, G. H., Dr.
E 5.3
Melian, L., Dr. F 8.1
Melzer, A., Dr. A 33.7
Mendgen, K., Prof. Dr.
A 29.12
Menge-Hartmann, U.,
Dr. E 9.4
Mennigmann, H. D., Prof.
Dr. A 15.22
Menzel, R., Prof. Dr.
A 3.21
Mergenhagen, D., Prof.
Dr. A 19.1
Metzler, M., Prof. Dr.
A 43.10
Meulen, ter V., Prof. Dr.
A 43.11
Meyer, F. H., Prof. Dr.
A 21.13, 21.17
Meyer, H. E., Dr. A 6.31
Meyer, M., Dr. C 9.1
Michaelis, G., Prof. Dr.
A 5.20
Mickoleit, G., Dr.
A 41.19
Mies, G., Dr. C 15.3
Milde, G., Prof. Dr.
E 17.5
Miltenburger, H., Prof.
Dr. A 10.14
Miotke, G. A 18.36
Mittelstaedt, H., Prof. Dr.
C 19.2
Mix, M., Prof. Dr. A 19.1
Möller, Prof. Dr. A 17.20
Möller, U., Prof. Dr.-Ing.
A 6.41
Mohr, H., Prof. Dr.
A 16.2
Mohr, U., Prof. Dr. D 2.1

Mohtashamipur, E., Dr.
A 14.7
Molitoris, H. P., Prof. Dr.
A 38.3
Moll, W., Prof. Dr.
A 38.14
Montenarh, M., Dr.
A 42.16
Morgenstern, E., Prof.
Dr. A 39.13
Moritz, Dr. F 7.3
Mosbacher, G., Prof. Dr.
A 39.5
Mossakowski, D., Prof.
Dr. A 9.13
Moustafa, K. A. A 18.36
Mros, B. A 21.15
Mudrack, K., Prof. Dr.
A 21.10
Mühlradt, P., Prof. Dr.
B 4.7
Müller, C. R., Dr.
A 43.12
Müller, D. G., Prof. Dr.
A 29.10
Müller, H., Prof. Dr.
A 15.35
Müller, H.-W., Prof. Dr.
A 31.18
Müller, I., Prof. Dr.
A 28.8
Müller, J., Dr. E 1.6
Müller, K., Prof. Dr.
A 34.12, A 27.8
Müller, P., Prof. Dr.
A 39.12
Müller, P., Dr. C 1.5
Müller, W., Prof. Dr.
A 22.4
Müller-Doblies, D., Prof.
Dr. A 4.10
Müller-Esterl, W., Dr.
A 32.16
Müller-Hill, B., Prof. Dr.
A 28.10
Müller-Hohenstein, K.,
Prof. Dr. A 2.19
Müller-Mohssen, H., Prof.
Dr. B 5.4
Münch, Dr. F 4.2
Mundry, K.-W., Prof. Dr.
A 40.1

Munzert, Dr.   F 8.4
Muscholl, E., Prof. Dr.
   A 30.20

N

Nachtigall, W., Prof. Dr.
   A 39.6
Näveke, R., Prof. Dr.
   A 8.8
Nagl, W., Prof. Dr.
   A 24.9
Nahrstedt, A., Prof. Dr.
   A 34.24
Napp-Zinn, K., Prof. Dr.
   A 28.2
Naton, E., Dr.   F 8.5
Naumann, C., Prof. Dr.
   A 5.6
Neher, E., Dr.   C 4.9
Nehrkorn, A., Prof. Dr.
   A 9.14
Netter, K. J., Prof. Dr.
   A 31.20
Netzel, H., Prof. Dr.
   A 41.17
Neuffer, G., Dr.   F 2.2
Neuhoff, V., Prof. Dr.
   C 9.5
Neumann, D., Prof. Dr.
   A 28.7
Neumann, E., Prof. Dr.
   A 5.25
Neumann, H.-G., Prof. Dr.   A 43.10
Neumann, R., Dr.
   A 28.16
Nezadal, W., Dr.   A 13.4
Niedig, von G., Prof. Dr.
   E 17.1
Nielsen, G., Dr.   F 37.1
Niemann, E.-G., Prof. Dr.   A 21.8
Niemeyer, H., Dr.   F 15.4
Niemitz, C., Prof. Dr.
   A 3.24
Nienhaus, F., Prof. Dr.
   A 7.27
Nieschlag, E., Prof. Dr.
   C 25.1

Niessing, J., Prof. Dr.
   A 31.32
Nittinger, J., Dr.   A 23.16
Nixdorff, K., Prof. Dr.
   A 10.17
Nöthel, H., Prof. Dr.
   A 3.26
Noodt, W., Prof. Dr.
   A 27.13
Nordheim, A., Dr.
   A 22.27
Norpoth, K., Prof. Dr.
   A 14.7
Nothdurft, W., Dr.
   A 42.19

O

Obe, G., Prof. Dr.   A 3.25
Oberwinkler, F., Prof. Dr.
   A 41.3, 41.7
Odenbach, W., Prof. Dr.
   A 3.33
Oelze, J., Prof. Dr.   A 16.4
Oesch, F., Prof. Dr.
   A 30.21
Oesterhelt, D., Prof. Dr.
   C 1.8
Ogilvie, A., Prof. Dr.
   A 13.17
Ohm, P., Dr.   A 27.20
Ohnesorge, F. K., Prof. Dr.   A 12.18
Ohnesorge, P., Prof. Dr.
   A 23.22
Oksche, A., Prof. Dr. Dr.
   A 17.20
Oldiges, H., Dr.   D 1.1
Opferkuch, W., Prof. Dr.
   A 6.39
Oren, R., Dr.   A 2.6
Osche, G., Prof. Dr.
   A 16.1
Oslage, H. J., Prof. Dr.
   E 9.8
Oßwald, W., Dr.   A 33.8
Ottow, J. C. G., Prof. Dr.
   A 23.26
Overath, P., Prof. Dr.
   C 2.3

Overbeck, J., Prof. Dr.
   C 12.1

P

Pahlich, E., Prof. Dr.
   A 17.6
Pape, H., Prof. Dr.
   A 34.23
Paro, R., Dr.   A 22.28
Parzefall, J., Prof. Dr.
   A 19.25
Paschen, W., Dr.   C 15.2
Passarge, E., Prof. Dr.
   A 14.9
Passow, H., Prof. Dr.
   C 3.1
Paul, H. L., Prof. Dr.
   E 1.2
Paulmann, W.   A 18.32
Paulus, H. F., Prof. Dr.
   A 16.1
Pawlizki, Dr.   F 8.5
Peichl, L., Dr.   C 10.2
Peiffer, J., Prof. Dr.
   A 41.30
Peper, H., Dr.   F 29.1
Perry, St., Prof. Dr.
   A 35.6
Persiel, F., Dipl.-Gärtn.,
   E 6.6
Peskar, B. A., Prof. Dr.
   A 6.40
Peters, N., Prof. Dr.
   A 19.26
Peters, W., Prof. Dr.
   A 12.4
Petersen, P., Dipl.-Ing.
   F 33.1
Pette, D., Prof. Dr.
   A 29.15
Peveling, E., Prof. Dr.
   A 34.1
Pfadenhauer, Prof. Dr.
   A 33.25
Pfannenstiel, H.-D., Prof. Dr.   A 3.11
Pfeiffer, K.,   F 6.2
Pfeiffer, W., Prof. Dr.
   A 41.23

Register 2 Wissenschaftler

Pfenning, N., Prof. Dr. A 29.20
Pfleiderer, G., Prof. Dr. A 40.8
Pflumm, W., Prof. Dr. A 24.6
Piiper, J., Prof. Dr. C 9.1
Pilgrim, Ch., Prof. Dr. A 42.15
Plapp, R., Prof. Dr. A 24.7
Plate, H.-P., Prof. Dr. F 35.1
Plattner, H., Prof. Dr. A 29.8
Ploog, D., Prof. Dr. C 17.4
Plückthun, A., Dr. A 32.15
Podlech, D., Prof. Dr. A 32.7
Podufal, Prof. Dr. A 18.15
Pohl, F., Prof. Dr. A 29.3
Pohl, P., Prof. Dr. A 27.44
Pohley, H. J., Prof. Dr. A 28.8
Pohlit, W., Prof. Dr. A 15.29
Pohlit, W., Prof. Dr. B 5.17
Pons, F. W., Prof. Dr. A 15.22
Ponto, H., Prof. Dr. B 7.3
Popp, M., Prof. Dr. A 34.3
Poralla, K., Prof. Dr. A 41.12
Pott, R., Prof. Dr. A 21.2
Preil, W., Dr. E 6.3
Prell, H., Prof. Dr. B 5.13
Priebe, L., Prof. Dr. A 31.29
Priefer, U., Dr. A 5.17
Prillinger, H., Dr. Dipl.-Ing. A 38.6
Prillwitz, H.-G., Dr. F 30.8
Primavesi, C. A., Prof. Dr. F 25.1
Prinz, B., Dr. F 23.2

Probst, I., Prof. Dr. A 18.23
Pröve, E., Prof. Dr. A 5.8
Propping, P., Prof. Dr. A 7.20
Protsch v. Zieten, R., Prof. Dr. A 15.24
Pschorn-Walcher, H., Prof. Dr. A 27.26
Pühler, A., Prof. Dr. A 5.14
Putz, R., Prof. Dr. A 16.11

Q

Quentin, K.-D., Prof. Dr. A 33.18
Quist, D., Dr. A 23.18

R

Rabius, Dr. F 31.1
Radach, G., Dr. A 19.33
Radler, F., Prof. Dr. A 30.16
Rahmann, Prof. Dr. A 23.10
Rahmsdorf, H. J., Prof. Dr. B 7.2
Rainboth, R., Prof. Dr. A 30.6
Rajewsky, M. F., Prof. Dr. A 14.10
Rajewsky, K., Prof. Dr. A 28.11
Rak, B., Prof. Dr. A 16.9
Rapp, A., Prof. Dr. E 12.3
Rapp, K., Dr. D 9.5
Raschke, K., Prof. Dr. A 18.4
Rathmayer, W., Prof. Dr. A 29.17
Ratte, H. T., Dr. A 1.11
Rau, W., Prof. Dr. A 32.3
Rauber, R., Dr. A 19.10
Rautenberg, W., Prof. Dr. A 6.22

Redhardt, A., Prof. Dr. A 6.28
Reemtsma, Dr. F 15.2
Reets, I., Dr. D 9.3
Rehbogen, J., Dr. F 26.1
Rehder, H., Prof. Dr. A 33.3
Rehm, H.-J., Prof. Dr. A 34.23
Reichhardt, W., Dr. A 27.33
Reichenbach, H., Prof. Dr. B 4.2
Reichstein, H., Dr. A 27.30
Reif, A., Dr. A 2.6
Reimann-Philipp, R., Prof. Dr. E 6.1
Reinert, J., Prof. Dr. A 34.21
Reisener, H. J., Prof. Dr. A 1.5
Reiter, M., Prof. Dr. B 5.11
Reiter, R., Prof. Dr. D 3.1
Remane, R., Prof. Dr. A 31.12
Rembold, H., Prof. Dr. C 1.19
Remmert, H., Prof. Dr. A 31.13
Renger, M., Prof. Dr. A 4.3
Rensing, L., Prof. Dr. A 9.7
Renwrantz, L., Prof. Dr. A 19.27
Reske-Kunz, A., Dr. A 30.25
Reuther, G., Prof. Dr. F 12.2
Reznik, H., Prof. Dr. A 28.1, 28.2
Rheinheimer, G., Prof. Dr. A 27.37
Rhen-Zenglong A 18.36
Ribbert, D., Prof. Dr. A 34.9
Richter, G., Prof. Dr. A 21.1
Richter, Dr. F 24.2

Ried, A., Prof. Dr.
A 15.10
Riederer, M., Dr.   A 33.9
Riesner, D., Prof. Dr.
A 12.9
Rietbrock, N., Prof. Dr.
A 15.31
Rietschel, E.-T., Prof. Dr.
D 5.1
Rietzel, P., Dr.   F 19.1
Rimpler, H., Prof. Dr.
A 16.10
Ringe, F., Prof. Dr.
A 17.3
Rink, H., Prof. Dr.   A 7.19
Rintelen, Dr.   F 8.5
Ripl, W., Prof. Dr.   A 4.7
Ristow, H., Prof. Dr.
A 3.9
Robinson, D. G., Prof.
Dr.   A 18.5
Rodewald, A., Prof. Dr.
A 19.43
Röbbelen, G., Prof. Dr.
A 18.32
Röcken, W., Dr.   A 1.9
Rödiger, H., Dipl.-Ing.
E 8.2
Römer, H., Dr.   A 6.13
Röseler, F.-P., Prof. Dr.
A 43.5
Rösen, P., Dr.   A 12.17
Rössner, J., Dr.   A 17.37
Roggenkamp, R., Dr.
A 12.5
Rohde, Dr.   C 22.5
Romer, F., Prof. Dr.
A 30.14
Rosenkranz, J., Dr.   A 6.8
Rossmann, G., Ltd. Akad.
Dir. Dr.   A 2.9
Roth, G., Prof. Dr. Dr.
A 9.9
Rothe, G. M., Prof. Dr.
A 30.2
Rothe, H., Prof. Dr.
A 18.20
Rothert, H., Prof. Dr.
E 1.4
Rott, R., Prof. Dr.
A 17.43

Royer-Pokora, B., Dr.
A 22.11
Ruckenbauer, P., Prof.
Dr.   A 23.21
Rudolph, H., Prof. Dr.
A 27.4
Rübsamen, R., Dr.   A 6.14
Rückdeschel, W., Dr.-
Ing.   F 6.1
Rückert, G., Dr.   A 25.6
Rüde, E., Prof. Dr.
A 30.19
Rüdiger, W., Prof. Dr.
A 32.4
Rüger, W., Prof. Dr.
A 6.25
Rühl, G., Dr.   E 9.5
Rühm, W., Prof. Dr.
A 19.28
Rümler, R., Prof. Dr.-Ing.
A 14.3
Rüterjans, H., Prof. Dr.
A 15.28
Ruetz, W. F., Dr.   F 10.2
Ruhmor, H., Dr.   A 27.33
Runge, M., Prof. Dr.
A 18.8
Rupp, H., Prof. Dr.
A 41.29
Ruppel, H.-G., Prof. Dr.
A 5.1
Rupprecht, R., Prof. Dr.
A 30.7
Rusch, V., Dr.   D 8.1
Ruthmann, A., Prof. Dr.
A 6.6
Ryffel, G., Dr.   B 7.5
Rziha, H.-J., Dr.   E 14.2

S

Sachse, W., Prof. Dr.
A 30.24
Saedler, H., Prof. Dr.
C 22.2
Sänger, H. L., Prof. Dr.
C 1.13
Sahm, H., Prof. Dr.
B 8.1
Sahrhage, D., Prof. Dr.
E 3.2

Salamini, Prof. Dr.
C 22.4
Salnikow, J., Prof. Dr.
A 4.2
Sander, E., Prof. Dr.
A 41.10
Sander, K., Prof. Dr.
A 16.1
Sandhoff, K., Prof. Dr.
A 7.16
Sandmann, M.   A 18.32
Santory, M., Dipl.-Ing.
E 6.1
Sass, O.   A 18.34
Sator, C., Dr.   9.11
Sauer, K. P., Prof. Dr.
A 5.21
Sauer, W., Prof. Dr.
A 41.4
Sauerbeck, D., Prof. Dr.
E 9.7
Sauermann, W.   A 18.32
Sauter, J. J., Prof. Dr.
A 27.2
Schachner-Camartin, M.,
Prof. Dr.   A 22.6
Schäfer, D., Dr.   C 18.3
Schäfer, E., Prof. Dr.
A 16.2
Schäfer, K., Dr.   A 23.14
Schäfer, P., Prof. Dr.
A 6.27
Schaefer, M., Prof. Dr.
A 18.13
Schairer, H. U., Prof. Dr.
A 22.19
Schaller, J., Dr.   A 33.25
Schaller, H., Prof. Dr.
A 22.20
Schaller, H. C., Prof. Dr.
A 22.21
Schaller, K., Prof. Dr.
F 12.1
Schaper, Dr.   F 7.2
Schaper, W., Prof. Dr.
C 16.3
Scharpf, H., Dr.   A 21.16
Schaub, H., Prof. Dr.
A 15.11
Schauer, R., Prof. Dr.
A 27.46
Schaumann, K., Dr.   B 1.2

Schauz, K., Prof. Dr.
A 9.1
Scheer, H., Prof. Dr.
A 32.5
Scheibe, R., Dr.   A 2.5
Scheich, H., Prof. Dr.
A 10.12
Schell, J. St., Prof. Dr.
C 22.1
Scheller, K., Prof. Dr.
A 43.4
Scherf, H., Prof. Dr.
A 17.14
Scherfose, V.   A 21.13
Scheuerlein, R., Dr.
A 13.1
Scheuermann, W., Prof.
Dr.   A 6.7
Schieder, O., Prof. Dr.
A 3.30
Schietinger, R., Dr.
F 30.1
Schilling, E., Dr.   E 9.9
Schimpl, A., Prof. Dr.
A 43.11
Schipp, R., Prof. Dr.
A 17.10
Schirmer, O., Dr.   A 13.3
Schlegel, G., Dr.   A 33.23
Schlegel, H. G., Prof. Dr.
A 18.16
Schleiermacher, E., Prof.
Dr.   A 30.23
Schleifer, K. H., Prof. Dr.
A 33.11
Schlichter, D., Prof. Dr.
A 28.7
Schliemann, H., Prof. Dr.
A 19.34
Schlögl, R., Prof. Dr.
C 3.1
Schlösser, E., Prof. Dr.
A 17.35
Schlösser, U. G., Prof.
Dr.   A 18.7
Schloot, W., Prof. Dr.
A 9.16
Schlue, W.-R., Prof. Dr.
A 12.2
Schmeing, Dr.   F 11.2
Schmeisky, H., Prof. Dr.
A 26.7

Schmekel, L., Prof. Dr.
A 34-15
Schmid, D. W., Dr.   C 4.12
Schmid, G. H., Prof. Dr.
A 5.2
Schmid, M., Dr.   A 43.12
Schmid, R., Prof. Dr.
B 4.8
Schmidt, A., Dipl.-Ing.
F 24.1
Schmidt, A., Prof. Dr.
A 19.4
Schmidt, B., Dr.   F 3.2
Schmidt, G., Prof. Dr.
A 21.4
Schmidt, F. W., Prof. Dr.
A 18.31
Schmidt, H., Prof. Dr.
E 6.4
Schmidt, M. A., Dr.
A 22.29
Schmidt, M. F. G., Dr.
A 17.43
Schmidt, P., Prof. Dr.
A 17.29
Schmidt, P., Prof. Dr.
A 1.3
Schmidt, U., Prof. Dr.
A 7.10
Schmidt, W. J., Dr.   A 40.4
Schmidt, W., Prof. Dr.
A 18.8
Schmidt, Dr.   F 28.1
Schmidt-Koenig, K., Prof.
Dr.   A 41.26
Schminke, H. K., Prof.
Dr.   A 35.6
Schmitt, R., Prof. Dr.
A 38.19
Schmitz, K., Prof. Dr.
A 28.4
Schmutterer, H., Prof.
Dr.   A 17.36
Schmutzler, W., Prof. Dr.
A 1.12
Schnabl, H., Prof. Dr.
A 7.22
Schnack, D., Prof. Dr.
A 27.35
Schnarrenberger, C., Prof.
Dr.   A 3.7

Schneider, A. W., Prof.
Dr.   A 28.3
Schneider, D., Prof. Dr.
C 19.3
Schneider, G., Prof. Dr.
A 15.26
Schneider, H., Prof. Dr.
A 7.9
Schneider, D. J.   A 27.37
Schneider, P., Prof. Dr.
A 22.8
Schnell, K. F., Prof. Dr.
A 38.15
Schnepf, E., Prof. Dr. Dr.
A 22.7
Schnetter, R., Prof. Dr.
A 17.4
Schnetter, W., Dr.   A 22.4
Schnitzer, J., Dr.   C 10.3
Schnitzler, H.-U., Prof.
Dr.   A 41.24
Schobert, Dr.   B 8.1
Schöffl, F., Prof. Dr.
A 5.15
Schön, G., Prof. Dr.
A 16.4
Schön, W. J., Dr.   A 18.32
Schönbeck, F., Prof. Dr.
A 21.12, 21.17
Schönbohm, E., Prof. Dr.
A 31.1
Schönenberger, H., Prof.
Dr.   A 38.26
Schönfelder, P., Prof. Dr.
A 38.4
Schönherr, J., Prof. Dr.
A 33.4
Schönwitz, R., Dr.
A 33.10
Schoffa, G., Prof. Dr.
A 25.12
Scholtissek, C., Prof. Dr.
A 17.43
Schoner, W., Prof. Dr.
A 17.41
Schopfer, P., Prof. Dr.
A 16.2
Schramm, G., Dr.   F 8.4
Schramm, W., Dr.
A 27.33
Schraudolf, H., Prof. Dr.
A 42.5

Register 2 Wissenschaftler   241

Schrempf, H., Prof. Dr.
A 32.10
Schricker, B., Prof. Dr.
A 3.10
Schricker, G., Prof. Dr.
D 4.1
Schroeder, F.-G., Prof.
Dr. A 18.9
Schroeder, W., Dr. B 8.9
Schroeder-Kurth, T., Dr.
A 22.11
Schroeder, J., Prof. Dr.
A 16.3
Schürmann, B., Dr.
A 19.13
Schürmann, F.-W., Prof.
Dr. A 18.12
Schütt, P., Prof. Dr.
A 32.17
Schütte, F., Prof. Dr.
E 1.1
Schuhmacher, H., Prof.
Dr. A 14.6
Schulte, E., Prof. Dr.
A 17.9
Schulte-Hostede, S., Dr.
B 5.7
Schultz, W., Prof. Dr.
A 27.32
Schultz, W., Prof. Dr.
F 34.1
Schultz-Vollmer, Dr.
A 9.15
Schulz, F. A., Prof. Dr.
A 27.49
Schulze, E.-D., Prof. Dr.
A 2.6
Schulze, Dr. Prof.
A 17.25
Schupp, D. A 21.15
Schuster, H., Prof. Dr.
C 14.1
Schwabe, U., Prof. Dr.
A 22.12
Schwanitz, G., Prof. Dr.
A 7.20
Schwantes, H. O., Prof.
Dr. A 17.8
Schwartz, A., Prof. Dr.
A 7.1
Schwartz, E., Prof. Dr.
A 17.17

Schwarz, U., Dr. C 20.1
Schweisfurth, R., Prof.
Dr. A 39.15
Schweizer, E., Prof. Dr.
A 13.13
Schwemmle, B., Prof. Dr.
A 41.1
Schwenke, H., Prof. Dr.
A 27.33
Schwenke, W., Prof. Dr.
A 32.18
Schwibach, J., Dr. E 20.2
Schwoerbel, J., Prof. Dr.
A 29.21
Scriba, M., Prof. Dr.
A 1.2
Seelen, v. W., Prof. Dr.-
Ing. A 30.13
Seibel, W., Prof. Dr.
E 7.2
Seidel, H. J., Prof. Dr.
A 42.18
Seifart, K. H., Prof. Dr.
A 31.33
Seifert, G., Prof. Dr.
A 17.13
Seitz, G., Prof. Dr.
A 13.10
Seitz, H. U., Prof. Dr.
A 41.1
Seitz, K.-A., Prof. Dr.
A 31.9
Seitz, K., Prof. Dr. A 13.1
Selenka, F., Prof. Dr.
A 6.38
Senger, H., Prof. Dr.
A 31.2
Sengonca, C., Prof. Dr.
A 7.24
Sernetz, M., Prof. Dr.
A 17.42
Seyffert, W., Prof. Dr.
A 41.10
Sickel, E., Dr. D 9.4
Sidiras, Dr. A 23.18
Sies, H., Prof. Dr.
A 12.11
Sievers, A., Prof. Dr.
A 7.3
Simon, E., Prof. Dr.
C 16.1
Simon, R., Dr. A 5.18

Simon, U., Prof. Dr.
A 33.21
Singer, W., Prof. Dr.
C 10.5
Sippel, A. E., Prof. Dr.
A 22.22
Sitte, P., Prof. Dr. A 16.5
Skrzipek, K. H., Dr. A 1.2
Smidt, D., Prof. Dr. Dr.
E 9.9
Soboll, S., Dr. A 12.13
Soeder, C. J., Prof. Dr.
B 8.3
Sossinka, R., Dr. A 5.11
Spatz, G., Prof. Dr.
A 33.21
Spatz, H. C., Prof. Dr.
A 16.9
Spellmann, Dr. F 15.2
Sperlich, D., Prof. Dr.
A 41.11
Spetmann, W., Dr. F 15.3
Sprecher, E., Prof. Dr.
A 19.15
Springer, S., Dr. B 8.1
Sprinzl, M., Prof. Dr.
A 2.17
Staab, H. A., Prof. Dr.
Dr. C 13.1
Stabenau, H., Prof. Dr.
A 35.2
Stackebrandt, E., Prof.
Dr. A 27.41
Stadler, H., Dr. C 4.3
Stadtlander, K., Dr.
A 3.34
Stahl, U., Prof. Dr.
A 4.14
Stahl, U., Prof. Dr. F 36.2
Stahr, K., Prof. Dr. A 4.8
Stange, L., Prof. Dr.
A 26.2
Starlinger, P., Prof. Dr.
A 28.13
Staudenbauer, W., Prof.
Dr. A 33.12
Steffen, A., Dr. A 18.37
Stegemann, H., Prof. Dr.
E 1.3
Stehle, P., Dr. A 23.16
Stehr, G. A 21.14

Register 2 Wissenschaftler 243

Steiger, H., Prof. Dr.
A 15.22
Stein, W., Prof. Dr.
A 17.38
Stelling, D. A 18.34
Stengel, E., Dr. B 8.5
Stetter, K. O., Prof. Dr.
A 38.20
Steubing, L., Prof. Dr.
A 17.8
Steudle, E., Prof. Dr.
A 2.7
Stewart, U. G., Prof. Dr.
A 10.13
Stirm, Prof. Dr. A 17.26
Stitt, M., Prof. Dr. A 2.4
Stitz, L., Dr. A 17.43
Stockem, W., Prof. Dr.
A 7.11
Stocks, B. A 21.16
Stöber, W., Prof. Dr.
D 2.1
Storch, N., Prof. Dr.
A 22.2
Strack, D., Prof. Dr.
A 8.12
Strasser, R. J., Prof. Dr.
A 40.7
Stratmann, H., Prof. Dr.
F 23.1
Streffer, C., Prof. Dr.
A 14.11
Strobel, L., Prof. Dr.
F 11.1
Strotmann, H., Prof. Dr.
A 12.1
Strümpel, H., Prof. Dr.
A 19.35
Struß, E. A 18.36
Sudhaus, W., Prof. Dr.
A 3.12
Süß, A., Dr. F 8.7
Sukopp, H., Prof. Dr.
A 4.9
Sumper, M., Prof. Dr.
A 38.21
Sund, H., Prof. Dr.
A 29.4
Sures, I., Dr. A 22.30
Surhold, B., Prof. Dr.
A 34.19

T

Talpay, B., Dr. D 7.1
Tanner, W., Prof. Dr.
A 38.5
Tauscher, G., Prof. Dr.
E 2.2
Tendel, J., Dr. A 13.1
Tessenow, U., Prof. Dr.
A 42.7
Teuchert, G., Prof. Dr.
A 5.13
Tevini, M., Prof. Dr.
A 25.8
Thalmann, A., Dr. F 3.3
Thauer, R., Prof. Dr.
A 31.7
Theede, H., Prof. Dr.
A 27.34
Thiel, H., Prof. Dr.
A 19.32
Thiel, H.-J., Dr. E 14.3
Thierfelder, St., Prof. Dr.
B 5.16
Thies, W., Prof. Dr.
A 18.32
Thoenen, H., Prof. Dr.
C 17.3
Thomas, E., Prof. Dr.
A 30.10
Thomssen, R., Prof. Dr.
A 18.26
Throm, G., Prof. Dr.
A 31.6
Thurm, U., Prof. Dr.
A 34.16
Tiedemann, H., Prof. Dr.
Dr. A 3.37
Tiedtke, A., Dr. A 34.11
Tiemann, H., Dr. A 19.42
Tiemann, K.-H., Dr.
F 18.1
Tiews, K., Prof. Dr.
E 3.1, 3.3
Tilkes, F., Dr. A 17.31
Tilzer, M., Prof. Dr.
A 29.22
Timmermann, Dr. F 3.1
Timpl, R., Dr. C 1.6
Titze, P., Dr. A 13.4
Todt, D., Prof. Dr. A 3.17
Tolle, A., Prof. Dr. E 10.1

Topp, W., Prof. Dr.
A 28.7
Traub, P., Prof. Dr.
C 21.1
Trautner, T. A., Prof. Dr.
C 14.2
Trebst, A., Prof. Dr.
A 6.4
Tretzel, E., Prof. Dr.
A 24.4
Trissl, K. W., Dr. A 36.9
Trommer, W., Prof. Dr.
A 24.11
Truckenbrodt, W., Prof.
Dr. A 36.5
Trüper, H. G., Prof. Dr.
A 7.13
Tschesche, H., Prof. Dr.
A 5.26
Tscheschemacher, Dr.
A 17.28
Tuschewitzki, G. J., Dr.
A 7.21

U

Ueck, M., Prof. Dr.
A 17.20
Uhlarz, H., Prof. Dr.
A 42.10
Uhlenbruck, G., Prof. Dr.
A 28.17
Uhrig, Dr. C 22.7
Ullerich, F.-H., Prof. Dr.
A 27.12
Ullmann, I., Dr. A 43.2
Ullrich, K. J., Prof. Dr.
C 3.1
Ullrich, V., Prof. Dr.
A 29.27
Ullrich, W., Prof. Dr.
A 10.5
Unger, T., Prof. Dr.
A 22.12
Unsicker, K., Prof. Dr.
A 31.26
Urich, K., Prof. Dr.
A 30.11
Usinger, H., Prof. Dr.
A 27.11

V

Vahs, W., Prof. Dr.
A 28.5
Valet, G., Prof. Dr.
C 1.20
Varju, D., Prof. Dr.
A 41.8
Varsanyi, M., Dr.   A 6.33
Vecsei, P., Prof. Dr.
A 22.12
Venter, Prof. Dr.   A 33.22
Vetter, H., Prof. Dr.
F 21.1
Vielmetter, W., Prof. Dr.
A 28.12
Vieweg, G. H., Dr.   A 10.1
Villwock, W., Prof. Dr.
A 19.36
Vittus, Dr.   A 13.2
Vogel, C., Prof. Dr.
A 18.21
Vogel, F., Prof. Dr.
A 22.10
Vogel, R.   A 18.33
Vogel, St., Prof. Dr.
A 30.4
Vogel, W., Prof. Dr.
A 17.21
Vogel, W., Prof. Dr.
A 42.24
Vogellehner, D., Prof. Dr.
A 16.7
Vorwohl, G., Dr.   F 14.1, 14.2
Vosberg, H.-P., Prof. Dr.
C 13.4

W

Wachmann, E., Prof. Dr.
A 3.14
Wackernagl, W., Prof. Dr.   A 35.10
Wäßle, H., Prof. Dr.
C 10.1
Wagenitz, G., Prof. Dr.
A 18.9
Wagner, E., Prof. Dr.
A 16.2

Wagner, F., Prof. Dr.
A 8.11
Wagner, G., Prof. Dr.
A 17.5
Wagner, G., Dr.   A 12.14
Wagner, K., Prof. Dr.
B 4.8
Wallnöfer, Prof, Dr.   F 9.1
Walter, H., Prof. Dr.
A 9.17
Walther, F., Prof. Dr.
E 6.8
Walther, J. B., Prof. Dr.
A 42.8
Wandrey, Ch., Prof. Dr.
B 8.2
Wartenberg, A., Prof. Dr.
A 39.8
Wasserthal, L. T., Prof. Dr.   A 13.8
Weber, A., Prof. Dr.
A 19.46
Weber, F., Prof. Dr.
A 34.10
Weber, K., Prof. Dr.
C 4.7
Weber, W., Prof. Dr.
A 28.6
Weberling, F., Prof. Dr.
A 42.9
Wecke, J., Dr.   E 16.7
Wecker, D., Prof. Dr.
A 43.11
Weckesser, J., Prof. Dr.
A 16.4
Wedeck, H., Prof. Dr.
A 37.2
Wegener, G., Prof. Dr.
A 30.8
Wegner, A., Dr.   A 6.35
Wegner, R.-M., Prof. Dr.
E 9.10
Wehrmeyer, W., Prof. Dr.
A 31.3
Weidemann, G., Prof. Dr.
A 9.12
Weigmann, G., Prof. Dr.
A 3.23
Weihe, K., Prof. Dr.
A 19.14
Weil, L., Dr.   A 33.18

Weiler, E., Prof. Dr.
A 29.26
Weis, G. B., Dr.   A 33.21
Weis, Prof. Dr.   A 17.27
Weise, W., Prof. Dr.
E 16.1
Weisenseel, M. H., Prof. Dr.   A 25.1, 25.2
Weisgerber, H., Dr.
F 13.2
Weiss, D. G., Dr.   A 33.17
Weiss, H., Prof. Dr.
A 12.7
Weiß, W., Dr.   A 13.4
Weissenböck, G., Prof. Dr.   A 28.2
Weissenfels, N., Prof. Dr.
A 7.7
Wellmann, E., Prof. Dr.
A 16.2
Welp, G., Dr.   A 7.25
Wendler, G., Prof. Dr.
A 28.6
Wendt, E., Prof. Dr.
A 7.8
Wendt, G., Prof. Dr.
A 31.27
Wengler, G., Prof. Dr.
A 17.43
Wenzel, F., Prof. Dr.
A 19.37
Wenzel, G., Dr.   E 1.7
Wenzel, H. G., Prof. Dr.
A 11.3
Werner, D., Prof. Dr.
A 31.4
Werner, G., Prof. Dr.
A 39.14
Werries, E., Prof. Dr.
A 36.8
Werz, G., Prof. Dr.   A 3.6
Wessing, A., Prof. Dr.
A 17.12
Westheide, W., Prof. Dr.
A 36.3
Westphal, K.-H., Dr.
A 32.15
Wetter, C., Prof. Dr.
A 39.2
Weygoldt, P., Prof. Dr.
A 16.1

Register 2 Wissenschaftler

Whittaker, V. P., Prof. Dr. C 4.11
Wichtl, M., Prof. Dr. A 31.19
Wickler, W., Prof. Dr. C 19.5, 19.7
Widmoser, P., Prof. Dr. A 27.50
Wiegand, H., Prof. Dr. A 31.34
Wiermann, R., Prof. Dr. A 34.1
Wiessner, W., Prof. Dr. A 18.6
Wilbert, H., Prof. Dr. A 18.39
Wild, A., Prof. Dr. A 30.3
Wilkens, H., Prof. Dr. A 19.38
Willecke, K., Prof. Dr. A 7.15
Willenbrink, J., Prof. Dr. A 28.4
Willert, v. D. J., Prof. Dr. A 34.4
William, R. O., Dr. B 7.4
Williams, K., Dr. C 1.18
Willig, A., Prof. Dr. A 35.4
Wilmanns, Prof. Dr. A 16.6
Wiltschko, W., Prof. Dr. A 15.19
Winkelmann, G., Prof. Dr. A 41.12
Winkler, S., Prof. Dr. A 42.11
Winkler, U., Prof. Dr. A 6.26
Winnacker, E. L., Prof. Dr. A 32.15
Winter, C., Prof. Dr. A 15.20
Winter, J., Prof. Dr. A 38.22
Winter, K., Prof. Dr. A 43.2
Wirth, E., Dr. E 20.2
Wirth, R., Dr. A 32.10

Wirtz, P., Prof. Dr. A 16.1
Wirz, S. A 21.14
Witte, H., Prof. Dr. A 9.8
Witte, I., Dr. A 35.12
Wittig, B., Prof. Dr. A 3.38
Wittmann, G., Dr. E 14.1
Wittmann, H.-G., Prof. Dr. C 14.3
Witzke, von S., Dr. A 18.33
Wizemann, V., Dr. C 4.4
Wodtke, E., Dr. A 27.25
Wöhrmann, K., Prof. Dr. A 41.11
Wohlfarth-Bottermann, K. E., Prof. Dr. A 7.11
Wohlleben, W., Dr. A 5.19
Wolf, G., Prof. Dr. A 18.38
Wolf, H., Prof. Dr. A 41.12
Wolf, H. U., Prof. Dr. A 42.17
Wolf, U., Prof. Dr. A 16.14
Wolff, H. G., Prof. Dr. A 8.5
Wollenweber, E., Dr. A 10.6
Wollmer, A., Prof. Dr. A 1.17
Wricke, G., Prof. Dr. A 21.11
Wrobel, K.-H., Prof. Dr. A 38.17
Wülker, W., Prof. Dr. A 16.1
Wünnenberg, W., Prof. Dr. A 27.23
Wünsch, E., Prof. Dr. C 1.10
Wullenweber, M., Dr. D 9.7
Wyss, W., Prof. Dr. A 27.48

Z

Zähner, H., Prof. Dr. A 41.12
Zakosek, H., Prof. Dr. A 7.25
Zander, C.-D., Prof. Dr. A 19.39
Zankl, H., Prof. Dr. A 24.10
Zauke, G.-P., Dr. A 35.12
Zebe, E., Prof. Dr. A 34.22
Zeisberger, E., Prof. Dr. A 17.21
Zeiske, E., Prof. Dr. A 19.40
Zeitschel, B., Prof. Dr. A 27.36
Zenk, M. H., Prof. Dr. A 32.13
Zerbst, I., Prof. Dr. A 3.20
Zetsche, K., Prof. Dr. A 17.7
Ziegler, E., Dr. A 1.6
Ziegler, H., Prof. Dr. A 33.5
Ziegler, R., Prof. Dr. A 15.12
Zielonkowski, W., Dr. F 5.1
Zillig, W., Prof. Dr. C 1.9
Zimmermann, F. K., Prof. Dr. A 10.18
Zimmermann, K., Dr. D 8.1
Zinsmeister, H. D., Prof. Dr. A 39.3
Zumft, W., Prof. Dr. A 25.10
Zwilling, R., Prof. Dr. A 22.5
Zwölfer, H., Prof. Dr. A 2.12

Register 3 Schlagwortverzeichnis

A

Abfallbeseitigung E: 20.2
Abluft A: 36.7
Abscisinsäure A: 18.4, 28.4
Abwasserbiologie A: 28.7, 33.19, 35.12 – B: 8.3
Abwasserreinigung A: 6.41, 8.7, 10.15, 21.6, 21.10, 25.13, 27.50, 29.20, 33.19, 33.25, 40.9 – B: 8.1, 8.2, 8.4, 8.5 – E: 17.4
Abwehrmechanismen A: 6.39, 16.3, 17.13, 19.27, 41.23
Abwehrstoffe A: 2.13, 15.18, 16.3, 41.23
Achsenskelett A: 28.5
Actinomyceten A: 7.14, 10.15, 31.5, 34.23
Adenylatcyclase A: 17.28
Aerosol A: 15.29 – B: 5.17 – D: 2.1
Ätherisches Öl A: 27.45, 43.3
Aflatoxin A: 12.14
Afrika A: 7.6, 10.11
Agrarökologie A: 7.23, 8.4, 22.3 – B: 8.6 – E: 9.7
Agrobakterium A: 16.3 – C: 13.5, 22.2
Agrochemie A: 19.9, 31.9 – E: 1.6
Aids A: 18.25 – E: 13.1
Akustische Kommunikation (s. a. Bioakustik) A: 6.13, 6.14, 13.9, 30.9 – C: 17.4
Akustisches Lernen A: 10.12
Akustische Signalanalyse A: 3.17, 31.15, 41.24 – C: 17.4
Alkaloide A: 7.17, 8.10, 42.4
Allergene E: 13.1
Allozyme A: 3.33
Alterungsplasmid A: 4.14
Amphibien A: 7.9, 9.9, 9.13, 10.9, 34.13
Amylolytische Enzyme A: 2.2, 12.5
Anaerobentechnik A: 31.7, 32.10, 33.12, 38.20, 42.12 – B: 8.1, 8.2
Anaerobiose (s. Anoxia)
Anästhetika A: 7.16, 43.11

Anatomie (Pflanzen) A: 25.4, 28.2, 28.3, 40.2
Anatomie (vergleichende) A: 27.27, 27.32, 28.5
Angiogenese B: 4.4
Angiokardiographie A: 41.29
Angiospermen A: 17.2
Anoxia A: 19.22, 27.37, 30.8, 34.22, 35.7
Anpassung A: 13.15, 25.6
Antarktis A: 19.23, 27.34, 27.38, 27.39, 28.2, 35.6, 42.2
Anthropologie A: 3.24, 18.19, 19.43, 30.15, 41.32, 42.25
Antibiotika A: 5.19, 10.16, 24.8, 27.40, 34.23 – B: 4.2 – E: 16.5, 16.6 – F: 3.3, 8.7, 8.8
Antibiotikaresistenz A: 19.6, 38.19
Antigene A: 10.17, 27.47, 30.19
Antikörper A: 27.47 – C: 9.4 – E: 14.3
Antikörper (monoklonale) A: 17.44, 18.30, 22.4, 22.6, 22.13, 22.14, 23.6, 27.46, 27.47, 28.3, 29.3, 31.16, 31.26, 32.13, 32.15, 32.16, 36.7, 38.21, 42.24 – B: 5.3 – C: 3.1
Antioxidantien A: 12.11, 12.14
Appetithemmer A: 18.24
Arbeitsmedizin A: 11.4, 42.18, 43.10
Arbeitsphysiologie A: 11.2, 11.3
Archaebakterien A: 6.37, 38.20, 38.24, 43.8 – C: 1.9
Archäologie (Tierknochen) A: 27.30
Arktis A: 27.20, 27.38, 27.39, 31.13
Aromaten (Abbau) A: 23.15
Artbildung A: 19.36
Artenschutz A: 1.10, 2.12, 5.11 – E: 11.2 – F: 6.2, 38.1, 31.1
Arteriosklerose A: 41.28
Arthropoden A: 4.11, 5.5, 6.21, 9.8, 10.11, 13.6, 15.13, 17.13, 18.39, 19.24, 31.17, 31.18, 31.31, 32.19, 33.13, 34.10, 34.20, 38.10, 39.14, 42.1, 42.2 – F: 8.5
Arzneimittelgesetz E: 13.1
Arzneipflanzenforschung A: 7.17, 13.3, 15.26, 31.19, 33.22, 34.24 – F: 8.4

Register 3 Schlagwortverzeichnis

Ascorbinsäure A: 17.22
Atmung (medizinisch) C: 9.1, 9.2
ATP-Synthase A: 6.3, 6.32, 12.7
Auge s. Lichtsinnesorgane, Photorezeptoren
Auxin A: 7.5
Auxologie A: 9.17
Azospirillum A: 28.3

B

Bäckereitechnologie E: 7.2
Bakterien (chemoautotrophe) A: 18.16, 39.15
Bakterien (photosynthetische) A: 13.2, 16.4, 18.17, 25.10, 29.20, 38.2
Bakteriensporen A: 15.30
Bakterien-Viren (s. Bacteriophagen)
Bakteriologie A: 2.1, 7.21, 14.7, 18.31, 21.5, 23.15, 24.7, 25.5, 27.34, 27.40, 33.11, 33.12, 34.23, 43.8 – F: 4.2, 8.8
Bakteriophagen (s. a. Phagen) A: 15.22, 17.18, 18.17, 41.16 – C: 2.1
Bakteriorhodopsin C: 1.8
Basidiomyceten A: 6.1, 32.6, 38.1, 38.6, 41.3, 41.6
Baumkataster A: 21.15
Baumphysiologie A: 18.42, 23.2, 27.2, 30.2, 31.1, 33.2, 33.5, 33.6, 33.10 – F: 10.2
Bayern A: 13.4 – B: 5.7
Belastungsphysiologie (Mensch) A: 11.3
Belebtschlamm B: 8.4
Besamung A: 18.31 – F: 7.3
Betalaine A: 28.1, 28.2
Beuteltiere A: 13.8
Bevölkerungsbiologie A: 19.43, 27.42, 42.25
Bewegungsphysiologie A: 6.11, 15.14, 17.5, 22.8, 39.6
Bewegungsphysiologie (Pflanzen) A: 13.1
Beweissicherung F: 21.1
Bienenkunde A: 7.23, 10.10, 15.25, 41.27 – F: 7.1, 7.2, 14.1, 16.1
Bienenpathologie A: 3.10, 15.25, 41.27 – F: 7.2
Bildverarbeitung A: 30.13
Bindegewebe C: 1.1, 1.5
Bioakustik A: 7.9, 23.10, 24.4, 29.18, 30.9, 31.15, 34.21 – C: 19.7
Biochemie A: 2.16, 2.17, 3.6, 5.26, 12.11, 29.1, 29.27

Biochemie (klinisch) A: 3.39, 16.14, 17.42, 18.23, 32.16
Biochemie (Pflanzen) s. Stoffwechselphysiologie (Pflanzen)
Biochemie (Struktur) C: 1.16, 4.1, 4.5
Bioelektrizität A: 5.25, 25.1
Bioenergetik (s. a. Energetik) A: 12.1, 12.13, 30.18, 40.7 – C: 1.8
Biogeographie A: 19.24, 19.38, 27.17, 27.20, 27.32, 39.12
Bioindikatoren A: 5.24, 17.14, 23.25, 25.6, 27.33, 27.34, 42.11 – E: 17.3 – F: 23.2
Bioklimatologie A: 4.6
Biokorrosion A: 35.8
Biologie-Didaktik (s. Didaktik der Biologie) A: 2.18, 30.12
Biologiegeschichte A: 16.1
Biologische Makromoleküle A: 6.28
Biolumineszenz A: 6.26
Biomathematik A: 41.9 – F: 11.2
Biomechanik A: 3.24, 16.11, 19.21, 28.6, 38.9, 39.6
Biophysik A: 2.7, 3.29, 6.28, 17.1, 21.7, 25.12, 29.6, 39.4, 40.6, 42.13
Biophysikalische Chemie A: 5.25
Bioreaktoren A: 17.42
Biorhythmus A: 9.18, 18.11, 27.28, 28.7, 41.1, 41.22
Biosonden A: 7.22
Biotechnologie A: 4.2, 6.1, 7.2, 7.13, 8.2, 8.7, 8.11, 18.18, 20.1, 22.28, 23.16, 27.44, 29.20, 32.10, 32.15, 34.23, 35.9, 35.11, 38.20, 39.15, 40.7 – B: 4.9, 8.1 – D: 3.1 – E: 5.3, 6.3, 9.9 – F: 36.2
Biotenside A: 8.11
Biotopkartierung A: 4.9, 33.25 – F: 6.2, 31.1
Biotopmanagement A: 17.14 – E: 11.1
Biotopschutz A: 1.10 – E: 11.2 – F: 6.2, 38.1
Bioverfahrenstechnik B: 4.9 – D: 3.1
Biozide A: 9.1
Blütenbiologie A: 24.6, 30.4, 31.10, 41.7
Blütenmorphologie A: 30.4
Blutegel A: 42.8
Blutgastransport A: 38.13, 18.15 – C: 18.1
Bodenbakterien A: 2.14
Bodenbearbeitung A: 17.32, 23.18, 23.19 – F: 8.1
Bodenhygiene E: 17.5

Bodenkunde A: 4.3, 7.25, 27.10 – E: 9.7
Bodenmikrobiologie A: 7.25, 25.6, 35.8, 39.15, 41.3 – E: 17.5 – F: 3.3, 8.2
Bodenmineralogie A: 4.8, 35.8
Bodenökologie A: 4.3, 4.8, 35.3, 35.8 – F: 20.1, 21.1
Bodensee A: 29.22
Bodentiere A: 9.12, 28.7, 32.18
Bodentiere (marine) A: 18.13
Bodentiere (Ökologie) A: 7.23, 36.3
Bodentiere (Ökologie u. Faunistik) A: 3.23
Bodenzoologie A: 2.11, 17.37, 32.18 – F: 8.2
Borkenkäfer A: 39.5
Bornaschische Viruskrankheit A: 17.43
Brauerei F: 36.2
Braunalgen A: 28.14
Brucellose A: 18.26
Bryologie A: 3.1
Bursitis A: 17.43

C

Calelectrin C: 4.4
Calmodulin A: 6.27, 6.29, 6.34, 42.17
Cancerogene s. a. Tumor..., Onkogene A: 14.7, 14.10
Carabiden A: 9.13, 17.38
Carcinom s. Tumor...
Carotinoide A: 16.5, 43.3
Ca-Stoffwechsel A: 6.33, 6.34, 16.9, 42.14
Cellulose A: 18.5, 23.17, 39.8
Cephalopoden A: 17.10
Cestoden A: 31.16
Chemorezeptoren (s. Sinnesorgane (chemische), Geruch, Olfaktorisches System)
Chemosystematik A: 3.4, 27.43
Chemotaxonomie (Algen) A: 13.2
Chemotaxonomie (Mikroorganismen) A: 7.13
Chemotaxonomie (Pflanzen) A: 2.8, 10.6, 16.10, 43.3
Chemotaxis A: 29.24
Chemotherapie A: 6.17, 15.32
Chironomus A: 16.1
Chlorophyllabbau A: 15.12, 32.4
Chlorophyllsynthese A: 27.5, 31.2, 32.4
Chloroplastenbewegung A: 31.1
Chorologie A: 4.10
Chromatin A: 3.38, 14.10, 24.9, 28.12

Chromosomen A: 6.5, 13.21, 16.14, 18.14, 19.36, 22.11, 24.9, 27.12, 31.17, 34.9, 41.11, 43.12 – C: 2.4
Chromosomenaberrationen A: 3.25, 14.9, 14.11, 19.43, 22.11
Chromosomenkartierung A: 28.12
Chromosomenpräparationen A: 42.24
Chrondrozyten C: 1.4
Chronobiologie (s. a. Endogene Rhythmik) A: 16.2, 34.10, 41.1, 41.22 – B: 2.9 – C: 19.7
Chymotrypsin A: 17.23
Cilien A: 6.11
Cistaceae A: 28.2
Collembolen A: 27.17
Copepoda A: 19.42
Crustaceen A: 7.12, 27.20, 29.17, 31.11, 34.14, 35.4, 35.6 – C: 19.3 – E: 3.3
Cuphea A: 18.33
Cuticula A: 33.4, 33.6, 33.9, 34.10
Cuticula (Arthropoden) A: 30.14
Cyanobakterien A: 28.3, 29.11, 31.3
Cyanogene Verbindungen A: 34.24, 39.3
Cyto s. a. Zyto
Cytochromoxidase A: 1.16
Cytogenetik (s. a. Molekulargenetik) A: 3.25, 3.31, 3.32, 10.14, 13.21, 16.14, 19.43, 24.10, 27.12, 31.25, 32.12, 39.10, 41.4, 41.32 – C: 22.7 – E: 6.1
Cytogenetik (klinische) A: 7.20, 22.11, 42.24, 43.12
Cytogenetik (Mensch) A: 30.15
Cytogenetik (pränatale) A: 22.11, 31.27
Cytologie A: 6.7, 13.3, 15.14, 16.5, 17.12, 18.18, 19.26, 22.2, 23.10, 27.45, 28.5, 41.20, 43.4 – E: 16.4, 16.5 – C: 18.3
Cytologie (Pflanzen) A: 5.1, 6.8, 17.7, 22.7, 25.3, 25.7, 34.1, 35.2, 41.17
Cytometrie C: 1.20
Cytoskelett (s. a. Tubulin) A: 5.22, 6.5, 6.6, 7.11, 10.8, 15.14, 31.25, 33.17 – C: 4.7, 13.6, 21.1
Cytostatika C: 1.20

D

Dachbegrünung A: 4.5 – F: 26.1
Dendroanalytik A: 5.4
Denitrifikation A: 3.8, 23.26, 25.10 – B: 8.5 – F: 25.1
Desulfonierung B: 8.5

Diabetes A: 12.17, 28.16
Diagnostik (pränatale) A: 32.12, 41.31, 41.32
Dictyostelium A: 13.18, 29.9
Didaktik d. Biologie A: 5.20, 5.23, 5.24
Differenzierung (Biochemie der)
  A: 28.14, 29.14, 29.25, 31.18 – C: 4.1, 8.1
Digitalis A: 17.41
DNA-Helicase C: 13.3
DNA-Reparatur A: 8.9, 14.10, 15.29, 19.45, 25.11, 35.10, 35.12 – B: 5.17, 7.1, 7.2
DNA-Replikation A: 2.16, 17.18, 29.23, 30.22, 38.24 – C: 14.1, 14.2
DNA-Sequenzierung A: 5.16, 5.18, 6.1, 6.25, 7.19, 9.16, 12.5, 12.7, 12.8, 12.9, 13.12, 14.10, 15.5, 15.22, 15.33, 15.36, 17.18, 18.25, 19.3, 19.6, 22.1, 22.11, 22.13, 22.23, 22.27, 24.9, 27.9, 27.41, 28.9, 28.12, 29.3, 29.24, 31.30, 31.32, 32.16, 33.11, 34.23, 36.7, 38.19, 41.10, 43.8, 43.9, 43.11
DNA-Synthese (chemische) B: 4.6
DNA-Topoisomerase C: 13.4
Domestikation A: 27.27, 27.28, 27.29, 31.14
Drosophila A: 12.6, 22.28, 28.8
Drosophila (Genetik) A: 28.8, 30.17, 34.8
Drüsen (pflanzliche) A: 30.4
Dynein A: 17.16

E

Ecdyson A: 30.14
Eidechsen A: 9.13
Einkorn A: 18.36
Eiphysiologie A: 28.5, 31.17
Eisen A: 41.12, 41.15
Eiszeit A: 23.1, 23.4, 27.11
Elektrofischerei A: 21.9
Elektrofusion A: 3.29, 41.2
Elektromotorisches System C: 4.2
Elektronenmikroskopie A: 1.1, 7.3, 7.6, 7.7, 9.2, 9.8, 9.14, 10.1, 12.3, 12.4, 13.7, 13.8, 15.14, 15.18, 15.20, 16.1, 16.5, 16.11, 17.5, 17.9, 17.10, 17.11, 17.20, 17.45, 18.13, 18.17, 18.18, 18.19, 18.41, 19.1, 19.4, 19.5, 19.6, 19.22, 19.23, 19.24, 19.30, 19.34, 19.35, 19.36, 19.42, 19.46, 21.12, 22.2, 22.6, 22.7, 22.8, 22.11, 23.1, 23.3, 23.10, 23.11, 23.23, 24.1, 24.9, 25.3, 25.6, 26.5, 26.6, 27.1, 27.2, 27.12, 27.16, 27.28, 27.34, 27.41, 27.45, 28.5, 28.6, 28.7, 29.8, 29.16, 29.17, 29.19, 30.2, 30.9, 30.14, 31.3, 31.8, 31.9, 31.25, 32.9, 32.19, 33.5, 33.13, 33.15, 33.16, 34.1, 34.5, 34.6, 34.7, 34.11, 34.13, 34.14, 34.15, 34.16, 34.17, 34.20, 35.3, 35.6, 35.8, 35.9, 36.3, 38.3, 38.7, 38.11, 38.19, 38.20, 39.5, 39.12, 39.13, 39.14, 40.2, 40.6, 41.3, 41.6, 41.17, 41.28, 41.30, 42.6, 42.15, 42.20, 43.4, 43.7 – B: 8.9 – C: 1.2, 3.1
Elektropharmakologie A: 30.20
Elektrophysiologie A: 3.21, 4.12, 5.5, 5.9, 6.14, 6.20, 6.22, 6.23, 7.10, 8.5, 10.9, 10.10, 13.9, 13.10, 15.20, 15.34, 16.12, 17.1, 17.17, 18.1, 18.4, 19.21, 22.6, 23.14, 24.5, 28.6, 29.6, 29.16, 29.17, 29.18, 29.19, 31.29, 33.15, 33.20, 34.16, 36.9, 38.7, 38.8, 40.6, 41.29, 42.13 – C: 3.1, 5.1, 5.2, 15.4
Embryogenese (s. a. Embryonalentwicklung) A: 15.6, 34.5, 41.27 – C: 20.3
Embryologie A: 1.2, 6.10, 22.10, 34.14
Embryologie (Vögel) A: 7.8
Embryonalentwicklung A: 1.3, 1.13, 1.14, 3.36, 3.37, 3.38, 14.11, 18.29, 30.5, 31.8, 38.14 – C: 23.3
Embryonalentwicklung (Amphibien) A: 14.5, 15.15
Endogene Rhythmik (s. a. Biorhythmik, Chronobiologie) A: 7.4, 9.7, 18.3
Endokrine Organe A: 17.20
Endokrinologie A: 2.20, 6.19, 12.13, 25.9, 27.28, 39.5 – C: 1.19, 8.1, 25.1 – E: 9.9
Endokrinologie (Invertebraten) A: 1.19, 7.12, 31.31
Endotoxine C: 11.1 – D: 5.1
Energetik C: 13.6
Energiestoffwechsel (Mikroorganismen) A: 3.29, 13.2
Entomologie A: 2.12, 7.24, 17.39, 18.38, 18.39, 19.16, 23.22, 24.6, 27.26, 27.48 – F: 2.2, 8.5
Entwicklungsbiologie A: 3.40, 5.22, 14.10, 17.12, 22.28 – C: 6.1, 20.2, 20.3
Entwicklungsbiologie (Insekten) A: 8.4, 16.1, 27.12, 39.5, 43.4
Entwicklungsbiologie (Pflanzen allgemein) A: 9.1, 17.3, 22.7
Entwicklungsbiologie (Tiere allgemein) A: 7.7, 22.4
Entwicklungsphysiologie (Algen) A: 3.9, 38.21

Entwicklungsphysiologie (Insekten) A: 36.5
Entwicklungsphysiologie (Mikroorganismen) A: 6.36, 19.6
Entwicklungsphysiologie (Pflanzen) A: 6.2, 13.18, 15.1, 15.3, 15.11, 19.3, 21.1, 22.1, 25.1, 25.2, 25.8, 26.2, 27.5, 28.3, 29.10, 32.2, 32.3, 39.1, 41.1 – F: 12.2
Entwicklungsphysiologie (Pilze) A: 4.1
Entwicklungsphysiologie (Polychaeten) A: 3.11
Entwicklungsphysiologie (Prokaryonten) A: 3.9
Entwicklungsphysiologie (Scyphozoa) A: 6.15
Entwicklungsphysiologie (Tiere) A: 1.2, 17.13, 22.21, 28.5, 28.8, 34.13, 41.27, 42.1
Enzymisolierung A: 1.8, 38.3, 42.12
Enzymologie A: 3.19, 4.2, 6.26, 7.16, 7.18, 8.10, 10.1, 12.5, 12.12, 15.28, 16.3, 17.1, 18.2, 18.18, 18.23, 20.1, 22.5, 23.15, 23.17, 24.3, 24.11, 25.10, 27.46, 28.3, 28.15, 29.1, 29.2, 29.4, 29.15, 30.2, 31.7, 34.1, 34.2, 34.5, 38.23, 39.7, 40.8, 41.10
Enzymregulation A: 2.5 – B: 8.10 – C: 4.6
Enzymtechnologie A: 1.9, 38.3 – B: 4.8, 8.2
Epidemiologie A: 5.23, 8.6, 17.29, 17.39, 18.26, 18.28, 22.23, 23.11, 41.10 – E: 1.2, 19.1 – F: 8.5, 15.4, 15.33, 37.1
Erbkrankheiten A: 7.20
Erdölmikrobiologie A: 8.8
Ergonomie A: 27.42
Erkenntnistheorie A: 27.13
Ernährung C: 7.1 – E: 2.2, 2.3, 10.1 – F: 9.1
Ertragsbildung A: 7.26 – C: 22.8 – E: 5.1 – F: 15.2
Erythrozyten A: 38.13, 39.13 – C: 3.1
Erythroplasten A: 31.32
Erzlaugung A: 8.8, 38.20
Ethnologie A: 30.15
Ethologie (s. a. Neuro-E., Öko-E.) A: 2.20, 3.24, 5.7, 5.8, 5.13, 6.20, 10.12, 16.1, 18.20, 19.25, 19.29, 24.4, 27.28, 27.29, 27.32, 27.48, 28.7, 29.18, 30.10, 33.14, 34.18, 35.5, 38.12, 41.24, 42.6 – C: 19.1 – E: 9.9
Ethologie (Caniden) A: 27.27
Ethologie (Fledermäuse) A: 13.9
Ethologie (Insekten) A: 18.11
Ethologie (Mensch) A: 5.11 – C: 19.6

Ethologie (Primaten) A: 23.10 – C: 17.4
Ethologie (Wirbeltiere allgemein) A: 3.17, 18.13
Etioplasten A: 31.1
Eukaryontengenom A: 17.44, 18.14, 43.9 – B: 4.5, 7.5
Evolutionsforschung A: 2.12, 3.11, 5.6, 5.21, 6.10, 9.13, 15.9, 16.1, 16.9, 17.7, 19.24, 19.38, 27.19, 30.9, 31.12, 31.32, 34.1, 35.6, 36.1, 36.3, 38.6, 41.4, 41.11, 41.19 – C: 1.9, 4.6, 19.5
Exkretion A: 17.10, 17.12
Exobiologie A: 30.18
Exocytose A: 42.14
Exoenzyme A: 27.37
Extraterrestrische Biologie A: 15.22

F

Familienberatung A: 13.22
Fanconi-Anämie-Register A: 22.11
Farbwechsel A: 28.6
Farnpflanzen A: 6.10, 10.6
Faunistik A: 7.23, 9.13, 13.6, 13.8, 21.3, 21.4, 28.5, 34.17, 43.6 – F: 34.1, 38.1
Federsee A: 41.18
Fermentation A: 1.9, 21.6, 34.23, 35.9, 41.12, 41.16 – B: 4.9, 8.2 – F: 35.1
Fermenter A: 10.14, 19.3, 19.37, 21.8, 27.44, 34.23, 38.20, 39.15 – B: 4.9
Ferntransport (Phloem) A: 9.2
Ferritin A: 34.5
Fertilität s. Reproduktions...
Fettsäuren (ungesättigte) A: 18.32
Fettsäuresynthetase A: 13.13
Fettzellen A: 38.18
Fibronektin C: 1.1, 1.4
Fibroblasten A: 23.6
Fieber A: 17.21
Filariose A: 31.16
Fischereiwissenschaft A: 19.29, 27.35 – E: 3.2, 3.3 – F: 11.2
Fischkrankheiten A: 27.35, 32.9, 40.9
Flagellaten A: 16.1
Flavonoide A: 10.6, 41.10
Fledermäuse A: 7.10, 41.24
Fleisch A: 23.13
Fleischforschung (s. Fleisch) E: 4.1
Fließgewässer A: 6.9, 29.21, 30.7, 36.3, 42.7

Floristik   A: 3.2, 6.9, 7.17, 9.5, 18.9, 26.3, 42.9
Floristik (Tropen)   A: 19.4
Flugmedizin   B: 2.1
Flurbereinigung   A: 10.2, 21.16, 33.25, 37.3
Formiciden   A: 10.7, 15.18
Forsthydrologie   F: 13.3
Forstplanung   F: 24.1
Forstschadensforschung   (s. Walderkrankung)
Forstwirtschaft   E: 5.1 – F: 13.1, 13.2, 15.1, 15.3
Forstzoologie   A: 32.18
Fortpflanzungsbiologie   (s. a. Reproduktions...)   A: 9.8, 12.3, 16.1, 17.2, 23.13, 28.5, 29.10, 38.16, 42.2
Fortpflanzungsphysiologie   A: 18.7, 35.4, 38.16
Fringilliden   A: 1.10
Froschlurche s. Amphibien
Frostresistenz   A: 27.34
Frostresistenz (Pflanzen)   A: 2.2
Fruchtfolge   A: 23.18, 23.19
Frühgravidität   A: 1.13
Fungizide   A: 1.7, 18.40, 23.23 – F: 30.8
Futtergräser   A: 18.35, 33.21
Futtermittelprüfung   F: 3.3, 8.8, 21.1

G

Gasbrand   A: 27.46
Gaswechsel (Pflanze)   A: 2.6, 32.17, 33.23, 34.4 – F: 12.7
Gedächtnis   A: 31.14, 34.18
Gefäßstoffwechsel   A: 12.17 – C: 18.1
Geflügel   E: 9.10
Gehirnentwicklung   A: 14.10
Gemüsebau   A: 33.22 – E: 6.1, 6.6   F: 8.4, 12.5
Gemüsequalität   A: 33.22 – E: 6.2, 6.7 – F: 12.5
Genchimären   A: 15.5
Genetik   A: 3.27, 4.2, 21.11, 23.7, 23.9, 28.13 – B: 5.12 – E: 9.9
Genexpression   A: 3.7, 3.35, 3.36, 3.38, 4.14, 6.2, 9.7, 12.5, 12.8, 13.11, 13.16, 13.18, 14.5, 15.10, 15.22, 16.9, 17.18, 18.16, 22.22, 22.27, 22.30, 25.10, 28.9, 29.2, 29.15, 29.23, 29.24, 31.30, 31.33, 32.15, 39.9, 41.10, 41.20, 42.1, 43.11 –

B: 4.3, 4.5, 7.3, 7.5 – C: 1.18, 11.2, 20.2, 20.3 – E: 14.2 – F: 36.2
Genexpression (Pflanzen)   A: 7.1, 16.2, 16.9, 21.1, 27.5
Genomdiagnostik   A: 13.22, 14.9, 18.29, 32.12, 42.18, 42.21, 42.22, 43.12
Genpool (Nutzpflanzen)   A: 18.32 – E: 1.3, 9.2, 9.11, 12.1
Gensonden   A: 13.22
Gensynthese   B: 4.6
Gentechnik   A: 1.8, 1.9, 2.14, 3.8, 4.2, 6.2, 7.2, 7.15, 7.20, 8.9, 10.18, 12.6, 12.8, 13.11, 13.15, 13.16, 14.5, 15.22, 16.8, 17.43, 18.16, 18.29, 20.1, 21.1, 22.10, 22.11, 22.14, 22.17, 22.23, 27.12, 28.10, 28.16, 30.17, 30.22, 31.33, 32.16, 33.11, 33.12, 34.12, 35.10, 38.20, 38.21, 40.5, 41.5, 42.21, 42.23, 43.4, 43.8, 43.9, 43.11, 43.12 – C: 22.1 – E: 9.5 – F: 8.4
Gentransfer   A: 6.25 – C: 11.3
Geobotanik   A: 5.4, 18.8, 18.9, 21.2, 27.7, 27.10, 34.1, 38.4, 41.4 – F: 12.2
Gerbils   A: 2.20, 15.20
Geruch (s. Olfaktorisches System, Sinnesorgane chemische, Chemorezeptoren)
Geschlechtschromosomen   A: 43.12
Geschlechtsdifferenzierung   A: 27.42, 28.2, 39.5, 42.5
Geschlechtsdrüsen   A: 31.24, 38.16, 38.17
Geschlechtsentwicklung   A: 6.15
Geschlechtswechsel   A: 30.6
Getreide   A: 18.36 – F: 3.2, 20.1
Gewässer s. a. Wasser, Grundwasser
Gewässergüte   A: 15.8, 33.7 – E: 8.2 – F: 11.2, 22.2
Gewässerkartierung   A: 33.7
Gewässermikrobiologie   A: 23.26, 27.40 – E: 17.3
Gewässersanierung   A: 4.7, 19.46 – E: 17.3 – F: 22.2
Gewässerschutz   A: 4.7, 19.31 – E: 3.4, 8.1, 17.4
Gezeitenlabor   A: 42.6
Giftpflanzen   A: 27.43
Glucose-6-Phosphatase   A: 17.25
Glutathion   A: 28.3
Glykolyse   A: 7.4
Glykoproteine   A: 12.4, 17.26, 27.46, 28.14, 30.16, 31.22, 38.5, 38.21, 39.11 – E: 14.2
Glykosphingolipide   A: 7.16, 31.34
Gnotobiologie   D: 9.4

Gonyaulax A: 9.7
Gravibiologie A: 15.7
Gravitation (s. Schwere...)
Grillen A: 8.5
Grünlandwirtschaft A: 27.15, 33.21
Grundwasser A: 9.14 - E: 17.5, 25.1
Gruppendiagnostik A: 17.29
Gülle A: 23.18, 23.19, 35.9

H

Häm A: 17.24
Hämatologie B: 5.14, 5.15, 5.16
Hämatopoetisches System A: 22.22, 30.19, 42.19 - B: 5.14 - C: 1.20
Hämoglobin C: 1.11
Halmbruchkrankheit A: 18.40
Halobakterien A: 7.13 - C: 1.8
Halophyten A: 34.3, 43.1
Harnsäuremetabolismus A: 17.11
Harnstoffzyklus A: 17.24
Haustierkunde A: 18.31
Haut (s. a. Integument) A: 31.29, 42.25 - B: 3.2
Hautdrüsen A: 19.34
Heckenforschung A: 1.10, 2.6, 2.12, 36.3
Hefeforschung A: 1.8, 3.34, 4.14, 6.37, 7.5, 8.9, 9.7, 10.18, 12.5, 13.13, 15.22, 30.16, 32.15, 38.5, 38.6 - F: 12.3, 36.2
Hefen (pathologische) A: 18.26, 27.16
Helminthen A: 13.5, 13.8
Hepatitis A: 18.26, 22.20
Hepatocyten A: 18.23
Herbicide A: 6.4, 9.3, 15.3, 24.9, 25.7, 29.11 - F: 8.5, 30.6
Herpes A: 31.22, 42.26 - E: 14.2
Herzforschung A: 6.23, 41.29 - C: 16.3
Herzfunktion A: 1.15, 12.17, 16.12, 17.10, 41.29 - C: 16.3
Herzglykoside A: 31.19, 38.25
Herzstoffwechsel A: 1.15, 12.17
Heteroptera A: 21.3
Heterosis A: 18.34
Himalaya (Fauna) A: 30.9
Hirnforschung A: 41.30 - C: 15.1, 15.2, 15.3, 15.4
Hirntumor C: 15.2, 15.3
Histochemie A: 6.12, 17.10
Histologie A: 14.8, 31.8, 33.15, 34.1, 34.13, 34.14, 34.15, 42.19 - C: 10.3
Histologie (Schwämme) A: 7.7

Histologie (Tiere) A: 6.16, 28.5, 35.6 - D: 9.2
Historische Ökologie A: 4.9
Hitzeschock A: 22.15, 22.25
Hitzeschockproteine A: 5.15, 7.19, 9.7
HIV-Viren A: 18.25
Hochgebirgsforschung A: 2.2, 33.25
Hochsee A: 19.32 - E: 3.2
Höhlentiere A: 19.25, 19.38, 34.10
Hören s. Akustische..., Bioakustik
Hörphysiologie A: 15.20, 33.15
Hörsystem A: 10.12, 33.15, 33.16
Holzbiologie E: 5.2 - F: 13.4
Honigforschung D: 7.1 - F: 7.2, 14.2, 16.1
Hopfenforschung F: 8.6
Hormone A: 12.13, 12.15, 19.20, 30.5, 31.30, 42.1, 43.4, 43.5, 43.10 - B: 7.3 - C: 3.1, 8.1, 13.6
Humanbiologie A: 1.2, 3.24, 26.6 - C: 19.6
Humangenetik A: 7.20, 9.16, 15.23, 15.36, 18.29, 22.10, 30.15, 31.27, 32.12, 41.32, 42.21, 42.23, 43.12
Hydrobiologie (s. a. Limnologie) A: 10.11, 17.4, 32.9
Hygiene A: 5.23, 6.38, 14.6, 18.28 - F: 3.3
Hygiene (Trinkwasser) A: 8.8, 18.28 - E: 17.3, 17.5 - F: 21.1, 25.1
Hygiene (Tropen) A: 18.28, 22.13
Hypoxie A: 12.12 - C: 1.11

I

Immissionsökologie A: 4.4, 17.8, 37.2 - F: 6.2, 13.4, 23.1
Immissionsschäden A: 4.13, 15.12 - F: 13.4, 23.2
Immobilisierung A: 34.23
Immunabwehr A: 18.27, 22.13
Immunabwehr (Tumor) B: 3.1 - C: 23.4
Immunbiochemie A: 13.16, 15.3, 15.14, 17.27, 17.43, 18.23, 19.18, 22.12, 22.23, 23.1, 23.10, 23.11, 27.4, 27.47, 28.11, 28.17, 29.16, 29.26, 30.19, 30.22, 31.16, 31.23, 31.24, 31.25, 31.31, 31.34, 32.10, 32.16, 33.11, 33.24, 33.26, 34.5, 34.6, 36.7, 38.2, 38.25, 39.5, 41.30 - B: 4.7 - C: 9.4, 11.2, 11.3, 14.3 - D: 8.1
Immundiagnostik (s. a. Diagnostik, pränatale) A: 41.10

Immun-EM A: 2.1, 2.5, 31.24, 33.24, 39.2, 42.20
Immungenetik A: 16.14, 18.30, 19.43. 28.11
Immunologie A: 3.7, 5.22, 7.5, 10.17, 15.23, 18.27, 18.31, 22.5, 22.14, 28.11, 29.25, 29.26, 30.25, 31.23, 31.28, 32.15, 32.19, 38.16, 43.11 – B: 3.1 – C: 1.7, 1.20, 11.1 – F: 25.1
Immunologie (Transplantation) B: 5.16 – C: 9.4
Immunologie (Wirbellose) A: 3.13, 19.18, 19.27
Immunpharmakologie A: 1.12
Impfstoffe E: 13.1, 14.1
Implantation A: 1.13, 1.14
Infertilität A: 31.27
Influenzaviren A: 17.18, 17.43
Ingenieurbiologie A: 14.3
Inositphosphat A: 6.34
Insektenbiologie A: 13.8, 16.1, 22.8, 27.20, 27.24, 28.7 – C: 1.19
Insektenkrankheiten A: 3.13
Insulin A: 12.16, 18.23
Integument A: 17.21
Intelligenz (künstliche) A: 25.12, 27.35
Interaktion A: 26.2, 27.1
Interferon A: 42.27
Inzucht A: 30.24 – D: 9.3
Ionenhaushalt A: 29.13, 35.4
Ionenhaushalt (Arthropoden) A: 9.8
Ionenhaushalt (Neurone u. Gliazellen) A: 12.2, 22.6, 22.16, 33.20 – B: 5.4
Ionenpumpen A: 33.20
Ionenströme A: 33.20
Ionentransport A: 3.19, 15.34, 17.12, 18.4, 23.14, 29.7, 34.16, 36.7, 36.9, 43.1 – C: 3.1, 4.9, 18.3
Ischämie A: 12.17 – C: 15.2, 15.3, 15.4

Keimung A: 27.6, 42.3 – E: 9.3
Kinetik (biochemische) C: 4.6
Klärschlamm (s. a. Belebtschlamm) A: 6.41, 9.14, 33.19 – E: 17.5
Klinische Biochemie A: 16.14
Klonierung A: 3.37, 4.1, 4.14, 5.16, 6.30, 7.5, 7.16, 9.7, 12.5, 12.7, 13.13, 14.10, 15.28, 15.29, 17.33, 21.1, 22.4, 22.6, 22.11, 24.7, 24.9, 27.46, 30.17, 31.32, 32.10, 33.11, 34.7, 34.9, 41.16, 43.9, 43.12 – B: 4.3, 7.3 – E: 1.3, 14.2 – F: 36.2
Knochenphysiologie B: 4.3
Knorpel A: 16.11
Kohlenhydrate A: 28.15
Kohlenhydratstoffwechsel (Pflanze) A: 2.2, 2.4, 5.3, 10.1, 18.10, 27.2, 38.25
Kohlenwasserstoffe A: 28.14, 35.12, 39.15
Kompatibilität A: 27.9
Kompostierung A: 35.9, 39.8
Koniferen A: 6.8
Konkurrenz A: 5.21
Konservierung (Artenschutz) A: 4.10
Konservierung (Mikroorg.) B: 4.10
Korallen A: 28.7
Korrosion A: 19.6, 25.5, 27.40, 28.2, 39.15
Krallenaffen A: 5.7
Kreislaufphysiologie A: 15.35
Krill A: 27.34
Kryokonservierung (Embryo) D: 9.3
Kulturpflanzen (s. a. Nutzpfl.) A: 16.7, 17.40, 23.3, 23.7 – E: 1.1, 1.2, 1.3, 1.5, 1.6 – F: 8.4, 8.5, 12.1
Kulturpflanzen (Tropen) A: 17.32, 17.39, 17.40
Kulturpflanzengeschichte A: 23.3
Kybernetik A: 11.2, 12.10, 15.29, 15.35, 39.6 – B: 5.17 – C: 5.1, 19.2

J

Jahrensringchronologie A: 23.4

K

Käferschnecke A: 33.16
Käse A: 32.10
Kapverdische Inseln A: 28.2
Karyotypen A: 19.36, 32.7, 32.20, 39.10
Karyotypenanalyse A: 30.24, 41.4

L

L1 A: 22.6
Landbau (ökologisch) A: 23.18, 23.19
Landschaftsbau (Pflanzen) A: 14.3
Landschaftsökologie A: 26.4, 37.2, 37.3 – E: 11.1 – F: 5.2, 6.1, 6.3, 24.2, 31.1
Landschaftspflege A: 26.7, 27.10, 37.1 – E: 8.2 – F: 5.1, 5.2, 6.3, 8.2, 17.1, 26.1
Laubmoose A: 19.3
Lebensmittelmikrobiologie A: 25.5, 32.10 – E: 4.1

Lebensmitteltechnologie A: 33.26, 38.20 – E: 7.1, 7.2, 7.3 – D: 4.1 – F: 9.1
Leber A: 12.12, 18.23
Leguminosen A: 18.34, 23.21
Leistungsphysiologie (Mensch) A: 17.21
Lektin A: 27.46, 28.3, 28.17
Lernprozesse A: 16.9, 27.22, 31.14, 34.18
Leseforschung B: 8.11
Leukämie A: 14.10, 32.12
Leukozyten A: 5.26
Lhost A: 15.32
LHRH-System (Fische) A: 5.12
Lichenologie A: 3.4, 14.4, 28.2, 31.5
Lichtsinnesorgane A: 3.14, 42.8 – C: 5.2, 10.2, 10.5, 16.2, 17.2
Ligninabbau A: 4.1, 23.17, 25.4
Lignocellulose A: 18.41
Limnologie (s. a. Hydrobiologie) A: 4.7, 5.24, 7.23, 10.11, 13.7, 14.6, 15.8, 18.13, 19.41, 19.31, 21.9, 22.3, 23.10, 25.13, 26.5, 27.14, 27.37, 29.20, 29.21, 29.22, 30.7, 32.9, 33.7, 34.19, 36.3, 41.18, 41.25, 42.7, 42.11 – C: 12.1, 12.2, 12.3 – E: 3.4, 8.1, 8.2, 17.4 – F: 11.2, 22.2, 25.1, 33.2
Lipidbiochemie A: 6.36, 18.10, 23.10 – B: 4.8
Lipidstoffwechsel A: 6.40, 7.16, 16.5, 25.7, 30.1
Lithoautotropher Stoffwechsel A: 3.8
Litoral A: 42.6
Lolium A: 18.35
Luftbildinterpretation A: 14.3, 33.25 – F: 13.4
Luftverunreinigung A: 14.1, 23.25, 28.4 – B: 5.9 – D: 2.1 – E: 17.2 – F: 21.1, 23.1
Lunge A: 15.29 – B: 5.17
Lupinen A: 23.19
Lymphe A: 26.6
Lymphocyten A: 13.16, 30.19, 30.25, 31.28, 32.15, 39.11, 43.11 – C: 9.4, 11.2
Lymphokinine A: 30.19
Lymphom A: 32.12
Lymphoproliferation B: 5.15, 7.4

M

Magen-Darmkanal A: 23.12, 23.14, 31.29
Mais A: 16.8, 23.20, 28.2 – F: 30.9
Makaronesien A: 13.4, 28.2
Makrophagen A: 27.46, 27.47, 31.23
Malaria A: 28.10 – C: 1.7

Mangan A: 21.5, 27.40
Mantiden A: 8.5
Maul- u. Klauenseuche A: 22.23
Matrixproteine C: 1.1, 1.2, 1.3, 1.4, 1.6
Mechanorezeptoren A: 34.16
Medizinische Mikrobiologie A: 31.21, 31.27
Meeresbiologie A: 14.6, 18.13, 19.23, 19.31, 19.32, 23.10, 27.13, 27.33, 27.34, 27.37, 27.38, 35.6 – B: 1.2 – D: 6.1 – E: 3.2
Meerespflanzen A: 27.33
Meeresverschmutzung A: 27.37 – E: 3.3
Meiose A: 31.17, 31.27
Membranforschung A: 3.34, 8.2, 16.4, 18.5, 18.11, 22.12, 25.1, 31.6, 40.6, 42.13 – B: 5.4, 8.8 – C: 2.3, 4.9, 23.4
Membranfusion A: 29.8
Membranlipide A: 1.4, 13.16, 24.11, 27.25, 42.13 – C: 4.10
Membran-Membran-Kontakt C: 1.15
Membranphysiologie A: 6.11, 6.23, 7.11, 17.1, 17.5, 17.21, 17.41, 18.1, 27.25, 28.7, 29.6, 29.7, 29.13, 36.2, 36.7, 41.13, 41.14
Membranphysiologie (Pflanzen) A: 7.2, 7.11, 10.4, 18.4, 18.10, 28.4, 30.1, 43.1
Membranproteine A: 6.33, 15.27, 17.25, 32.12, 38.2, 41.14, 43.11 – C: 2.1, 3.1, 9.5
Membranrezeptoren A: 22.12, 36.2 – B: 8.8 – C: 1.5
Membranstrukturanalyse A: 1.7, 7.3, 17.25 – C: 21.1
Mesembryanthemaceae A: 19.5
Metalloproteine A: 25.10
Methanbakterien A: 18.17, 31.7, 32.10, 38.22
Methanolverwertung A: 12.5
MHC-Gene C: 2.2
Mikroalgen A: 27.44
Mikrobengenetik A: 7.2
Mikromorphologie A: 18.18
Mikroökologie D: 8.1
Mikropaläontologie A: 35.8
Milben A: 19.35
Milchsäurebakterien A: 30.16 – F: 4.2, 12.3
Milchwissenschaft A: 33.26 – E: 10.1 – F: 4.1, 4.2
Mineralstoffwechsel A: 3.39, 18.8, 31.4, 34.3, 35.4, 35.7 – B: 5.3, 6.1
Mistel A: 23.9
Mitochondrien A: 5.20, 6.32, 12.7, 13.13, 18.10, 29.5, 41.5 – F: 36.2

Register 3 Schlagwortverzeichnis

Mitose A: 6.5, 15.1, 17.16
Mittelmeerländer A: 13.4, 27.18
Modelle (biologische) A: 40.7, 41.9
Modelle (ökologische) A: 2.12, 31.10, 36.6 – C: 12.2
Molekularbiologie A: 1.5, 2.16, 2.17, 3.6, 3.28, 3.34, 3.35, 4.14, 5.18, 5.20, 6.1, 6.25, 7.5, 7.19, 9.7, 9.10, 12.8, 12.9, 13.11, 13.13, 13.15, 16.9, 17.19, 18.16, 18.23, 22.14, 22.17, 22.18, 22.20, 22.22, 22.23, 22.24, 22.25, 22.28, 22.29, 23.6, 25.10, 27.41, 28.8, 28.16, 29.15, 29.23, 31.4, 31.22, 31.23, 31.32, 31.33, 32.1, 32.2, 32.4, 32.14, 32.15, 34.12, 34.23, 36.2, 38.20, 38.24, 39.2, 40.5, 41.20, 42.1, 42.16, 43.8, 43.11 – B: 7.2, 7.4 – C: 1.2, 1.3, 1.7, 1.14, 2.2, 9.3, 14.3, 20.2, 23.4
Molekularbiologie (Pflanzen) A: 8.2, 15.5, 16.3 – C: 22.3, 22.5
Molekulargenetik A: 2.14, 5.14, 5.18, 5.19, 6.26, 6.30, 7.15, 12.5, 12.6, 13.11, 13.12, 13.13, 13.22, 14.9, 15.27, 15.36, 16.4, 16.8, 16.14, 18.16, 18.30, 19.3, 24.7, 24.9, 25.10, 25.11, 27.12, 30.17, 28.8, 28.10, 28.11, 28.13, 30.17, 31.32, 32.2, 32.10, 32.14, 33.11, 34.9, 35.10, 38.5, 38.19, 41.5, 41.13, 42.22, 43.9 – B: 5.13, 7.1 – C: 1.17, 1.18, 2.2, 2.4, 4.3, 4.12, 11.3, 13.4, 14.1, 14.2, 22.1 – F: 36.2
Molekulargenetik (Pflanzen) A: 5.15, 21.11 – C: 22.1, 22.2, 22.5, 22.9 – E: 1.7, 17.45
Mollusken A: 10.11, 17.45, 19.24, 34.5, 34.14, 43.4 – E: 3.2
Moorrekultivierung A: 9.13
Moose A: 22.1, 30.1
Morphogenese A: 3.6, 14.5, 22.4, 25.2, 26.2, 39.2, 40.1, 42.5
Morphologie A: 1.1, 5.6, 16.10, 34.15 – C: 18.3
Morphologie (Articulatae) A: 3.14
Morphologie (Echinodermen) A: 6.16
Morphologie (Insekten) A: 13.6
Morphologie (Pflanzen) A: 16.2, 18.9, 34.1, 35.1
Morphologie (Sinnesorgane) A: 15.16, 26.6, 38.7, 38.10, 38.11
Morphologie (Tiere allgemein) A: 1.2, 16.1, 16.9, 17.13, 18.13, 19.19, 19.42, 27.34, 34.17, 36.3, 43.4
Mucor A: 27.37
Müllereitechnologie E: 7.1

Multienzymkomplex A: 12.7
Muskel (Physiologie) A: 3.18, 29.2, 29.15, 29.17, 30.8, 31.29, 34.20
Muskulatur A: 12.4, 12.13
Mutagenese A: 13.3, 13.21, 14.7, 42.17 – B: 4.6, 5.8 – C: 9.3 – E: 6.8
Mutationsforschung A: 15.22 – B: 5.12
Mykologie (s. a. Pilze) A: 3.5, 6.1, 17.8, 18.38, 18.40, 19.4, 24.8, 27.6, 27.37, 28.2, 38.3, 38.6, 39.8, 41.3, 41.6 – B: 1.2
Mykoplasmen A: 7.27, 22.24, 27.47 – F: 18.2
Mykoplasten C: 1.4
Mykorrhiza A: 9.2, 21.12, 21.13, 21.17, 27.1, 30.2, 32.6, 41.3
Mykotoxine A: 27.49, 30.18, 34.23 – F: 9.1
Myosin A: 29.15 – C: 13.4
Myxobakterien A: 22.19, 25.2
Myxoviren A: 31.22

N

Nagetiere A: 7.10
Naturschutz A: 9.5, 10.2, 10.11, 16.6, 18.8, 26.7, 27.10, 27.15, 27.32, 35.1, 37.3, 38.4, 41.18 – E: 8.2, 11.1 – F: 5.1, 5.2, 6.2, 17.1, 32.1
Naturstoffe A: 2.13, 21.6, 22.9, 32.4 – B: 4.8 – C: 1.10, 1.19
Nematoden A: 13.5, 17.37, 32.18 – C: 5.3, 6.1 – E: 1.6 – F: 2.3, 30.6
Nematodenpilze A: 27.48
Nervenwachstumsfaktoren A: 31.26 – C: 4.11
Neuroanatomie A: 5.13, 15.15, 17.17, 19.21, 22.10, 26.5, 27.29, 28.8, 29.17, 29.19, 31.15, 33.13, 33.14, 41.24, 42.15, 43.7 – C: 5.1, 5.2, 10.1, 10.2, 10.5, 17.2, 17.3, 20.1
Neurobiologie A: 3.21, 9.11, 18.12, 22.12, 23.10, 29.17, 42.15 – C: 4.8, 10.5, 17.3, 20.1
Neurobiologie (Fische) A: 17.17 – C: 4.12
Neuroendokrinologie A: 7.12, 17.20, 22.21, 29.19, 30.20 – E: 9.9
Neuroendokrinologie (Fische) A: 15.21
Neuroethologie A: 4.12, 8.5, 9.9, 10.9, 10.10, 24.5, 28.6, 29.18, 29.19, 38.12 – C: 17.4, 19.1, 24.1

Neurogenetik A: 16.9, 43.7
Neuroinformatik A: 12.10 – C: 4.8, 6.1, 10.2, 15.4
Neurologie A: 15.15, 22.6, 22.12, 22.16, 22.30, 28.8, 33.17, 42.15, 42.20, 43.11 – C: 9.5, 15.1, 15.4
Neuropathologie A: 41.30, 41.31 – C: 17.2
Neuropeptide C: 4.11
Neuropharmakologie A: 13.19, 29.16, 30.20, 40.3, 40.4, 41.24 – C: 10.1, 17.1
Neurophysiologie A: 5.12, 12.10, 13.14, 18.11, 22.16, 27.22, 27.23, 29.16, 29.19, 30.8, 30.13, 31.15, 33.13, 33.14, 34.16, 36.4, 39.6, 41.24, 42.8 – C: 4.11, 10.2, 10.3, 10.4, 10.5, 17.3
Neurophysiologie (klinische) A: 13.19, 33.20, 41.30
Neurospora A: 9.7
Neurotoxine A: 17.28
Neurozytologie A: 17.20 – C: 17.2
Niere C: 1.7, 23.2
N-Fixierung A: 2.14, 2.15, 5.14, 5.16, 5.17, 13.12, 16.4, 18.34, 21.8, 23.8, 25.10, 29.11 – C: 22.1
Nitrifikation A: 7.21
Nitrobacter A: 19.6
Nomadismus A: 15.18
Nordsee A: 19.32, 19.33
Normen F: 22.2
Nucleinsäurestoffwechsel (allgemein) A: 15.22 – E: 16.3
Nucleolus A: 6.7
Nutzfische A: 19.30
Nutzpflanzen s. Kulturpflanzen
Nutzpflanzenforschung (tropische) A: 8.1, 23.24
Nutzpflanzenkunde A: 2.9, 19.8, 19.15 – E: 9.3
Nutzpflanzenwertbestimmung A: 19.8, 19.15 – F: 8.4, 20.1

O

Oberflächenantigene A: 13.17, 14.10, 18.30, 22.6
Oberflächenpolysaccharide A: 5.17, 17.26
Obstforschung E: 6.4, 6.5 – F: 2.3, 12.4, 18.1, 18.2, 28.1
Ökoethologie A: 5.11, 6.18, 15.18, 33.13, 39.4

Ökoethologie (Insekten) A: 10.7, 33.16
Ökoethologie (Vögel, Säuger) A: 8.3 – C: 19.7
Ökologie (Botanik) (s. Pflanzenökologie)
Ökologie (historische) A: 4.9
Ökologie (Mikroorganismen) A: 9.15, 10.15, 27.40
Ökologie (Parasiten) A: 13.5
Ökophysiologie A: 4.1, 9.13, 19.30, 27.36, 28.2, 28.7, 34.17, 38.7, 41.25, 43.4 – C: 12.2, 12.3
Ökophysiologie (Mikroorganismen) A: 8.7, 35.8, 38.20
Ökophysiologie (Invertebraten) A: 3.22, 6.21, 19.22, 42.2
Ökophysiologie (Pflanzen) A: 10.3, 12.1, 21.1, 25.8, 27.7, 27.8, 27.33, 27.39, 30.3, 32.1, 33.5, 34.4, 35.7, 40.2, 41.25, 43.2 – D: 8.1 – E: 5.1 – F: 12.2
Ökosoziologie C: 19.5
Ökosystemfoschung A: 4.9, 9.12, 14.1, 17.8, 17.14, 18.8, 19.28, 19.33, 27.13, 27.15, 33.3, 33.25, 35.5, 36.6, 39.12, 42.6 – B: 5 – C: 12.1, 12.3 – E: 5.1, 8.1 – F: 14.3, 14.4, 32.1
Ökotoxikologie A: 3.23, 3.34, 9.12, 25.9, 31.9 – D: 1.1, 2.1 – E: 17.5 – F: 22.2, 25.1
Ökotypen A: 16.6
Ölpflanzen A: 18.33
Okulomotorik A: 12.10
Olfaktorisches System (s. a. Geruch...) A: 7.10, 33.17 – C: 19.3
Onkogene A: 3.28, 3.38, 13.18, 13.21, 17.19, 22.27, 42.21, 43.11 – B: 7.2, 7.3
Ontogenese A: 5.12, 18.21, 28.5, 31.8, 31.14, 31.18 – C: 20.2, 20.3
Ontogenese (Insekten) A: 13.8
Ontogenese (Vögel) A: 5.9
Opilionen A: 30.9
Orchideen A: 17.3
Organellkultur (Pflanzen) A: 15.6
Orientierung A: 41.8
Orientierung (Insekten) A: 28.6, 43.5 – C: 19.3
Orientierung (Vögel) A: 15.19, 18.11, 41.26
Ornithologie (s. a. Vogelkunde) A: 6.12, 28.7
Orthoptera A: 21.4
Osmoregulation A: 7.13, 9.4, 17.11, 24.3, 34.3, 43.1

Osteocalcin A: 17.23
Osteoporose B: 5.15
Ostsee A: 27.33, 27.36
Oxidantien A: 12.11

P

Paläoanthropologie A: 15.24, 19.43
Paläobotanik A: 2.9, 16.7, 19.4, 42.11
Paläoethnobotanik A: 19.4
Paläoklimatologie A: 15.9, 18.22, 23.1, 27.11
Paläoökologie A: 23.1
Paläopathologie A: 15.24, 18.19
Pankreas A: 38.18 - C: 3.1
Papilloma-Virus A: 22.26, 28.16
Parasitologie A: 3.13, 5.23, 6.17, 12.4, 13.5, 13.8, 16.1, 18.28, 19.16, 22.13, 22.14, 23.11, 27.16, 31.16, 32.19, 34.6, 43.4 - B: 7.1 - C: 2.3 - D: 9.7
Patch-clamp-Technik A: 18.4, 33.20, 40.6
Pathologie A: 7.16, 19.44, 22.23, 43.8 - B: 7.4 - C: 1.13, 1.14
Pathologie (Bakterien) A: 6.39, 22.29, 41.13, 43.8 - C: 11.1, 11.2, 14.2 - E: 16.2
Penicillium A: 13.3
Peptidantibiotika A: 3.9, 4.2
Peptidhormone A: 4.2 - C: 1.10
Peptidsynthese A: 24.7 - B: 4.6
Peptidsynthetase A: 4.2
Pesticide A: 21.4, 22.4, 23.15, 33.4, 41.25, 41.27, 42.6 - B: 5.5 - F: 16.1
Pflanzenbau A: 17.32, 18.33, 33.21, 37.4 - F: 8.1, 8.4, 29.1
Pflanzenbeschau A: 19.12
Pflanzenernährung E: 9.7 - F: 10.2, 15.2
Pflanzengenetik A: 2.9
Pflanzengeographie A: 7.6, 17.4
Pflanzenmorphologie A: 4.10, 4.13, 42.9, 42.10
Pflanzenökologie A: 4.4, 4.10, 9.6, 16.6, 18.8, 23.1, 26.3, 26.4, 27.8, 27.39
Pflanzenschutz A: 7.24, 18.38, 19.11, 23.24, 24.8 - B: 8.6 - F: 2.1, 8.5, 8.6, 15.4, 28.1, 30.1, 30.4, 35.1
Pflanzenschutz (integrierter) A: 23.23, 41.27 - E: 1.1, 1.3, 1.5 - F: 2.2, 30.2
Pflanzenschutz (Nagetiere) E: 1.6
Pflanzenschutzmittel E: 1.4, 1.5, 1.8, 17.5 - F: 2.3, 8.5, 14.2, 15.4, 30.5, 35.1

Pflanzensoziologie A: 2.6, 2.19, 5.4, 10.2, 13.4, 14.2, 16.6, 17.8, 18.8, 21.2, 28.2, 37.1, 37.2, 41.4, 41.7
Pflanzensystematik A: 2.8, 3.2, 4.10, 17.4, 18.9, 22.7, 23.5, 24.1, 26.3, 27.8, 32.7, 32.20, 34.1, 36.1, 42.9, 42.11
Pflanzenviren A: 40.1, 41.10 - E: 1.2 - F: 2.2, 2.3, 8.5, 12.4, 18.2, 30.9
Pflanzenzüchtung (s.a. Züchtungsforsch.) A: 3.30, 7.26, 17.33, 17.40, 18.32, 18.34, 18.35, 18.36, 21.11, 23.7, 23.20, 23.21, 33.21, 33.23 - C: 22.1 - E: 5.3, 6.1, 6.4, 9.1 - F: 8.4, 12.8, 13.2, 15.3, 18.1
Pflanzenzüchtung (in vitro) A: 18.37, 33.23 - E: 6.8, 9.4, 9.5
Phagen (s.a. Bacteriophagen) A: 10.15, 34.23
Phagocytose A: 3.13 - C: 1.1 - D: 5.1 - E: 16.7
Pharmakokinetik A: 15.31
Pheromone A: 2.13, 28.14, 39.5 - C: 19.3
Phloem A: 18.42, 27.3
Phloemtransport A: 2.3, 18.42, 28.4
Phosphatase (allgemein) A: 29.2
Phosphatase (saure) A: 17.23
Phospholipase A: 27.47
Phospholipide C: 4.10
Phosphoproteine A: 6.29, 6.30, 6.31, 9.7
Photobiologie (Pflanzen) A: 13.1, 31.1, 31.2, 31.6
Photomorphogenese A: 16.2, 31.2, 32.3
Photooxidation A: 15.3
Photorespiration A: 24.2, 34.1
Photorezeptoren A: 6.20, 6.21, 32.5 - B: 8.7, 8.8, 8.9, 8.10 - C: 5.2, 16.2
Photosynthese A: 2.4, 2.6, 5.2, 6.3, 8.1, 9.3, 12.1, 14.4, 15.2, 15.10, 16.4, 16.9, 18.6, 21.7, 24.2, 25.7, 28.2, 30.3, 31.2, 32.5, 34.1, 34.4, 36.9, 40.7, 43.1 - C: 1.8
Photosynthese-Apparat A: 31.2, 31.3, 36.9, 43.2
Photosynthese (Elektronentransport) A: 6.4, 18.10, 29.11, 36.9, 38.2
Phototaxis C: 1.8
Phycologie A: 3.3, 9.4, 17.4, 18.6, 18.7, 19.1, 22.3, 31.3, 43.1
Phylogenese (Insekten) A: 13.8, 41.19
Phylogenie A: 5.6, 5.12, 23.10, 27.41, 42.25 - C: 1.9
Phylogenie (Invertebraten) A: 5.21, 17.45, 19.24

Phylogenie (Pflanzen) A: 16.7, 42.10
Phylogenie (Tiere) A: 18.13, 19.19
Physarum A: 9.10, 38.24
Phytoalexine A: 34.2
Phytochemie A: 7.17, 10.6, 13.2, 14.4, 15.26, 34.2, 34.24, 39.3, 42.3, 42.4
Phytochrom A: 13.1, 16.2, 28.3, 32.4, 32.5 – C: 1.8
Phytohormone A: 1.4, 7.5, 16.9, 18.2, 19.2, 22.1, 25.1, 28.3, 32.3, 39.1, 41.1
Phytomedizin A: 7.24
Phytopathologie A: 1.4, 1.5, 1.6, 8.1, 8.6, 9.1, 10.4, 10.5, 17.35, 17.39, 18.38, 21.12, 23.23, 23.25, 27.48, 29.12, 31.9, 33.1, 33.8, 40.1, 41.1, 41.3, 41.10 – B: 5.13 – E: 1.1, 1.2, 1.3, 1.5, 5.2, 6.6, 17.2 – F: 2.3, 8.5, 18.2, 30.3, 30.8
Phytophthora B: 5.13
Pilzanbau F: 27.1
Pilze (s. a. Systematik, Stoffwechselphysiologie, Mykologie)
Pilze (marine) B: 1.2
Pinguine A: 27.34
Planktonforschung A: 3.15, 10.5, 15.2, 27.36, 27.38 – B: 1.2 – C: 12.2
Plasmide A: 10.15, 13.12, 18.16, 18.17, 41.12 – C: 14.1
Plastom A: 32.2
Polarität A: 31.1
Pollenanalyse A: 7.25, 10.3, 14.2, 18.22, 21.2
Polyole A: 9.4
Populationsbiologie A: 6.10, 18.12, 18.39, 34.6, 34.10, 35.1, 41.11
Populationsbiologie (Pflanzen) A: 4.4
Populationsbiologie (Tiere) A: 31.13
Populationsdynamik A: 42.6 – B: 8.3 – C: 19.7
Populationsdynamik (Insekten) A: 23.22 – F: 14.2, 15.4
Populationsdynamik (Kleinsäuger) A: 19.28 – E: 1.6
Populationsdynamik (Wassertieren) A: 1.11, 27.33, 28.7 – D: 6.1
Populationsgenetik A: 3.26, 17.34, 19.36, 19.38, 19.43, 41.9 – C: 12.2 – D: 9.5
Populationsgenetik (Mensch) A: 9.17
Populationsökologie A: 6.9, 41.9 – F: 38.1
Porifera A: 7.7
Primärproduktion A: 19.46
Primatenhaltung A: 18.20, 41.22

Pfropfung A: 17.33, 27.1, 27.9
Prostaglandine A: 29.27 – C: 8.1
Proteasen A: 24.7
Proteinase-Inhibitoren A: 5.26, 12.15, 32.16 – B: 4.3
Proteinbiochemie A: 1.16, 1.17, 2.5, 3.7, 5.3, 5.19, 6.3, 6.4, 6.34, 6.35, 6.37, 10.13, 10.16, 18.24, 22.4, 31.24, 31.26, 31.28, 32.12, 33.17, 34.6, 34.11, 34.20, 38.21, 38.23, 39.10, 40.8, 42.16 – C: 4.7 – E: 16.3
Proteinchemie A: 3.7, 4.2, 5.16, 10.13, 12.7, 18.24, 22.6, 23.16, 29.4, 29.15, 31.30, 32.4, 32.15, 32.16, 36.8, 38.23 – C: 1.2, 1.3, 1.6, 1.11, 1.12
Protein-Engineering A: 12.8. 29.3, 32.15 – B: 4.3, 4.6, 4.8
Proteinkinasen A: 6.29, 6.30, 29.2 – B: 8.10
Protein-Lipidwechselwirkung A: 15.28
Protein-Nucleinsäurewechselwirkung A: 15.28, 28.10, 28.12
Proteinsequenzierung A: 6.31, 12.8, 12.9, 28.15, 43.11 – C: 1.3
Proteinsynthese C: 9.3, 14.3
Proteolyse A: 12.15, 24.7
Proteus A: 10.17
Protoplastenfusion A: 1.8, 27.9, 41.2, 41.12
Protozoen A: 6.6, 19.37, 29.20, 34.11, 36.8
Protozoologie A: 3.16, 17.9, 28.5, 34.6, 34.7
Provenienzforschung E: 5.3 – F: 2.3, 10.2, 13.2
Pseudomonas A: 16.4
Psychobiologie A: 15.23, 31.14 – C: 24.1
Psychopharmaka A: 31.14
Pterine C: 1.19

Q

Qualitätsforschung s. Futtermittelprüfung, Gemüsequalität, Nutzpflanzenwertbestimmung, Saatgutprüfung

R

Raps A: 3.33, 18.32
Rebenzüchtung E: 12.1, 12.2 – F: 12.8

Reizphysiologie (Pflanzen) A: 7.3
Reizphysiologie (Tiere) A: 8.5
Rekultivierung A: 9.12, 9.15, 26.7, 28.2
Renin-Angiotensin-System A: 22.12
Reproduktionsbiologie (s.a. Fortpflanzung...) A: 5.6, 6.19, 27.35, 31.8 – C: 25.1
Reproduktionsphysiologie A: 6.19 – C: 25.1
Resistenzforschung A: 3.8, 10.16, 15.22
Resistenzforschung (Pflanzen) A: 1.5, 14.1, 23.20, 24.3 – C: 22.3 – E: 1.2, 1.6, 1.7, 5.3, 6.5, 6.6, 6.7, 12.1, 12.2 – F: 8.5, 12.8, 13.2
Rezeptorphysiologie A: 6.11, 38.7, 41.16 – C: 3.1, 4.4, 24.1
Rheuma E: 16.3
Rhizobien A: 5.14, 5.16, 5.17, 13.12
Rhizosphäre A: 21.8, 23.26, 31.4, 41.3
Rhynchota A: 31.12
Rhythmus s. Chronobiologie
Ribosomen A: 28.6 – C: 14.3
Rickettsien A: 7.27
Risikoforschung A: 2.14, 35.10, 43.10 – B: 5.6
RNA-Processing A: 6.27, 34.9
RNA-Sequenzierung A: 13.2, 15.33
RNA-Translation A: 2.17
Röntgenstrukturanalyse (biologische Makromoleküle) A: 43.13 – C: 1.12
Röteln A: 18.26
Roggen A: 23.20
Rotatorien A: 28.6

S

Saatguterzeugung A: 33.21 – F: 10.1, 10.2
Saatgutprüfung A: 19.10, 37.4 – F: 3.2, 8.4, 12.5, 19.1, 21.1
Sahara A: 4.4
Salmonella F: 3.3, 8.8
Salzhaushalt (Tiere) A: 3.20
Samenkeimung A: 32.4 – F: 12.5, 16.2, 19.1
Saponine A: 28.3
Sauerstoffaktivierung B: 5.1
Sauerstofftoxizität A: 33.1 – B: 5.1
Schadstoffe (Abbau) A: 8.11 – B: 5.8 – F: 8.5, 9.1
Schadstoffwirkung A: 15.11, 41.25 – B: 5.9, 5.10, 5.11 – D: 1.1, 2.1

Schädlingsbekämpfung A: 17.36, 18.15 – F: 30.6
Schädlingsbekämpfung (biologische) A: 7.24, 27.26, 29.12 – E: 1.5 – F: 2.2
Schilf A: 27.50
Schistosoma A: 19.17
Schlafforschung A: 10.10
Schlamm s. Klärschlamm, Belebtschlamm
Schleimpilz A: 9.10 – C: 1.18
Schmerz A: 13.14
Schmetterlinge A: 13.8
Schnecken A: 8.5
Schwämme (s.a. Porifera) A: 27.34
Schwefelstoffwechsel (Mikroorganismen) A: 7.13, 38.20
Schwefelstoffwechsel (Pflanzen) A: 28.3
Schwein A: 23.13
Schweressinn C: 19.3
Scrapie-Erreger A: 12.9
Sedimentökologie A: 27.33
Sehpigmente A: 6.21
Sehpigmente (Insekten) A: 13.10, 38.8
Sehvorgang A: 16.13, 30.12, 36.9, 40.3
Seitenlinienorgan A: 30.12
Sekretion A: 29.8
Sekundäre Pflanzenstoffe A: 1.4, 16.3, 16.10, 27.4, 27.43, 27.45, 28.1, 28.2, 28.3, 34.2, 43.3 – E: 6.2
Sekundärstoffwechsel (Mikroorganismen) B: 4.2, 4.8
Selbstorganisation C: 4.6
Selbststerilität A: 21.11
Seneszenz A: 22.5, 23.6, 30.24 – F: 36.2
Sialinsäuren A: 27.46
Siedlungswasserwirtschaft A: 21.9
Signalaufnahme A: 31.15 – B: 8.7, 8.9
Signalerkennung A: 13.17, 17.21, 30.1, 34.7
Signalübertragung A: 6.29, 16.13, 17.28, 22.12, 23.14, 25.1, 27.34, 31.1, 38.12, 38.19, 40.6 – C: 1.15, 9.5
Simian-Virus A: 29.23 – E: 14.3
Sinnesorgane (chemische) s.a. Chemorezeptoren, Geruch, Olfaktorisches System A: 17.15, 19.40, 33.20, 38.11, 41.23 – C: 19.3, 19.4
Sinnesorgane (Temperatur) A: 23.14
Sinnesphysiologie A: 5.12, 11.2, 13.14, 15.35, 17.17, 29.18, 30.12, 33.16, 34.18, 38.7, 38.10, 43.5 – C: 16.1, 16.2
Soja A: 23.18, 23.19
Sozialbiologie A: 19.43

Soziobiologie A: 3.17, 8.3, 10.7, 18.21, 21.4, 22.7, 29.18
Soziobiologie (Bienen) A: 3.10 - F: 7.3
Soziobiologie (Reptilien) A: 30.10
Soziobiologie (Säuger) A: 2.20, 5.7, 5.10, 18.20, 41.26
Soziobiologie (Vögel) A: 30.10, 41.26 - F: 38.1
Soziobiologie (Wirbeltiere) A: 6.18
Spermiogenese A: 38.16, 39.14
Spinnen A: 15.13, 17.15 - F: 8.5
Spiritus F: 36.1
Spurenelementanalyse B: 6.1
Stadtökologie A: 3.23, 4.6, 4.9, 6.9, 9.5, 19.28, 27.15
Stäube A: 17.31 - D: 2.1
Star (grauer) A: 7.19
Stickstoff s. N-Fixierung
Stickstoffhaushalt (Pflanze) A: 2.6, 27.4, 33.3, 33.7
Stickstoffmetabolismus A: 4.1, 17.6, 18.3, 28.3
Stickstoffmetabolismus (Bakterien) A: 2.15, 7.14, 25.10, 39.7
Stickstoffmetabolismus (Pflanzen) A: 2.2, 9.3, 10.5, 18.10, 28.3
Stofftransport (Mikroorganismen) A: 6.24
Stofftransport (Pflanzen) A: 14.4, 43.1
Stofftransport (Tiere) A: 17.12 - B: 5.4
Stoffwechsel (Arzneimittel) A: 31.20
Stoffwechsel (Regulation) A: 5.3
Stoffwechselphysiologie A: 3.8, 3.34, 29.5
Stoffwechselphysiologie (Mikroorganismen) A: 6.24, 7.1, 7.18, 8.7, 15.22, 18.17, 21.5, 25.10, 29.24, 30.16, 31.7, 32.10, 34.23, 39.7, 41.12, 41.15, 42.12
Stoffwechselphysiologie (Fische) A: 27.21, 27.35
Stoffwechselphysiologie (Pflanzen) A: 6.2, 7.1, 7.18, 10.3, 27.4, 32.13, 33.1, 33.24, 34.1, 34.2, 34.4, 35.2, 38.5, 40.2, 41.1
Stoffwechselphysiologie (Pilze) A: 15.4, 30.2
Stoffwechselphysiologie (Tiere allgemein) A: 3.18, 3.19, 9.18, 17.27, 27.34, 34.19, 34.22, 35.4, 36.8, 43.5 - C: 7.1 - E: 10.2
Stoffwechselphysiologie (Vögel) A: 7.8
Stomaphysiologie A: 7.22, 18.4, 28.2
Strahlenbelastung B: 5.6 - E: 20.1, 20.2

Strahlenbiologie A: 3.27, 3.29, 7.19, 14.11, 15.29, 15.30, 19.45 - B: 2.2, 5.1, 5.2, 5.3, 5.17
Strahlengenetik A: 3.26 - B: 5.17, 7.2
Strahlenschäden A: 42.19 - B: 5.2, 5.3
Streptococcen A: 5.19, 32.10
Streptomyceten A: 32.10, 38.19
Streßforschung A: 5.15, 15.2, 39.10
Streßphysiologie (Pflanzen) A: 1.4, 7.1, 17.6, 18.41, 21.12, 24.2, 27.7, 43.1 - B: 8.6 - C: 22.8
Stromatolithe A: 35.8
Struktur-Funktionsbeziehung (chemische) A: 1.1 - C: 13.1, 13.2, 21.1
Strukturproteine A: 31.25
Stylosanthes A: 18.35
Suchtforschung C: 17.1
Südamerika A: 7.6
Süßwasserfische A: 17.15
Sulfatreduktion A: 29.20, 31.7
Symbioseforschung A: 5.17, 28.7, 34.6 - C: 22.1
Synaptische Vesikel C: 4.3, 4.11
Synchronisation A: 31.2
Synsystematik A: 13.4, 18.8, 27.10
Systematik (Pflanzen) s. Pflanzensystematik
Systematik (Insekten) A: 19.35, 41.19
Systematik (Mikroorganismen) A: 27.41, 33.11
Systematik (Nematoden) A: 3.12, 27.19
Systematik (Pilze) A: 24.1, 32.6, 38.1, 41.3, 41.6
Systematik (Tiere) A: 1.3, 16.1, 18.13, 19.19, 19.34, 19.42, 21.4, 27.13, 27.17, 27.27, 31.11, 34.15, 36.3, 41.17
Systemphysiologie C: 18.1, 18.2, 18.3, 18.4

T

Tardigraden A: 12.3, 17.11
Taxonomie A: 3.3
Taxonomie (Bakterien) A: 31.21 - B: 4.10
Taxonomie (Diatomeen) A: 15.8
Teichwirtschaft F: 11.2
Teleostier A: 30.6
Teratogenese A: 15.36
Terpenoide A: 10.6, 33.10
Theileria B: 7.4

Thermoregulation (s.a. Sinnesorg. Tiere) A: 17.21, 27.22, 27.23, 27.24, 27.25, 28.4, 31.29, 42.2 – C: 16.1
Thermotoleranz A: 5.15, 23.10, 27.7
Thylakoidmembran A: 6.3, 6.4
Thymus A: 31.28
Tiefsee A: 19.32
Tiefseesedimente A: 18.22
Tierernährung E: 9.8
Tiergeographie A: 10.11, 17.14
Tiergesundheitsdienst A: 18.31
Tierhygiene A: 18.31 – D: 9.2, 9.7
Tierökologie A: 1.3, 2.11, 2.12, 4.11, 13.8, 16.1, 18.13, 19.19, 19.28, 19.30, 19.37, 19.39, 19.41, 21.3, 21.4, 24.4, 27.18, 27.20, 27.26, 27.31, 27.35, 31.13, 37.3, 43.6
Tierphysiologie A: 2.20, 23.12, 23.14
Tierphysiologie (vergleichende) A: 3.20
Tierphysiologie (Vögel) A: 6.22
Tierproduktion E: 9.8, 9.9
Ti-Plasmid C: 13.5, 22.1
Togaviren A: 17.43
Tomographie C: 15.4
Toxikologie A: 3.40, 6.40, 11.4, 12.18, 13.3, 17.28, 17.30, 19.26, 29.16, 30.11, 30.21, 43.10 – B: 5.8 – E: 2.1, 18.1 – F: 8.7
Toxikologie (Arzneimittel) A: 13.20
Toxikologie (medizinische) A: 14.8, 43.10
Transformation A: 3.35, 4.1 – C: 23.4 – E: 14.3
Transkription A: 31.33, 34.12, 41.10, 43.11 – B: 7.5 – C: 1.9
Transmitter A: 17.21, 17.28, 31.26 – C: 4.9
Transportphysiologie A: 36.2, 36.7
Transportphysiologie (medizinische) A: 6.40, 31.20 – C: 18.1, 18.2 – E: 16.6
Transportphysiologie (Pflanze) A: 2.3, 27.3
Trematoden A: 13.5, 31.16, 43.4
Trichopteren A: 5.24
Triticale A: 3.31, 3.33, 18.36
Trockenresistenz A: 4.5
Tropenmedizin A: 32.19
Tropenökologie C: 12.3
Trypanosoma C: 2.3
Tubulin (s.a. Cytoskelett) A: 17.16
Tumorforschung A: 7.15, 12.14, 13.16, 13.21, 14.9, 14.10, 14.11, 15.32, 17.19, 18.26, 19.43, 19.44, 19.45, 22.11, 23.9, 24.10, 25.11, 27.47, 28.17, 29.23, 30.17, 31.27, 32.15, 38.25, 38.26, 39.11, 41.30, 42.16, 42.17, 42.21, 43.10 – B: 3.1, 3.2, 5.2, 5.3, 5.10, 5.17, 7.1 – C: 1.20, 4.10, 8.1, 9.3, 14.1, 15.2, 15.3, 23.1, 23.4
Tumorviren A: 3.35, 43.11 – B: 3.1, 3.2
Tumorzellen A: 12.12
Tupajas A: 2.20

U

Umweltchemikalien A: 3.25, 3.34, 5.4, 6.38, 7.4, 7.22, 7.25, 8.2, 8.6, 11.1, 12.3, 14.11, 17.30, 18.3, 18.40, 19.46, 19.23, 19.29, 21.4, 21.7, 25.6, 25.13, 27.4, 30.11, 33.24, 35.4, 35.12, 36.3, 37.3, 39.12, 42.11, 42.18, 43.1 – B: 5.5, 5.7, 5.8, 5.10, 5.11 – D: 1.1, 2.1 – E: 1.8, 8.2, 17.4 – F: 1.1, 20.1, 33.2, 34.1
Umweltforschung A: 2.18, 3.34, 11.1, 27.13 – B: 5.5 – F: 1.1
Umweltgeschichte A: 18.19 – E: 1.8
Umwelttechnik A: 6.41
Umweltverträglichkeit A: 21.14, 21.16

V

Varroatose A: 7.23 – F: 7.2, 14.1, 16.1
Vegetationsanalyse A: 2.19, 4.4, 13.4, 14.2
Vegetationsdynamik A: 9.5, 16.6, 18.8
Vegetationsgeschichte A: 7.25, 10.2, 13.4
Vegetationskunde A: 3.1, 4.9, 6.9, 7.17, 9.5, 10.2, 18.8, 18.9, 21.2, 26.4, 27.10, 27.11, 33.3, 33.21, 33.25, 35.1, 37.1, 38.4, 42.9, 42.11, 43.2 – E: 11.2
Vergleichende Ontogenese A: 3.15
Verhaltensgenetik A: 17.34, 22.10, 41.21, 43.7 – C: 5.1
Verhaltensphysiologie A: 5.5, 5.8, 5.9, 17.17, 19.21, 31.14, 34.18, 38.8, 38.12, 40.4 – C: 5.1, 5.2, 19.1, 19.2, 19.4, 19.5
Versuchstierzucht D: 9.1, 9.3, 9.4, 9.5, 9.6, 9.7
Vibrationssinn A: 15.13
Viroide A: 12.9, 42.25 – C: 1.13
Virologie A: 6.25, 15.33, 17.43, 18.25, 18.26, 18.31, 19.3, 19.44, 22.23, 22.26, 23.1, 28.9, 28.16, 30.22, 31.22, 39.2, 40.1, 42.16, 42.26, 42.27, 43.11 – C: 1.14, 23.4 –

D: 9.7 – E: 1.2, 14.1, 14.2, 14.3 – F: 8.5, 12.4, 25.1, 37.1
Virologie (Gehölze) A: 7.27
Virose E: 1.2, 1.3 – F: 30.9
Visuelles System s. Lichtsinnesorgane, Photorezeptoren
Vitamin B A: 29.1
Vitamin C A: 17.22, 17.27
Vogelgesang (s. a. Vokalisation) A: 33.14, 33.16, 34.21
Vogelkunde (s. a. Ornitologie) F: 34.1, 38.1
Vogelzug C: 19.7
Vokalisation A: 6.12
Vorderer Orient A: 10.11
Vorratsschutz A: 17.38 – F: 8.5, 27.49

W

Wachstumsfaktoren B: 3.2 – F: 18.2
Walderkrankung A: 2.2, 6.8, 17.8, 18.41, 18.42, 21.12, 21.17, 23.1, 23.25, 25.7, 27.2, 28.4, 30.2, 30.3, 32.17, 33.8, 33.9, 33.10, 33.25, 35.3, 42.6, 43.1, 43.2 – B: 5.7 – F: 13.4, 15.2, 21.1, 27.1
Warenkunde A: 19.8
Warnformeln A: 18.40
Wasser s. Gewässer, Grundwasser
Wasserchemie A: 33.18, 41.18, 42.7
Wassergüte A: 27.14, 33.18, 33.19 – E: 17.3 – F: 33.2
Wasserhaushalt (Arthropoden) A: 9.8, 34.16
Wasserhaushalt (Pflanzen) A: 2.6, 2.7, 10.4, 27.2, 27.7, 34.4, 43.2 – F: 12.7
Wasserwirtschaft A: 6.41, 11.1, 21.9 – F: 32.1
Wattenmeer A: 27.15, 35.8, 35.12 – E: 3.3
Wein, Weinbau A: 10.18, 30.16 – E: 12.1, 12.3 – F: 2.3, 12.3, 12.7
Weizen A: 3.33, 23.21
Weltraumbiologie B: 2.9
Wildbiologie A: 27.27, 27.29, 27.31
Wildkaninchen A: 2.20
Winterschlaf A: 27.23
Wirtserkennung A: 13.5, 19.27, 29.12
Wirts-Parasitenverhältnis A: 17.9, 19.17, 19.44, 23.22, 27.1, 27.4, 27.48, 31.9, 32.19, 33.8, 41.3 – E: 1.8
Wüstenforschung A: 4.8

X

Xenobiotika A: 12.18, 13.1

Z

Zahnforschung A: 12.3
Zellbiologie (s. a. Cytologie) A: 5.22, 6.15, 7.11, 7.15, 19.1, 22.7, 24.9, 27.1, 29.9, 29.14, 29.23, 31.3, 32.16, 34.1, 34.6, 34.11, 36.4, 38.25 – B: 4.3, 4.4 – C: 4.1, 4.2, 8.1, 20.3, 23.3
Zellerkennung A: 12.4, 14.10, 28.14, 29.9, 31.34, 34.7, 36.4, 38.25 – C: 1.1, 1.6, 2.1, 7.1, 9.3, 23.1, 23.4
Zellfusionierung A: 5.25, 7.22, 3.30
Zellgestalt (s. a. Cytoskelett) C: 20.1, 20.2
Zellgifte B: 5.14
Zellhybridisierung A: 27.47
Zellkern A: 17.44
Zellkultur A: 9.16, 10.14, 12.13, 12.16, 12.17, 13.17, 13.21, 14.9, 14.11, 15.6, 15.14, 15.34, 17.18, 17.42, 18.23, 18.27, 19.45, 22.6, 22.11, 22.27, 23.6, 23.9, 23.16, 24.9, 24.10, 27.1, 28.11, 29.13, 29.15, 30.14, 30.19, 30.22, 30.25, 31.8, 31.23, 31.26, 31.27, 31.28, 31.32, 31.33, 34.10, 35.12, 38.26, 41.28, 41.32, 42.16, 42.18, 42.19, 42.21, 42.23, 42.24, 43.9 – D: 2.1
Zellkultur (menschliche) A: 43.12
Zellkultur (Nervenzellen) C: 10.3, 10.4
Zellkultur (Pflanze) A: 2.3, 7.1, 7.18, 8.10, 9.3, 10.5, 17.1, 17.6, 19.3, 22.9, 25.7, 28.4, 30.1, 32.13, 34.2, 41.1, 41.2, 41.10, 43.3 – B: 5.10 – E: 1.7, 12.2 – F: 8.4, 8.5, 12.2
Zellkultur (Säuger) A: 7.19, 33.17, 39.10, 42.15 – B: 4.4
Zellphysiologie A: 3.7, 5.2, 6.23, 6.34, 10.8, 28.5, 29.13, 29.15 – B: 5.1 – C: 4.4, 7.1, 9.2
Zellphysiologie (Algen) A: 7.4
Zellphysiologie (Pflanzen) A: 7.3, 18.10, 30.4, 41.2
Zellschädigung A: 10.14
Zellteilung C: 9.3
Zelltransformation A: 3.30, 42.16
Zellwand (Bakterien) E: 16.6, 16.7
Zellzyklus A: 6.37, 7.19, 13.16, 15.14, 17.16
Zierpflanzen A: 33.23 – E: 6.1, 6.6 – F: 12.6, 29.1, 30.9

Zitterrochen   C: 4.2, 4.12
Zuckerspeicherung (Pflanze)   A: 2.3
Züchtungsforschung (s. a. Pflanzenzüchtung)   A: 3.33 – C: 22.1, 22.4, 22.6 – E: 1.7, 12.2
Zytostase   A: 41.1

Fischer für Forschung und Praxis

Plattner/Zingsheim
Elektronenmikroskopische Methodik
in der Zell- und Molekularbiologie
1987. 335 S., 90 Abb., 23 Tab., geb. DM 68,-

Fujita/Tanaka/Tokunaga
Zellen und Gewebe
Ein REM-Atlas für Mediziner und Biologen
1986. 240 S., 142 Bildtaf., kt. DM 62,-

Kleinig/Sitte
Zellbiologie
Ein Lehrbuch
2. Aufl. 1986. 528 S., 492 Abb., 94 Tab.,
geb. DM 94,-

Lindl/Bauer
Zell- und Gewebekultur
1987. 191 S., 41 Abb., 29 Tab.,
Ringheftung DM 36,-

Günther
Lehrbuch der Genetik
5. Aufl. 1986. 485 S., 323 Abb., 12 Taf., 54 Tab.,
kt. DM 49,50

Metzner
Pflanzenphysiologische Versuche
1982. 406 S., 136 Abb., 10 Tab., kt. DM 58,-

Hollenberg/Sahm
BIOTEC
Vol. 1 · Microbial Genetic Engineering and Enzyme Technology
1987. 142 pp., 135 fig., 36 tab., soft cover DM 58,-
Vol. 2 · Biosensors and Environmental Biotechnology
1988. 149 pp., 73 fig., 14 tab., soft cover DM 68,-

Chmiel/Hammes/Bailey
Biochemical Engineering
A challenge for interdisciplinary cooperation
1987. 515 pp., 334 fig., 70 tab., soft cover DM 89,-

Teuscher/Lindequist
Biogene Gifte
Biologie - Chemie - Pharmakologie
1987. 597 S., 178 Abb., 57 Tab., Ln. DM 78,-

Lorenz
Grundbegriffe der Biometrie
2. Aufl. 1988. 241 S., 65 Abb., 60 Tab., 11 Taf.,
61 Beisp., kt. DM 29,80

Bühner/Hausmann
Biologie und Computer
Grundlagen des Computereinsatzes in den Biowissenschaften
1987. 119 S., 45 Abb., 2 Tab., kt. DM 28,-

Preisänderungen vorbehalten.

Fordern Sie aktuelle Informationen und unser Biologieverzeichnis (kostenlos) an:
Gustav Fischer Verlag, Postfach 72 01 43,
D-7000 Stuttgart 70, Tel.: 07 11/45 80 30.

Biologie-Lehrbücher von VCH

Botanik
Ein grundlegendes Lehrbuch
von U. Lüttge, M. Kluge und G. Bauer
1988. Ca. XVI, 570 Seiten, 415 Abbildungen und 20 Tabellen. Gebunden.
DM 68,–. ISBN 3-527-26119-2

Gene
Lehrbuch der molekularen Genetik
von B. Lewin
1988. XV, 725 Seiten mit 616 Abbildungen. Gebunden. DM 92,–.
ISBN 3-527-26745-X

Gene und Klone
Eine Einführung in die Gentechnologie
2. durchgesehener Nachdruck der 1. Auflage 1984
von E. L. Winnacker
1985. XII, 454 Seiten mit 306 Abbildungen und 31 Tabellen. Gebunden. DM 70,–.
ISBN 3-527-26061-7

Molekularbiologie der Zelle
1. korrigierter Nachdruck der 1. Auflage 1986
von B. Alberts et al.
Übersetzung herausgegeben von L. Jaenicke
1987. XLVIII, 1310 Seiten mit 1401 Abbildungen und 47 Tabellen.
Gebunden. DM 128,–. ISBN 3-527-26350-0

Cambridge – Enzyklopädie Biologie
Organismen, Lebensräume, Evolution
herausgegeben von A. Friday und D. Ingram
1986. VII, 443 Seiten mit 310 Abbildungen und 12 Tabellen. Gebunden. DM 98,–.
ISBN 3-527-26321-7

Morphologische Arbeitsmethoden in der Biologie
von N. Rieder und K. Schmidt
1987. XI, 224 Seiten mit 87 Abbildungen und 9 Tabellen. Broschur. DM 64,–.
ISBN 3-527-26161-3

Gesundheitslehre
von H. Zankl und G. Zieger
1987. XIII, 172 Seiten mit 27 Abbildungen und 21 Tabellen.
Broschur. DM 48,–. ISBN 3-527-26543-0

Sie erhalten diese Bücher von Ihrer Fachbuchhandlung oder von:
VCH Verlagsgesellschaft, Postfach 1260/1280, D-6940 Weinheim
VCH, Hardstrasse 10, Postfach, CH-4020 Basel
VCH, 8 Wellington Court, Wellington Street, GB-Cambridge CB1 1HW
VCH, Suite 909, 220 East 23rd Street, New York, NY 10010-4606, USA

NATURWISSENSCHAFTLICHE RUNDSCHAU

Herausgegeben von Hans Rotta und Roswitha Schmid

Die Naturwissenschaftliche Rundschau vermittelt zwischen den Wissensbereichen der Spezialisten.

- **Übersichtsbeiträge:** Wissenschaftler berichten über neue Forschungen und zeigen die Ergebnisse aus allen Bereichen der Naturwissenschaften und der Medizin.
- **Kurzberichte aus der Wissenschaft:** Dieser wesentliche Teil eines jeden Heftes behandelt eine Vielzahl von Themen in Kurzform.
- **Nachrichten und Hinweise:** Kurzgefaßte Daten, Fakten und Forschungsergebnisse.
- **Photographie und Mikroskopie:** Neue Geräte und Materialien werden kritisch vorgestellt.

Ständige Rubriken der Naturwissenschaftlichen Rundschau sind:
- Rezensionen / Neuerscheinungen
- Gedenktage und Akademische Nachrichten
- Mitteilungen des Verbandes Deutscher Biologen

Bezugsbedingungen:
Jährlich erscheinen 12 Hefte. Bezugspreis jährlich DM 108,—, Vorzugspreis DM 86,40, Sonder-Vorzugspreis DM 42,—,
jeweils zuzügl. Versandkosten,
Einzelheft DM 10,50.

Der Vorzugspreis gilt für: Assistenten, Referendare — Mitglieder der Gesellschaft Deutscher Naturforscher und Ärzte — Mitglieder des Verbandes Deutscher Biologen e. V. — Mitglieder der Deutschen Botanischen Gesellschaft und der Deutschen Zoologischen Gesellschaft, sofern sie dem Verband Deutscher Biologen als ordentliche Mitglieder (zu ermäßigtem Mitgliedsbeitrag) gemeldet sind.
Der Sonder-Vorzugspreis gilt für: Studenten und Schüler.

Bitte fordern Sie ein kostenloses Probeheft an.

 Wissenschaftliche Verlagsgesellschaft mbH Postfach 10 53 39, 7000 Stuttgart 10